IT 工程師必冊！

Linux
快速入門
實 戰 手 冊

命令列
系統設定
開發環境建置

IT 工程師必需！

Linux

快速入門 | 命令列
系統設定
實 戰 手 冊 | 開發環境建置

IT 工程師必需！

Linux

快速入門

實 戰 手 冊

命令列

系統設定

開發環境建置

感謝您購買旗標書，
記得到旗標網站
www.flag.com.tw
更多的加值內容等著您…

● FB 官方粉絲專頁：旗標知識講堂

● 旗標「線上購買」專區：您不用出門就可選購旗標書！

● 如您對本書內容有不明瞭或建議改進之處，請連上
  旗標網站，點選首頁的 聯絡我們 專區。

  若需線上即時詢問問題，可點選旗標官方粉絲專頁
  留言詢問，小編客服隨時待命，盡速回覆。

  若是寄信聯絡旗標客服 email，我們收到您的訊息後，
  將由專業客服人員為您解答。

  我們所提供的售後服務範圍僅限於書籍本身或內
  容表達不清楚的地方，至於軟硬體的問題，請直接
  連絡廠商。

  學生團體　　訂購專線：(02)2396-3257 轉 362
  　　　　　　傳真專線：(02)2321-2545

  經銷商　　　服務專線：(02)2396-3257 轉 331
  　　　　　　將派專人拜訪
  　　　　　　傳真專線：(02)2321-2545

作　　者／施威銘研究室

發行所／旗標科技股份有限公司

台北市杭州南路一段15-1號19樓

電　　話／(02)2396-3257(代表號)

傳　　真／(02)2321-2545

劃撥帳號／1332727-9

帳　　戶／旗標科技股份有限公司

監　　督／陳彥發

執行編輯／劉樂永

美術編輯／陳慧如

封面設計／陳慧如

校　　對／施威銘研究室

新台幣售價：630 元

西元 2024 年 3 月 初版 3 刷

行政院新聞局核准登記-局版台業字第 4512 號

ISBN　978-986-312-734-5

國家圖書館出版品預行編目資料

IT 工程師必需！Linux 快速入門實戰手冊

施威銘研究室作. --

臺北市：旗標科技股份有限公司, 2022.11　面；　公分

ISBN 978-986-312-734-5　（平裝）

1.CST: 作業系統

312.54　　　　　　　　　　　　　　　111016342

序

Preface

　　若要選擇學習一套伺服器作業系統，Linux 可說是首選。Linux 文字介面指令這幾十年來的變化基本上不大，其中很多常用指令甚至在 1970 年代的 UNIX 時代就已經存在了。相信在十年後您使用主流的 Linux 發行版時，其基本指令跟現在一樣也是會差不多，所以投資時間學習 Linux 是相當值得的。

　　資訊產業的變化快，Linux 基本指令雖然變化不大，但 Linux 在產業所扮演的角色變化卻很大。從早期只是自由軟體愛好者的玩具，到現在已成為微軟、Google、IBM...等大廠都支援與採用的系統。

　　在安裝方面也從早期很多硬體不是沒有支援就是要額外安裝驅動程式，到現在因為硬體廠商的支援與開放驅動程式原始碼，很多驅動程式都已含在 Linux 的核心之中。另外拜虛擬化技術與雲端服務的普及，對初學者而言可說是取得了通關密碼，可以跳過安裝門檻直接取得 Linux 的使用環境。

　　本書的內容除了基本指令的介紹之外，也包含了虛擬化安裝與雲端服務的使用。因此不須擔心沒有合適的設備，現在就開始 Linux 的旅程吧。

目錄

CONTENTS

Chapter 03　Shell 基礎知識與進階技巧

Chapter 04　檔案系統與權限設定

Chapter 05　磁碟與檔案系統管理

Chapter 06　文書編輯軟體

Chapter 07　帳號管理

Chapter 08 設定 Internet 連線

Chapter **13**　打包、壓縮與解壓縮

Chapter **14**　軟體的安裝、升級與移除

Appendix B　在實體電腦上安裝 Linux

Appendix C　在 Windows 10/11 使用 WSL 安裝 Linux

Appendix D　Amazon Lightsail Linux 環境

01

認識 Linux

Linux 就像 Windows 和 macOS 都是作業系統，是電腦硬體與使用者 / 應用程式之間的媒介。

若您還沒有 LInux 環境可以練習，可參考附錄 A ~ 附錄 D 的說明選擇適合的方式來安裝。若身邊已經有 LInux 環境可以使用，可直接從第 2 章開始閱讀。本書中作為範例的版本是 Ubuntu 22.04 版 (關於發行版的介紹，請參考 1-1-2 小節)，若您使用的是不同版本，通常也不會有非常大的差異。

1-1　Linux 的特色

開始使用前，讓我們先簡單了解 Linux 的特點。Linux 是 Linus Torvalds 於 1991 年所開發的作業系統，他以開放原始碼的方式釋出 Linux 的原始碼。也因為 Linux 開放原始碼，所以任何人或公司都可以自由取得並發行自己的版本。

1-1-1　自由、開放的作業系統

Linux 以開放原始碼的觀念為訴求，任何程式設計者在取得原始碼之後，都可以自由使用、修改、散佈，但修改、散佈之後也必須保持開放原始碼，讓之後的使用者一樣可以自由使用、修改、散佈。而像 Windows (微軟) 與 macOS (蘋果) 等商業公司作業系統的原始碼是沒有開放的，需要付費才能使用，也不能任意修改或散佈。

1-1-2　形形色色的發行版

由於 Linux 標榜自由與開放，每個人都可以修改後重新散佈，因此衍生出許多不同的版本，常見的有本書將介紹的 Ubuntu，以及 Fedora、Debian GNU/Linux、openSUSE、CentOS、Linux Mint... 等。這些版本之間到底有什麼不同？為什麼都稱為 Linux 呢？

Linux 的核心與發行版

這些眾多的版本都是所謂的 Linux 作業系統，使用的都是 Linux 系統**核心 (kernel)**。所謂核心，其實就是一個作業系統最重要的心臟部位，它負責所有讓系統得以正確、有效運行相關的工作。

　　雖然核心是作業系統最重要的部分, 但是一個作業系統光是有核心還是不夠的, 仍然需要友善的使用者介面、應用程式, 才能有效的幫助使用者完成工作。由於能在 Linux 上運行的軟體眾多, 但遍佈各處, 使用者經常需要自行尋找、收集, 然後下載、安裝, 十分不便, 因此有些組織或廠商將多種軟體組合起來, 與 Linux 系統核心一併包裝、發行或販賣, 成為現在為數眾多的各種 **Linux 發行版** (distribution)。

TIP LInux 嚴謹來說指的是核心的部分, 而業界大家為了方便通常也會將 Linux 發行版簡稱為 Linux, 特別指核心的時候則稱為 Linux 核心。

　　因此, 無論 Ubuntu、Fedora、Debian GNU/Linux、openSUSE、CentOS、Linux Mint... 等, 都是使用 Linux 系統核心, 包裝不同應用程式的 Linux 發行版:

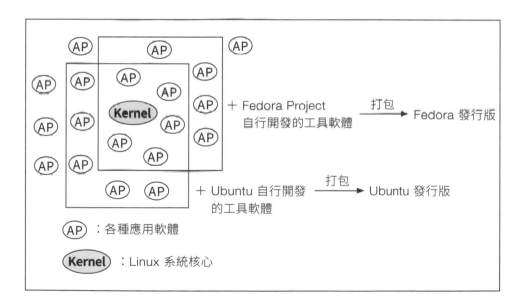

常見的 Linux 發行版

目前常見的 Linux 發行版有以下幾種：

- **Debian GNU/Linux**：Debian Project 組織所發行的版本, 雖然使用難度較高, 但是擁有完善的套件管理方式及線上更新的功能, 因此頗受進階使用者的歡迎。

- **Ubuntu**：此發行版是從 Debian GNU/Linux 改良而來 (此即為將開放原始碼軟體修改後散佈的實例), 沿襲了其嚴謹的架構, 目前由 Ubuntu 基金會負責發展與維護。Ubuntu 訴求的重點 — **簡單好用的人性化 Linux** (Linux for Human Beings), 更讓其大受讚賞, 從 2004 年 10 月發行第一個版本至今, 已成為國外各大網站調查中最受歡迎的發行版, 也是本書作為範例使用的版本。

- **Fedora**：此 Linux 發行版繼承自 Linux 界的龍頭 Red Hat Linux。Red Hat Linux 原為 Red Hat 公司 (於 2019 年由 IBM 收購) 的免費版本, 但自 2003 年 11 月後便不再更新, 改由其贊助的 Fedora Project 釋出, 原名為 Fedora Core, 從第 7 版起改名為 Fedora。

- **openSUSE**：openSUSE 為由 Novell 公司 (現為 Attachmate 所併購) 所贊助的社群版本。當在 openSUSE 裡的功能穩定後, 會加入商業版本的 SUSE。

- **CentOS**：CentOS 是由社群所維護的發行版，因為 Red Hat 的所有套件都有釋出原始碼，因此就有人成立社群將這些原始碼重新編譯並發行為 CentOS。它號稱與 Fedora 的商業版本 Red Hat 完全相容，所以很適合需要等同商業網站穩定度，但不購買商業版本的人使用。CentOS 與 Red Hat 的差別為 CentOS 沒有提供商業的技術支援與硬體的認證，所以使用者若遇到問題就須自行解決。

- **Linux Mint**：近幾年人氣很高的 Linux 發行版，它是由 Ubuntu 修改、精簡而來。強調好的使用體驗，內建許多瀏覽器的附加元件、播放影片所需的編解碼器 (codec)。同時它可以使用 Ubuntu 的套件庫，因此所受到的關注甚至超越了 Ubuntu，可說是青出於藍而勝於藍。

> **TIP** http://distrowatch.com 提供了目前所有 Linux 發行版的清單，並且有相當詳細的介紹與比較。

實際上，平常所說的 Linux 指的都是系統核心，只此一家，別無分號。不同的發行版，只是在此核心上，包裝不同的應用程式而已！

1-2 為什麼要學習 Linux？

就所有作業系統而言，Linux 在台灣的普及率確實不高，那麼除了大多不須付費以外，還有什麼使用 Linux 的理由呢？

1-2-1 一應具全的功能

許多人會以為，商業公司發行的 Windows 或 macOS 才有完整的常用功能。其實您平時使用的網路瀏覽器、文書編輯、影像處理、辦公室軟體、程式開發工具，甚至架設伺服器等等的軟體，在 Linux 上都已有功能相當的軟體可以使用，並且大部份皆可免費取得。

1-2-2 從物聯網到超級電腦的廣泛用途

除了個人使用外，生活中其實處處是 Linux。大到超級電腦，小到嵌入式系統都可以看到 Linux 的蹤影。

- **超級電腦**：超級電腦因為架構與一般的個人電腦不同，所以作業系統多半要客製化，原始碼公開、可自由修改的 Linux 也就成為最佳的選擇。截至 2022 年 6 月份，運算能力世界前 500 的超級電腦都是執行 Linux 作業系統。

- **伺服器**：一般人常用的 WWW、Mail、FTP、雲端儲存...等伺服器都可以使用 Linux 來架設。同樣的硬體規格，使用 Linux 為伺服器系統的話占用的資源會比較少，多出來的硬體資源可以讓連線數變多或提供更快的回應速度。

- **行動裝置**：您若有使用 Android 平板、手機或手錶，其核心使用的也是 Linux。另外像是執行 Google 的 Chrome OS 的筆電、平板，其核心也是 Linux。

- **嵌入式裝置**：常見的 IoT (Internet of things) 或是嵌入式裝置其作業系統很多也是執行 Linux。像是公車上的悠遊卡/一卡通刷卡裝置，或是電梯裡的廣告託播裝置。因為 Linux 可以移除用不到的功能，將核心縮到很小，縮小後的系統可以直接燒錄在單板電腦或實驗板，或安裝在記憶卡中，進而減少裝置的體積。

1-2-3 工程師必學 Linux 嗎？

您完全不用 Linux 也可以處理好 IT 相關的工作，只是微軟的每一項產品都要付出額外的費用，所以大公司的 IT 部門多半是採用 Windows 與 Linux 混合使用的環境，有的是為了節省經費，有的是為了穩定度。以往不支援 Linux 的微軟近幾年也都開始支援 Linux 了，不僅在 Windows 10/11 提供了 WSL (Windows Subsystem for Linux, Windows 子系統 Linux 版)，讓使用者可以在 Windows 上直接安裝 Linux (可參考附錄 C 的說明)，同時在微軟的 Azure 雲端服務也提供了 Linux 虛擬機器的選擇。

除了前述的嵌入式系統、伺服器等需要 Linux，許多 IT 領域需要的軟體只能在 Linux 環境運行，或是在 Linux 環境能有最好的執行效率。另外像是很多軟體開發會用到的 Docker 虛擬化技術 (可參考第 17 章的說明)，它的底層就是 Linux 環境，即便您在 Windows 上安裝 Docker，仍然會用到 Linux 的指令或目錄架構的知識。

因此許多人會將 Linux 當作進入 IT 工程領域的必備技能，筆者也建議您能有基礎的 Linux 知識。

1-3 習慣文字模式的操作

本 Linux 發行版分為純文字模式及圖形模式兩種操作介面。Linux 雖然提供了圖形模式, 但是很多 Linux 指令或軟體 (如各種伺服器) 都沒有提供圖形模式的操控介面, 所以您只能在文字模式下使用指令來操作 Linux。

文字模式的優點

雖然文字模式沒有像使用圖形模式那麼方便, 初學可能會有一段陣痛期, 但是等您熟悉之後, 不管換到什麼 Linux 發行版都很容易上手。另外像是各個雲端服務所提供的 Linux 虛擬機器預設也都沒有提供圖形模式, 因為虛擬機器的費用是以 CPU、記憶體、硬碟空間使用量及網路傳輸量來計價的, GUI 會耗費更多資源, 徒增費用。

還有像是以 Linux 為系統的嵌入式裝置或網路通訊設備 (無線分享器、路由器...), 雖然有些會設計圖形介面讓使用者透過瀏覽器來設定基本的功能, 但是在開發、測試階段都是使用遠端連線進文字模式來設定或測試沒有開放給使用者的功能。

本書的範例幾乎都以文字模式進行, 因此不須擔心您手邊的裝置沒有圖形介面。按照範例中的指令, 一步一步熟悉 Linux 吧!

Linux 基礎操作與
常用指令

在開始之前，我們先認識一下必備的基礎指令，熟悉這些基本
操作才能讓往後的學習更為順暢。

2-1 認識文字模式

在使用指令之前，要先進入文字介面。您若是參考附錄 C 或附錄 D 的方法安裝 Linux, 那麼裝好後預設就會是純文字模式。若按照附錄 A 或附錄 B 的說明安裝, 預設會安裝並開啟圖形介面, 您可使用以下 4 種方式來使用 Linux 的文字介面。

2-1-1 切換虛擬主控台

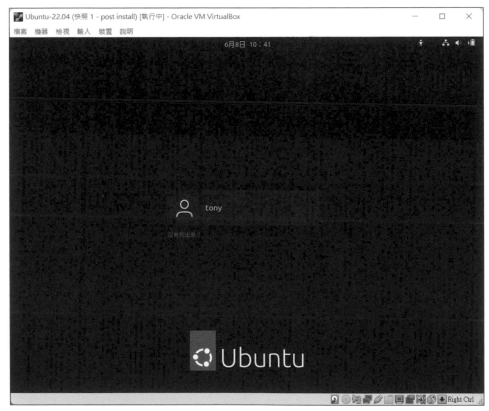

1 在圖形登入畫面 (登入前或登入後皆可) 按 `Ctrl` + `Alt` + `F3` ~ `F6` 切換到文字模式登入

2 輸入您的帳號與密碼

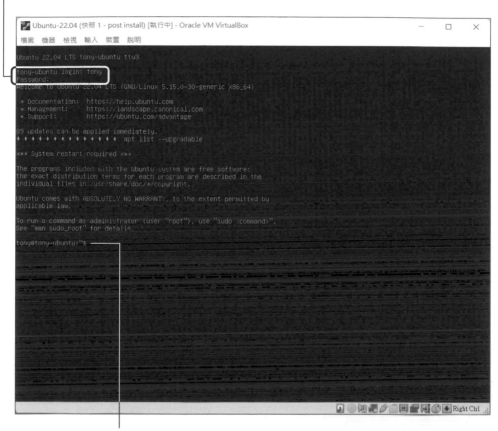

登入後此處即可輸入指令

TIP 按 Ctrl + Alt + F2 可切換回圖形介面。

2-1-2 從圖形介面開啟 terminal 程式

您也可以登入圖形介面後搜尋 terminal 程式來輸入指令:

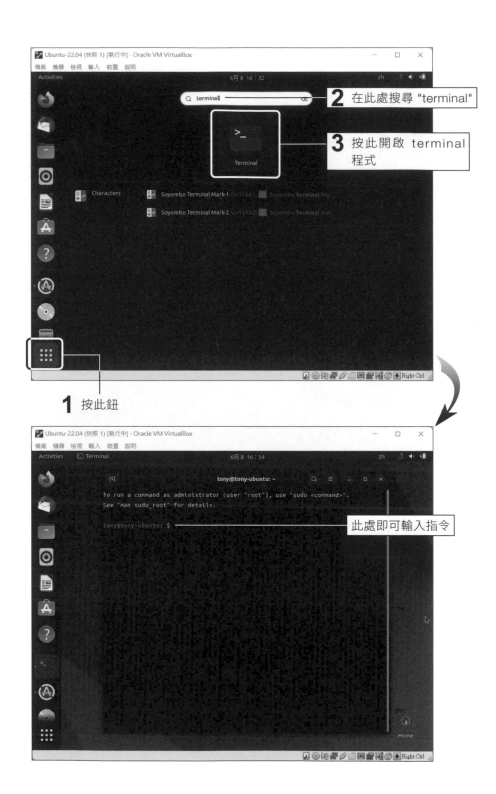

2-1-3 使用 SSH 由其他電腦來登入

您可參考第 9 章的說明安裝 OpenSSH 伺服器, 然後在其他 Windows 或 Linux 電腦登入要操作的 Linux 主機:

此處輸入您的帳號與密碼

登入後在此可輸入指令

2-1-4 開機直接進入文字模式

如果您在安裝 Linux 時選擇開機預設進入圖形介面, 之後因不想在每次操作時切換, 或是為了節省系統資源想改成開機直接進入文字模式, 可如下操作。首先請編輯 /etc/default/grub 檔, 如下修改 (文字編輯的說明可參考第 6 章):

```
...
GRUB_CMDLINE_LINUX_DEFAULT="text"
                                       將原本的 "quiet splash"
                                       改為 "text"
...
GRUB_TERMINAL=console  ◄── 刪除此行前面的 #
...
```

存檔後接著執行下列的指令修改：

```
tony@tony-ubuntu:~$ sudo systemctl set-default multi-user.target ◄
[sudo] tony 的密碼： ◄── 輸入您的密碼
Removed /etc/systemd/system/default.target.                    設定開機進入純文字模式
Created symlink /etc/systemd/system/default.target → /lib/systemd/
system/multi-user.target.
```

　　　　　　　　　　　　　　　　　　將 multi-user.target
　　　　　　　　　　　　　　　　　　連結到 default.target
　　　　　　　　　　　　　　　　　　這個預設值

設定好後，您重新開機系統就會直接進入純文字模式：

```
Ubuntu 22.04 LTS tony-ubuntu tty1

tony-ubuntu login:
```

在文字模式下
進入 Linux 的
第一個畫面

　　在文字模式下登入系統後，若要進入圖形介面，可於指令列執行 ***startx*** 指令。而在文字模式下按 `Ctrl` + `Alt` + `F1` ～ `F6` 可在不同的虛擬主控台間切換。

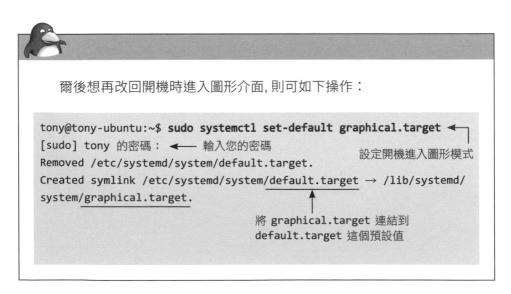

　　爾後想再改回開機時進入圖形介面，則可如下操作：

```
tony@tony-ubuntu:~$ sudo systemctl set-default graphical.target ◄
[sudo] tony 的密碼： ◄── 輸入您的密碼
Removed /etc/systemd/system/default.target.                設定開機進入圖形模式
Created symlink /etc/systemd/system/default.target → /lib/systemd/
system/graphical.target.
```

　　　　　　　　　　　　　　　　將 graphical.target 連結到
　　　　　　　　　　　　　　　　default.target 這個預設值

虛擬主控台的語言顯示

若您在安裝 Linux 時將語言選擇為中文, 又以 2-1-1 節或 2-1-4 節的方式使用虛擬主控台, 會發現系統訊息的中文字都無法顯示, 這個問題是因為虛擬主控台沒有中文字型的緣故。

如果要讓系統訊息改以英文顯示, 可以執行 *export LANG=en_US.UTF-8* 指令和 *export LANGUAGE=en_US.UTF-8* 指令, 將系統語言暫時改為英文;或是用 root 身份編輯 /etc/bash.bashrc 檔 (編輯方式見第 6 章), 在最後面加上 LANG=en_US.UTF-8 和 LANGUAGE=en_US.UTF-8 兩行內容, 未來登入時系統就會以英文顯示了。

請注意, 雖然系統改為英文後, 系統訊息就會以英文顯示, 但目錄、檔案的名稱或文件內容中的中文依然是無法顯示的。若要顯示中文, 可採用 2-1-2 節的作法, 或是參考 2-1-3 節, 從可以顯示中文的主機遠端登入。

2-2 登入系統與指令下達

Linux 是一個可供多人使用的作業系統, 每個人必須用自己的帳號登入系統, 並在不用的時候登出。本節我們將說明如何登入系統, 以及在文字模式下如何下達指令。

2-2-1 登入系統

進入 Linux 系統的第一件事是登入 (login) 系統, 使用者必須有該主機的帳號才能登入。一個帳號包括使用者名稱和密碼兩個部分 (關於如何建立新帳號, 請參考 7-2 節), 使用者必須正確輸入才能進入系統, 登入系統的畫面如下:

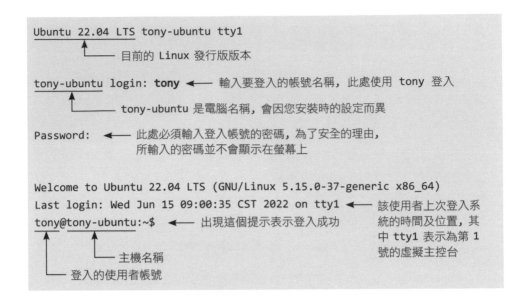

```
Ubuntu 22.04 LTS tony-ubuntu tty1
          ↑————— 目前的 Linux 發行版版本

tony-ubuntu login: tony  ←—— 輸入要登入的帳號名稱, 此處使用 tony 登入
          ↑————— tony-ubuntu 是電腦名稱, 會因您安裝時的設定而異

Password: ←—— 此處必須輸入登入帳號的密碼, 為了安全的理由,
              所輸入的密碼並不會顯示在螢幕上

Welcome to Ubuntu 22.04 LTS (GNU/Linux 5.15.0-37-generic x86_64)
Last login: Wed Jun 15 09:00:35 CST 2022 on tty1 ←— 該使用者上次登入系
tony@tony-ubuntu:~$  ←—— 出現這個提示表示登入成功       統的時間及位置, 其
    ↑    ↑                                          中 tty1 表示為第 1
    |    └————— 主機名稱                             號的虛擬主控台
    └————— 登入的使用者帳號
```

到此階段, 使用者算是通過系統的帳號驗證, 成功的進入系統了。但這並不表示可以使用系統所有功能, 需視所登入的帳號有多大的權限而定。

TIP 有關權限設定的各項說明, 請參考第 7 章。

2-2-2 指令下達方式

登入系統後, 就可以開始下達指令, 指揮系統做一些事情了。不過在實際介紹指令前, 我們先來了解一下 Linux 指令下達的方式:

```
tony@tony-ubuntu:~$ 指令 <參數> <相關項目>
```

上式中要注意的有下列幾點:

● **指令**:Linux 下的指令有大小寫之分, 例如 *shutdown*、*Shutdown* 和 *SHUTDOWN* 對 Linux 來說可是完全不同的指令, 這三者中只有全部小寫的才是有效指令。

● **參數**：大多數指令都有數個參數可供選擇, 使用不同的參數, 可以獲得不同的執行結果。例如稍後將介紹的關機 *shutdown* 指令, 搭配 -r 參數便可以設定系統在關機後重新開機。

想要知道每個指令有哪些參數可以使用, 可以依照 2-5 節的介紹查閱線上說明。另外大多數指令都可以加上 -h 或 --help 參數, 顯示求助說明, 查詢精簡的相關參數用法。

● **相關項目**：有的指令或指令後的參數, 在執行時要一併指定一些相關的資料。例如複製檔案的 *cp* 指令, 在執行時就要在指令後指定要複製的檔案及要複製的目的地。而剛剛提到的關機 *shutdown* 指令, 在使用 -r 參數設定關機後重新開機時, 在 -r 參數之後還必須加上時間項目, 以指定何時關機。

這些項目會依指令及所使用的參數不同而有所差異, 不一定所有的指令或參數都需要此項目。

在 Linux 下, 有些系統相關的指令需有管理者的權限才能執行, 我們只要在要執行的指令前面加上 *sudo* 指令, 就能達到用管理者的權限執行的效果：

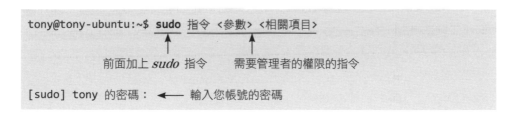

了解 Linux 中執行指令的格式之後, 我們就可以正式上路了！以下我們將逐一介紹一些常用的基礎指令。

2-3 檔案與目錄的操作

在文字模式下, 最常使用的指令便是瀏覽目錄和檔案的指令, 也就是本節要介紹的主題。

2-3-1 列出檔案清單的 ls 指令

ls (list) 指令是相當常用的指令, 用來顯示目前目錄中的檔案和子目錄清單。配合參數的使用, 能以不同的方式顯示目錄內容。底下我們列出一些常用的範例:

● 顯示目前目錄的內容:

```
tony@tony-ubuntu:~$ ls
nohup.out  snap  下載  公共  圖片  影片  文件  桌面  模板  音樂
```

若為目錄, 會以深藍色顯示

● 當執行 *ls* 指令時, 並不會顯示名稱以 "." 開頭的檔案。因此可加上 "-a" 參數指定要列出這些檔案:

```
tony@tony-ubuntu:~$ ls -a
.                .bash_logout  .config  nohup.out  .ssh                        公共  文件  音樂
..               .bashrc       .gnupg   .profile   .sudo_as_admin_successful   圖片  桌面
.bash_history    .cache        .local   snap       下載                        影片  模板
```

. 、.. 、~ 和 /

在目錄的使用上, 有幾個特別的用法: "." 表示**目前目錄**, ".." 表示**上一層目錄**, "/" 表示**系統根目錄**, "~" 則為**使用者家目錄**或稱**使用者專屬目錄**。

→ 接下頁

其中使用者家目錄, 即使用者登入時所在的目錄。例如 root 使用者的家目錄為 /root, 而一般使用者家目錄為 /home/使用者名稱, 如 tony 的家目錄為 /home/tony。

● 以較詳細的格式顯示檔案 (這些顯示格式所代表的意義, 請參考 4-3 節):

```
tony@tony-ubuntu:~$ ls -l
總用量 40
-rw-rw-r-- 1 tony tony    2  6月 10 10:20 nohup.out
drwx------ 4 tony tony 4096  6月   6 14:49 snap
drwxr-xr-x 3 tony tony 4096  6月   6 14:49 下載
drwxr-xr-x 2 tony tony 4096  6月   6 14:26 公共
drwxr-xr-x 2 tony tony 4096  6月   6 14:26 圖片
drwxr-xr-x 2 tony tony 4096  6月   6 14:26 影片
drwxr-xr-x 2 tony tony 4096  6月   6 14:26 文件
drwxr-xr-x 2 tony tony 4096  6月   6 14:26 桌面
drwxr-xr-x 2 tony tony 4096  6月   6 14:26 模板
drwxr-xr-x 2 tony tony 4096  6月   6 14:26 音樂
```

● 以 "-s" 參數顯示每個檔案所使用的空間, 並以 "-S" 參數指定依所佔用空間的大小排序:

```
tony@tony-ubuntu:~$ ls -s -S
總用量 40
4 snap     4 下載  4 公共  4 圖片  4 影片  4 文件  4 桌面  4 模板  4 音樂
4 nohup.out
```

● 在 *ls* 指令後直接加上欲顯示的目錄路徑, 就會列出該目錄的內容:

```
tony@tony-ubuntu:~$ ls -l /usr/src
總用量 16
drwxr-xr-x 24 root root 4096  6月   6 14:14 linux-headers-5.15.0-35
drwxr-xr-x  7 root root 4096  6月   6 14:16 linux-headers-5.15.0-35-generic
...
```

2-3-2 切換目錄的 cd 指令

cd (change directory) 指令可讓使用者切換目前所在的目錄。範例如下：

```
tony@tony-ubuntu:~$ cd tony      ← 切換到目前目錄下的 tony 子目錄
tony@tony-ubuntu:~/tony$ cd ..   ← 切換到上一層目錄
tony@tony-ubuntu:~$ cd /         ← 切換到系統根目錄
tony@tony-ubuntu:/$ cd          ← 切換到使用者家目錄(或執行 cd ~ 指令亦可)
tony@tony-ubuntu:~$ cd -         ← 切換到上一次停留的目錄並印出該目錄名稱
/
tony@tony-ubuntu:/$ cd /usr/bin  ← 切換到 /usr/bin 目錄
```

2-3-3 建立目錄的 mkdir 指令

mkdir (make directory) 指令可用來建立子目錄。底下的範例會於所在目錄下建立 source 子目錄：

```
tony@tony-ubuntu:~$ mkdir source
```

 快速輸入指令的方法

在文字模式下操作指令時，如果需要輸入與之前重複或類似的指令，您可以按 ↑、↓ 鍵來回復最近執行過的命令。另外當指令輸入到一半，卻忘記指令名稱或僅記得前幾個字時，只要按 Tab 鍵就能自動完成可能的指令，若是尚未完成的指令有兩種以上的可能性，再按第二次 Tab 鍵，系統便會將所有可能的指令都列出來供您參考。關於這些功能的詳細操作方法，請參閱 3-2 節。

2-3-4 刪除目錄的 rmdir 指令

rmdir (remove directory) 指令可用來刪除 "空" 的子目錄：

```
tony@tony-ubuntu:~$ rmdir source
```

 TIP 如果要刪除的目錄中還有檔案存在, 則可以使用稍後介紹的 *rm* 指令。

2-3-5 複製檔案的 cp 指令

cp (copy) 指令可以將檔案從一處複製到另一處。一般使用 *cp* 指令, 將一個檔案複製成另一個檔案或複製到某目錄時, 需要指定原始檔名, 以及目的檔名或目錄。範例如下：

```
tony@tony-ubuntu:~$ cp data1.txt data2.txt     ← 將 data1.txt
                                                  複製成 data2.txt
tony@tony-ubuntu:~$ cp data2.txt /tmp/data/    ← 將 data2.txt 複製到
                                                  /tmp/data/ 目錄中
tony@tony-ubuntu:~$ cp data2.txt ../data3.txt  ← 將當前目錄下的 data2.txt
                                                  複製到上層目錄並改名為
                                                  data3.txt
tony@tony-ubuntu:~$ cp ../data3.txt .          ← 將上層目錄的 data3.txt
                                                  複製到當前目錄下
```

以下筆者舉幾個 *cp* 指令的參數供您參考：

● **顯示複製過程**：加入 -v 參數可顯示指令執行過程。範例如下：

```
tony@tony-ubuntu:~$ cp zip.txt zip2.txt     ← 一般狀態下, 不會顯示複製過程
tony@tony-ubuntu:~$ cp -v zip.txt zip3.txt  ← 以 -v 顯示複製過程
'zip.txt' -> 'zip3.txt'
```

- **遞迴複製**：加入 -r 參數可同時複製目錄下的所有檔案及子目錄。範例如下：

```
tony@tony-ubuntu:~/圖片$ cp -v -r * /tmp/backup/  ←── 將現行目錄下的所有檔
                                                        案(含子目錄檔案)複製
'Cats' -> '/tmp/backup/Cats'                            到 /tmp/backup/ 目錄
'Cats/001.jpg' -> '/tmp/backup/Cats/001.jpg'
'Cats/002.jpg' -> '/tmp/backup/Cats/002.jpg'  ←── 複製子目錄下的檔案
'list.txt' -> '/tmp/backup/list.txt'  ←── 複製現行目錄下的檔案
```

2-3-6 刪除檔案或目錄的 rm 指令

rm (remove) 指令可以刪除檔案或目錄。用法如下：

```
tony@tony-ubuntu:~$ rm myfile  ←── 刪除指定的檔案
tony@tony-ubuntu:~$ rm *       ←── 刪除目前目錄中所有檔案
```

rm 指令的常用參數如下：

- **遞迴刪除**：-r 是一個相當常用的參數，使用此參數可同時刪除指定目錄下的所有檔案及子目錄。範例如下：

```
tony@tony-ubuntu:~$ rm -r data  ←── 刪除 data 目錄
                                     (含 data 目錄下所有檔案和子目錄)

tony@tony-ubuntu:~$ rm -r *     ←── 刪除所有檔案(含目前目錄所有檔案、
                                     所有子目錄和子目錄下的檔案)
```

- **刪除前詢問**：Ubuntu 的一般使用者在刪除檔案時並不會詢問是否確定要刪除，您可用 root 身份編輯 /etc/bash.bashrc 檔 (編輯方式見第 6 章), 在最後面加上下列內容：

```
...
        }
fi

alias rm='rm -i'  ◄──── 加入此行
```

一般使用者重新登入後, 使用 *rm* 指令刪除檔案時就會詢問是否確定
要刪除。

● **強制刪除指定目錄**：當您使用 -r 參數刪除目錄時, 若該目錄下有許多
子目錄及檔案, 則系統可能會不斷的詢問, 以確認您的確要刪除目錄或
檔案。若已確定要刪除所有目錄及檔案, 則可使用 -rf 參數, 如此一來,
系統將直接刪除該目錄中所有的檔案及子目錄, 不會再一一詢問：

```
tony@tony-ubuntu:~$ rm -rf tmp  ◄──── 強制刪除 tmp 目錄, 及該目錄下
                          │                所有檔案與子目錄
                    相當於 -r -f
```

● **顯示刪除過程**：使用 -v 參數。

```
tony@tony-ubuntu:~$ rm -v dir.txt
已刪除 'dir.txt'  ◄──── 刪除的過程
```

2-3-7 顯示畫面暫停的 more 指令

為了避免畫面顯示瞬間就閃過去, 使用者可以使用 *more* 指令, 讓畫
面在顯示滿一頁的時候暫停, 此時可按空白鍵繼續顯示下一個畫面, 或按
Ⓠ 鍵停止顯示。

● 當用 *ls* 指令查看檔案列表時, 若檔案太多, 則可配合 *more* 指令使
用：

```
tony@tony-ubuntu:~$ ls -al | more
總用量 76
drwxr-x--- 16 tony tony 4096  6月 10 14:10 .
drwxr-xr-x  3 root root 4096  6月  6 14:10 ..
-rw-r--r--  1 tony tony  220  6月  6 14:10 .bash_logout
-rw-r--r--  1 tony tony 3771  6月  6 14:10 .bashrc
...
drwxr-xr-x  2 tony tony 4096  6月 10 14:05 模板
--更多--  ◀──  顯示滿一個畫面便暫停，可按空白鍵繼續顯示下一畫面、
               按 [Enter] 鍵一次捲動一行，或按 [Q] 鍵跳離
```

TIP 關於 "|"、">" 與 ">>" 的用法, 3-4-1 節還會再說明。

● 單獨使用 *more* 指令時, 可用來顯示文字檔的內容：

```
tony@tony-ubuntu:~$ more data.txt
```

TIP *less* 指令也具有讓畫面暫停的功能, 並且可以使用 [Page UP]、[Page Down] 鍵捲動畫面。

2-3-8 顯示檔案內容的 cat 指令

cat (concatenate) 指令可以顯示檔案的內容 (經常和 *more* 指令搭配使用), 或是將數個檔案合併成一個檔案。範例如下：

● 逐頁顯示 preface.txt 的內容：

```
tony@tony-ubuntu:~$ cat preface.txt | more
```

● 將 preface.txt 附加到 outline.txt 檔案之後：

```
tony@tony-ubuntu:~$ cat preface.txt >> outline.txt
```

● 將 news.txt 和 info.txt 合併成 readme.txt 檔：

```
tony@tony-ubuntu:~$ cat news.txt info.txt > readme.txt
```

 實務經驗談

cat 指令也可以配合 *less* 指令來使用, 除了可以分頁顯示、往前頁或後頁查閱, 還可以使用 "/" 來搜尋關鍵文字, 相當方便。

2-3-9 搬移或更改檔案、目錄名稱的 mv 指令

mv (move) 指令可以將檔案及目錄搬移到另一目錄下, 或更改檔案及目錄的名稱。範例如下：

```
tony@tony-ubuntu:~/bakdir/backup$ mv a.txt ..      ◀── 將 a.txt 檔搬移到
                                                        上層目錄

tony@tony-ubuntu:~/bakdir/backup$ mv z1.txt z3.txt ◀── 將 z1.txt 改名成
                                                        z3.txt

tony@tony-ubuntu:~/bakdir/backup$ cd ..            ◀── 切換到上一層目錄

tony@tony-ubuntu:~/bakdir$ mv backup ..            ◀── 將 backup 目錄
                                                        移到 bakdir 的
                                                        上層目錄
```

2-3-10 顯示目前所在目錄的 pwd 指令

pwd (print working directory) 指令可顯示使用者目前所在的目錄。範例如下：

```
tony@tony-ubuntu:~$ pwd
/home/tony  ◀── 目前所在目錄為 "/home/tony"
```

何時需要使用 pwd 指令呢？

使用 *pwd* 指令查得實際所在的目錄, 以免執行了錯誤的程式, 或是在錯誤的目錄下遍尋不到想找的檔案。 另外, 在寫 Shell Script 時 (請參考第 11 章), 您也可以透過 *pwd* 指令來取得使用者執行 Shell Script 時所在的目錄。

2-3-11 尋找檔案的 locate 與 find 指令

locate 指令可用來搜尋名字中包含指定條件字串的檔案或目錄。 範例如下：

```
tony@tony-ubuntu:~$ sudo apt-get install plocate ◄── Ubuntu 預設沒有安
[sudo] tony 的密碼：◄── 輸入您的密碼                    裝此指令, 我們將透
正在讀取套件清單... 完成                              過網路安裝（關於指
正在重建相依關係... 完成                              令的安裝請參閱第 14
正在讀取狀態資料... 完成                              章）
下列的額外套件將被安裝：
  liburing2
下列新套件將會被安裝：
  liburing2 plocate
升級 0 個，新安裝 2 個，移除 0 個，有 160 個未被升級。
需要下載 140 kB 的套件檔。
此操作完成之後，會多佔用 555 kB 的磁碟空間。                    列出所有名字包含
是否繼續進行 [Y/n]？ [Y/n] y      ◄── 輸入 "y" 繼續        "zh_TW"字串的檔
tony@tony-ubuntu:~$ locate zh_TW                            案或目錄
/boot/grub/locale/zh_TW.mo
/snap/core20/1405/usr/lib/systemd/catalog/systemd.zh_TW.catalog
/snap/core20/1405/usr/share/locale/zh_TW
...
```

由於 *locate* 指令是從系統中儲存檔案及目錄名稱的資料庫中搜尋檔案, 雖然系統會定時更新資料庫, 但對於剛新增或刪除的檔案、目錄, 仍然可能會因為資料庫尚未更新而無法查得, 此時可以執行 *sudo updatedb* 指令更新, 維持資料庫的內容正確。

TIP 第一次執行 *locate* 指令時, 可能會因為資料庫尚未建立, 會出現無法開啟資料庫的錯誤訊息。此時請先執行 *sudo updatedb* 指令建立資料庫, 再執行 *locate* 指令搜尋檔案。

find 指令可以搜尋指定目錄中檔案所在的位置, 範例如下:

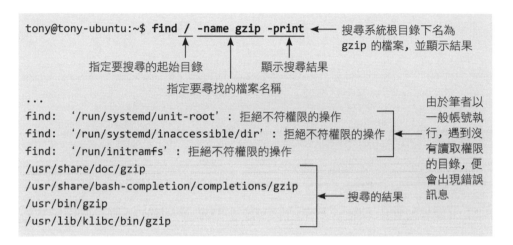

下面的範例我們將尋找目前目錄下檔案以 .bash 起始的檔案, 並將結果輸出到 filelist 檔案中:

```
tony@tony-ubuntu:~$ find -name .bash\* -fprint filelist
```

2-4 登出、關機與重新開機

我們在 2-2 節中說過, Linux 是一個可供多人使用的作業系統, 每個使用者都必須用自己的帳號登入系統。而使用完後, 則應該要立即登出, 以避免帳號被他人使用。此外, 系統管理員還必須知道如何關閉或重新啟動電腦。

2-4-1 登出系統的 logout 指令

登出 (logout) 是登入的相對動作，登入系統後若要離開系統，使用者只要直接下達 *logout* 指令即可：

```
tony@tony-ubuntu:~$ logout

Ubuntu 22.04 LTS tony-ubuntu tty1

tony-ubuntu login: ◀── 回到登入畫面
```

 TIP 使用 *exit* 指令也可以登出系統。

請特別注意！登出系統之後，可不要立刻就關機。Linux 是多人使用的作業系統，登出只是結束自己的工作。如果要關機，請看接下來介紹的 *shutdown* 指令。

2-4-2 關機或重新開機的 shutdown 指令

shutdown 指令可以關閉所有程序，並依使用者的需要重新開機或關機，必須要有管理者權限才能執行。

shutdown 指令的參數說明如下：

● **關機**：-h 參數讓系統關機，後面若不接 time 參數預設是 1 分鐘後關機。範例如下：

```
tony@tony-ubuntu:~$ sudo shutdown -h
```

● 接著系統將依序關閉各項程序及服務，最後系統會直接關機斷電。

● **指定關機時間**：time 參數用以指定關機的時間或設定多久時間後執行 *shutdown* 指令。time 參數有三種模式："now"、"hh:mm" 或 "+m"。"now" 表示立即關機；"hh:mm" 指定幾點幾分關機, 例如：*sudo shutdown -h 10:45* 指令表示 10:45 分關機；"+m" 表示 m 分鐘後關機 (您也可省略 "+", 直接輸入時間)。範例如下：

```
tony@tony-ubuntu:~$ sudo shutdown -h +5        ◀── 5 分鐘後關機
[sudo] tony 的密碼：                            ◀── 輸入您的密碼

Broadcast message from root@tony-ubuntu on pts/1
(Wed 2022-06-15 16:37:00 CST):
The system is going down for poweroff at Wed 2022-06-15 16:42:00 CST!
                                        這段訊息會通知所有使用者, 提醒使
                                        用者盡快將手邊的工作告一個段落

Shutdown scheduled for Wed 2022-06-15 16:42:00 CST,
use 'shutdown -c' to cancel.
          ▲
     提示您還可以用 shutdown -c 指令取消
```

TIP 若想指定系統在特定日期關機, 則必須配合排程指令, 請參考第 12 章的說明。

● **設定關機前的通知訊息**：在指令最後加上要送給所有登入使用者看的訊息, 並以雙引號 (") 括起來即可。範例如下：

```
tony@tony-ubuntu:~$ sudo shutdown -h +5 "System will shutdown after 5 minutes"
                                        ▲
                    利用訊息提示使用者 5 分鐘後系統將會關機
```

● **關機後重新開機**：-r 參數設定關機之後重新啟動。範例如下：

```
tony@tony-ubuntu:~$ sudo shutdown -r now     ◀── 表示立即關閉系統並重新開機
tony@tony-ubuntu:~$ sudo shutdown -r 23:59   ◀── 指定 23:59 重新開機
```

2-4-3 重新啟動電腦的 reboot 指令

顧名思義，*reboot* 指令將會重新啟動系統。它與 *shutdown* 指令一樣，是系統管理者 root 帳號才可以執行的指令。常用的參數如下：

● **-f 參數**：不依正常程序執行關機，直接關閉系統並重新啟動電腦

● **--halt 參數**：暫停系統，您必須手動按電腦的 reset 鈕重新啟動電腦或按電源鈕關機。

雖然 *reboot* 指令有幾個參數可以使用，但一般只需要單獨執行 *reboot* 指令就可以了。

 避免按 ⌈Ctrl⌋ + ⌈Alt⌋ + ⌈Del⌋ 鍵重新開機

在 Linux 中直接按下 ⌈Ctrl⌋ + ⌈Alt⌋ + ⌈Del⌋ 鍵，也會重新開機。如果您不希望任何人利用這個組合鍵隨意重新啟動電腦，請如下操作：

```
tony@tony-ubuntu:~$ sudo systemctl mask ctrl-alt-del.target ◄─┐
[sudo] tony 的密碼：                           取消組合鍵的功能
Created symlink /etc/systemd/system/ctrl-alt-del.target → /dev/null.
```

若要恢復 ⌈Ctrl⌋ + ⌈Alt⌋ + ⌈Del⌋ 鍵重新開機的功能，刪除下列的設定檔即可：

```
tony@tony-ubuntu:~$ sudo rm -f /etc/systemd/system/ctrl-alt 接下行
-del.target  ◄── 刪除此設定檔
```

2-5　線上查詢指令

　　Linux 上的指令很多, 每個指令通常又有許多的參數可以使用。除了常用的指令及參數, 難免會遇到某些不熟悉的指令。這時該怎麼辦呢? Linux 系統有提供線上查詢服務, 也就是將傳統紙本的操作手冊放在系統中, 讓使用者可以隨時查詢, 不用再抱著厚厚的書本前後翻查。因此當您在操作過程中, 對某些指令的功能用法不清楚時, 別忘了先使用 *man* 或 *info* 指令查詢線上說明。

2-5-1 查詢線上說明的 man 指令

　　man (manual) 指令用於查詢指令的線上說明, 只要在 *man* 指令後加上要查詢的指令, 便會以分頁顯示的方式列出該指令的詳細說明:

```
tony@tony-ubuntu:~$ man shutdown   ◀── 以 man 指令查詢
                                        shutdown 指令的用法
SHUTDOWN(8)                shutdown                SHUTDOWN(8)


NAME
      shutdown - Halt, power-off or reboot the machine  ◀── 指令的名稱
                                                             及用途
SYNOPSIS
      shutdown [OPTIONS...] [TIME] [WALL...]  ◀── 可用的參數及相關項目
...
      Manual page shutdown(8) line 1 (press h for help or q to quit)◀─┐
                                        man 指令會分頁顯示, 看到此訊息
                                        表示尚有內容, 按空白鍵可翻下頁
```

　　以 *man* 指令查詢指令用法時, 可用 ↑、↓ 鍵或 `Page UP`、`Page Down` 鍵上下移動或翻頁。查到所需的資訊後, 可隨時按 `q` 鍵結束查詢, 離開線上說明。此外, 您還可輸入 "/" 進行搜尋, 例如輸入 "/reboot", 會將該說

明中所有的 "reboot" 字串反白 (有區分大小寫), 方便您查詢相關說明。按 n 鍵可跳到下一個找到的關鍵字, 按 b 鍵可跳回上一個找到的關鍵字。

2-5-2 查詢線上說明的 info 指令

info 也是用於查詢線上說明的指令, 其與 *man* 指令採用不同的格式。同一個指令以 *man* 及 *info* 指令查得的內容也不盡相同 (說明的方式不同, 參數當然是相同的)。並非所有指令都有 *man* 及 *info* 兩種格式的線上說明, 當無法使用 *man* 指令查到時, 可以試試 *info* 指令, 反之亦然。

以下為使用 *info* 查詢 *shutdown* 指令的結果：

```
tony@tony-ubuntu:~$ info shutdown  ◄── 查詢 shutdown 指令
                                       info 格式的線上說明
SHUTDOWN(8)                    shutdown                    SHUTDOWN(8)


NAME
       shutdown - Halt, power-off or reboot the machine

SYNOPSIS
       shutdown [OPTIONS...] [TIME] [WALL...]

DESCRIPTION
       shutdown may be used to halt, power-off or reboot the machine.

...
-----Info: (*manpages*)shutdown, 65 lines --Top------------------------
No menu item 'shutdown' in node '(dir)Top'
```

使用 *info* 指令查詢線上說明時的基本操作方法與 *man* 指令相同：可用 ↑、↓ 鍵或 Page UP、Page Down 鍵上下移動或翻頁, 並可隨時按 q 鍵結束查詢, 離開線上說明。

其他常用的 date 與 ntpdate 指令

date 指令可以顯示目前日期時間。範例如下：

```
tony@tony-ubuntu:~$ date
西元2022年06月18日（週六）13時17分58秒 CST
```

如果您的系統時間不正確而想更改時，可以使用 *date* 指令來設定系統時間，請如下操作：

```
tony@tony-ubuntu:~$ sudo date 06181426 ◄── 將時間設為 6 月 18 日 14 點
26 分
[sudo] tony 的密碼：              ◄── 輸入您的密碼
西元2022年06月18日（週六）14時26分00秒 CST
```

有時候您可能會苦於不知道正確的時間為何，目前網路上有**校時伺服器**提供標準時間，可供使用者校正自己主機的時間。如**國家時間與頻率標準實驗室**校時伺服器的網址為 time.stdtime.gov.tw，您可執行 *ntpdate* 指令將系統時間設成與校時伺服器一致：

```
tony@tony-ubuntu:~$ sudo apt-get install ntpdate ◄── 先安裝 ntpdate
套件
tony@tony-ubuntu:~$ sudo ntpdate time.stdtime.gov.tw ◄─┐
                                          與國家時間與頻率標準
                                          實驗室的校時伺服器校時
18 Jun 13:43:06 ntpdate[2457]: adjust time server 118.163.81.61
offset +0.037184 sec
```

MEMO

Shell 基礎知識與進階技巧

shell 的功能在於搭起使用者與作業系統間的溝通橋樑，提供基本的操作介面，讓使用者得以下達各種指令，操作系統，產生彼此間的互動關係，因此我們可將 shell 看成是一種使用者環境。

第二章的各式各樣指令，其實也都是由 shell 傳達給系統。本章將介紹 Bash 這個很多人使用的 shell 及進階指令。

3-1 shell 簡介

　　shell 的原意是外殼,用來形成物體外部的架構,使整體具有輪廓而不致鬆垮變形。對作業系統而言,**shell 負責使用者和作業系統兩者之間的溝通**,把使用者下達的指令解譯給系統去執行,並將系統傳回的訊息再次解譯,讓使用者瞭解其含意。所以 shell 除了可視為使用者環境之外,也稱**為指令解譯器**。

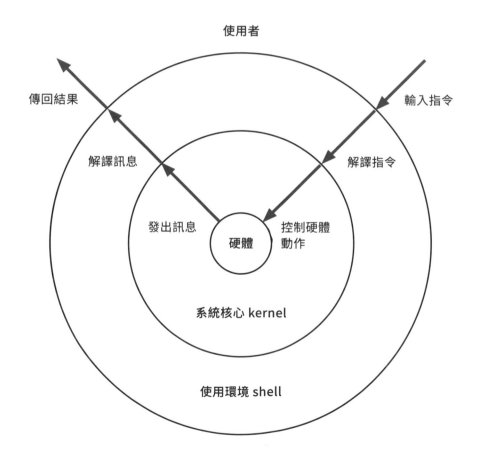

3-1-1 種類繁多的 shell

每一種作業系統都有其特定的 shell, 例如：

- MS DOS 的標準 shell 是 command.com。

- Windows 的 shell 是 explorer.exe。

- Unix 之類的作業系統, 其使用的 shell 各有不同。常見的 shell 有 Small Bourne Shell (ash)、Bourne Again Shell (bash/bash2)、Bourne Shell、BSD C Shell (csh)、Korn Shell (ksh)、Enhanced C Shell (tcsh) 和 ZShell (zsh) 等。

Bourne Shell 是最早被廣泛使用與標準化的 shell, 幾乎所有的 Unix 相容家族都支援它。BSD C Shell 由 Berkeley 大學開發, 特點是易於使用且交談能力強。Enhanced C Shell 提供指令列編輯功能、補全功能, 以及拼字檢查功能。Bourne Again Shell 衍生自 Bourne Shell, 融入 BSD C Shell 的特色, 新增工作控制、別名 (alias)、指令歷程 (history) 等功能。

隨著 shell 程式版本不斷更新, 各種不同的 shell 相互截長補短, 彼此間的差異就逐漸減少。Ubuntu 預設的 shell 是 bash, 而且也可以自行安裝 ksh、tcsh 和 zsh。

 TIP BSD 的全名是 Berkeley Software Distribution/Design。

3-1-2 檢視與更換 shell

各種 Unix 相容家族預設使用的 shell 不盡相同, 例如 BSD 通常都使用 csh, Linux 都使用 bash。不過多半都會提供其他的 shell 讓使用者更換。在更換 shell 之前, 先讓我們認識提示符號並瞭解目前正在使用何種 shell。

指令提示符號

　　shell 各自擁有其指令提示符號, 一般是在使用者目前的目錄加上 $、%、# 或 > 符號。以 tony 帳號為例:

```
tony@tony-ubuntu:~$ ◄── 這就是指令提示符號
```

　　提示符號的用處是告訴使用者現在可以下達指令, 同時也表示先前下達的指令已經完成, 或是已經被放到背景執行。

　　若您想嘗試其它的 shell, 必須另外安裝。請您參考第 14 章的內容, 以 *sudo apt-get install + shell 名稱* 指令來安裝。例如:要安裝 ksh, 則可以執行 *sudo apt-get install ksh* 進行安裝。

　　我們來看看在不同的 shell 之下, 其提示符號有何不同 (提示符號可自行設定, 此處以非 root 使用者的預設值為例):

- ksh:$
- bash:tony@tony-ubuntu:~$
- zsh:tony-ubuntu%
- tcsh:tony-ubuntu:~>

檢視預設的 shell 種類

　　要檢視登入系統時預設是用哪一種 shell, 最簡單的方式是執行 *echo* 指令, 詢問系統 SHELL 環境變數的值 (見 3-6 節):

```
tony@tony-ubuntu:~$ echo $SHELL
/bin/bash                        ←── 目前使用的 shell 為 bash
tony@tony-ubuntu:~$ echo ${SHELL}  ←── 這種格式的指令也可以
/bin/bash
```

另外, 利用可以查詢使用者資料的 finger 工具, 也能看出該使用者預設的 shell。不過, Ubuntu 預設未安裝 finger 工具, 請您執行 *sudo apt-get install finger* 指令安裝工具, 再執行 *finger 使用者帳號* 指令就能查詢使用者資料:

```
tony@tony-ubuntu:~$ finger tony
Login: tony                      Name: tony
Directory: /home/tony            Shell: /bin/bash ←── 預設的使用者
                                                     環境是 bash
On since Fri Jun 24 08:47 (CST) on tty1    6 hours 28 minutes idle
    (messages off)
On since Fri Jun 24 08:49 (CST) on pts/0 from 172.25.16.1
   3 seconds idle
No mail.
No Plan.
```

更換 shell

不同的 shell 有不一樣的特性, 有些時候使用者可能希望依自己的習慣使用別的 shell。最簡單的方法就是直接執行該 shell 之名稱。若要回到原來的 shell, 則執行 *exit* 指令:

```
tony@tony-ubuntu:~$ zsh   ←── 執行 zsh, 進入 ZShell
...
tony-ubuntu% exit         ←── 脫離 zsh, 回到 bash
tony@tony-ubuntu:~$
```

上述之方法僅能臨時改變環境, 一旦登出系統之後, 下次登入時又將變回預設的 shell。如果使用者希望更換預設值, 其步驟如下 (以 tony 帳號為例):

```
tony@tony-ubuntu:~$ which zsh    ◄── 找到 zsh 所存放的路徑
/usr/bin/zsh                      ◄── zsh 位於 /usr/bin/ 目錄下
tony@tony-ubuntu:~$ chsh          ◄── 變更 shell(change shell)
密碼:                             ◄── 輸入該帳號的密碼
正在變更 tony 的 shell            ◄── 正在改變使用者 tony 的 shell
請輸入新值, 或直接按 ENTER 鍵使用預設值
       登入 Shell [/bin/bash]: /usr/bin/zsh ◄── 輸入完整的路徑與檔名
```

chsh 指令的用法, 也可以簡寫如下:

```
tony@tony-ubuntu:~$ chsh -s /usr/bin/zsh
密碼:    ◄── 輸入此帳號的密碼
```

使用者先登出再重新登入系統, 就會啟用新指定的 shell 了。

3-1-3 禁止使用者登入

有些時候我們希望限制某位使用者僅能使用 FTP 或 E-mail 服務, 而不允許 telnet 或 ssh 登入。此時可使用 *chsh* 指令將該使用者的 shell 換成 /sbin/nologin, 就能限定該使用者 (以 lambert 為例) 不能 telnet 或 ssh 登入了。請如下操作:

```
tony@tony-ubuntu:~$ sudo chsh -s /usr/sbin/nologin lambert ◄──┐
[sudo] tony 的密碼:                        將 lambert 的 shell 修改為
                                          /usr/sbin/nologin
```

3-2　shell 的各種功能

每一種 shell 都會有些許的不同, Ubuntu 的預設值是 bash, 接下來讓我們一同看看 bash 的特色。

 TIP　若無特別聲明, 以下所有範例皆以 bash 來操作。

3-2-1 指令歷程

當使用者在輸入指令的時候, 可利用一些基本按鍵幫助編修指令列:

● ↑：顯示上一個指令。

● ↓：顯示下一個指令。

● ←：游標向左移動。

● →：游標向右移動。

　　使用上下鍵, 不僅可切換此次登入後所執行過的指令, 還能夠查看並使用使用者以前登入時所用過的指令。這些指令歷程都記錄在使用者家目錄裡的 .bash_history 檔案內。假設使用文書編輯器去開啟這個檔案, 會看到類似下列的內容:

```
ls -al
ls -al | more
clear
...
ls /
```

　　執行 *history* 指令可列出最近使用過的指令及其編號, 讓使用者免除反覆輸入長串指令, 節省時間並減少錯誤發生:

```
tony@tony-ubuntu:~$ history        ◄─── 顯示使用過的指令列表和編號
    1  ls -al
    2  ls /
    3  cd
...                                 ◄─── 長串的指令列表清單
  532  ls -al | more
  533  more .bash_history
  534  history

tony@tony-ubuntu:~$ !2             ◄─── 執行編號為 2 的指令
ls /                               ◄─── 編號 2 的指令是 ls /
bin     dev    lib     libx32      mnt    root   snap      sys  var
boot    etc    lib32   lost+found  opt    run    srv       tmp
...
```

除了直接指定編號之外, 也能根據 "減法" 原則執行指令:

```
tony@tony-ubuntu:~$ history
    1  ls -al
...
  540  ls -al | more
  541  more .bash_history
  542  history
  543  sudo shutdown -h now
  544  history | more
  545  ls /
  546  history | more       ◄─── 先前最後的指令編號是 546
tony@tony-ubuntu:~$ !-7     ◄─── 目前的指令是第 546 號, 倒數第 7 個為 540
ls -al | more              ◄─── 編號 540 的指令是 ls -al | more
總用量 387404
drwxr-x--- 18 tony tony      4096   6月 24 15:12 .
drwxr-xr-x  5 root root      4096   6月 22 14:10 ..
drwxrwxr-x  2 tony tony      4096   6月 10 14:28 backup
drwxrwxr-x  2 tony tony      4096   6月 10 14:28 bakdir
-rw-------  1 tony tony      8428   6月 24 17:13 .bash_history
...
```

但是如果輸入 *!-0* 指令, 會出現語法錯誤和未知事件的訊息:

```
tony@tony-ubuntu:~$ !-0
-bash: !-0: event not found
```

3-2-2 定義指令別名

別名的作用可讓使用者自訂新的指令名稱來替代原有的指令。範例如下：

```
tony@tony-ubuntu:~$ mycopy
Command 'mycopy' not found, did you mean: ◄── 目前沒有這個指令
...
tony@tony-ubuntu:~$ alias mycopy='cp'        ◄── 將 mycopy 定義成新指令
tony@tony-ubuntu:~$ mycopy
cp: 缺少了檔案運算元
請嘗試執行「cp --help」取得更多訊息。
tony@tony-ubuntu:~$ cp
cp: 缺少了檔案運算元
請嘗試執行「cp --help」取得更多訊息。
```

從上面範例中我們可清楚地看出，*mycopy* 指令在經過定義之後，成為 *cp* 指令的別名。每當執行 *mycopy* 指令就等於是執行 *cp* 指令。我們可以透過 *alias* 指令，採用熟悉的字彙替指令設定別名，讓 Linux 的指令名稱可依我們的喜好來更改。

欲得知目前有多少指令被定義了別名，可執行 *alias* 指令：

```
tony@tony-ubuntu:~$ alias ◄── 顯示所有已定義的別名
...
alias grep='grep --color=auto'
alias l='ls -CF'
alias la='ls -A'
alias ll='ls -alF'
alias ls='ls --color=auto'
alias mycopy='cp'
```

可以定義別名，當然也能取消，請看下面用 *unalias* 指令取消別名的範例：

```
tony@tony-ubuntu:~$ unalias mycopy ◄── 取消別名 mycopy 的指令
```

在指令列下所定義的別名只是暫時性的，當登出系統之後，再次登入時所有輸入的別名指令都會消失。若希望每次登入時系統會自動設定別名，請將 *alias* 指令加入該帳號家目錄下的 .bashrc 檔案裡：

```
...
if ! shopt -oq posix; then
  if [ -f /usr/share/bash-completion/bash_completion ]; then
    . /usr/share/bash-completion/bash_completion
  elif [ -f /etc/bash_completion ]; then
    . /etc/bash_completion
  fi
fi
alias mycopy='cp' ◄── 加在此處
```

您也許會感到有些疑惑，原本在 .bashrc 檔案中沒有定義所有的別名，但執行 *alias* 指令可能還是列出一堆已經定義好的別名。因為系統管理者或許已經預先設好一些較常用的別名，供所有的人使用。而這些已設好的別名並不會定義在每個使用者的 .bashrc 檔中，而是分別放在 /etc/profile.d 目錄內的各個 .sh 設定檔。

若欲改變這些別名的定義，請用文書編輯器開啟家目錄下的 .bashrc 檔案，依自己的習慣將別名加入即可。系統讀取的順序是先讀 /etc/profile.d 內的 .sh 檔案，然後再讀使用者的 .bashrc 檔案。若兩者定義的內容互有衝突，則以後者為準。

3-2-3 指令補全

　　指令補全的功能可幫助使用者完成尚未全部輸入的指令, 範例如下：

```
tony@tony-ubuntu:~$ chs ◄── 此時按下 Tab 鍵, 未輸入完成之指令
                            就會變成最類似的 chsh 指令
```

　　假使輸入資料不足, 導致 bash 無法判斷可能的指令為何, 系統便會發出聲響提醒使用者, 倘若此時再按一次 Tab 鍵, bash 就會把所有可能的指令都列出來, 供使用者參考：

```
tony@tony-ubuntu:~$ le ◄── 連按兩次 Tab
less  lessecho  lessfile  lesskey  lesspipe  let  lexgrog
                    ▲── 可能的指令清單

tony@tony-ubuntu:~$ less ◄── 此時可參考上面列出的指令來輸入
```

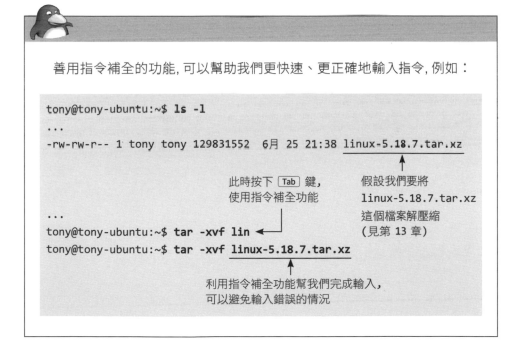

　　善用指令補全的功能, 可以幫助我們更快速、更正確地輸入指令, 例如：

```
tony@tony-ubuntu:~$ ls -l
...
-rw-rw-r-- 1 tony tony 129831552  6月 25 21:38 linux-5.18.7.tar.xz
```

　　　　　　　　　此時按下 Tab 鍵,　　假設我們要將
　　　　　　　　　使用指令補全功能　　linux-5.18.7.tar.xz
　　　　　　　　　　　　　　　　　　　這個檔案解壓縮
```
...                                  (見第 13 章)
tony@tony-ubuntu:~$ tar -xvf lin ◄─┘
tony@tony-ubuntu:~$ tar -xvf linux-5.18.7.tar.xz
```
　　　　　　　　　　　　　　▲
　　　　　　　　利用指令補全功能幫我們完成輸入,
　　　　　　　　可以避免輸入錯誤的情況

3-3 在背景執行程式

有些時候我們所使用的程式或指令需要長時間執行, 這個時候如果有其他事情要處理, 除了等待程式執行完, 更有效的方法是：將程式或指令放到背景執行。對於處理時間超長的程式, 我們還可以讓這些程式在使用者登出後, 仍然繼續執行。接下來就來看看要如何達成此一目的。

3-3-1 在背景執行程序的 &、bg 指令

將程序放到背景執行最簡單的方法, 就是在指令最後加上 "&", 範例如下：

```
tony@tony-ubuntu:~$ wget -c https://releases.ubuntu.com/22.04/ubuntu- 接下行
22.04-desktop-amd64.iso &  ← 使用 wget 指令背景下載 Linux 的 ISO 檔
```

或者如下以 *bg* (background) 指令操作：

```
tony@tony-ubuntu:~$ wget -c https://releases.ubuntu.com/22.04/ubuntu- 接下行
22.04-desktop-amd64.iso      ← 下載 Linux 的 ISO 檔
...
已送出 HTTP 要求，正在等候回應... 200 OK
...                          ← 按 Ctrl + Z 鍵中斷下載
tony@tony-ubuntu:~$ bg       ← 將下載放到背景執行
[1]+ wget -c https://releases.ubuntu.com/22.04/ubuntu-22.04-desktop-
amd64.iso &
tony@tony-ubuntu:~$
```

3-3-2 前景執行程序的 fg 指令

如果使用者目前有程序在背景執行中, 使用者可以下達 *fg* (foreground) 指令, 將它從背景中移到前景執行：

```
tony@tony-ubuntu:~$ fg
wget -c https://releases.ubuntu.com/22.04/ubuntu-22.04-desktop-amd64.iso
                                       放到前景執行的指令會顯示出來
...
 ubuntu-22.04-deskt    3%[            ] 110.13M  1.70MB/s    剩餘 46m 11s
```

3-3-3 顯示在背景執行之程序的 jobs 指令

　　我們要如何知道目前有哪些工作正在背景執行, 又如何將這些工作移到前景來呢？執行 *jobs* 指令可以列出目前正在背景中的工作, 再配合前面介紹的 *fg* 及 *bg* 指令便可以指定將工作移到前景或令其繼續在背景執行：

```
tony@tony-ubuntu:~$ wget -c https://releases.ubuntu.com/22.04/ubuntu-接下行
22.04-desktop-amd64.iso &  ←── 在背景下載 Linux 的 ISO 檔
[1] 2551
tony@tony-ubuntu:~$
正重新導向輸出至「 'wget-log.3' 」。
tony@tony-ubuntu:~$ vi HelloWorld.c  ←── 編輯 HelloWorld.c
[2]+  停止              vi HelloWorld.c  ←── 按 Ctrl + Z 鍵中斷執行
tony@tony-ubuntu:~$ bg   ←── 放到背景執行
[2]+ vi HelloWorld.c &
tony@tony-ubuntu:~$ jobs  ←── 執行 jobs 指令列出目前在背景執行的工作

        ┌── "執行中" 表示該工作正在執行
        ▼
[1]-  執行中              wget -c https://releases.ubuntu.com/22.04/
ubuntu-22.04-desktop-amd64.iso &
[2]+  停止              vi HelloWorld.c  ←── 在背景執行的工作

        └── "停止" 表示該工作在背景中, 但已暫停執行

tony@tony-ubuntu:~$ fg 2  ←── 將工作編號為 "2", 正在背景
                              執行的工作移到前景執行
```

3-3-4 於登出後讓程序繼續執行的 nohup 指令

nohup (no hangup) 指令可讓使用者登出系統後, 讓程序繼續執行。範例如下:

```
tony@tony-ubuntu:~$ nohup wget -c https://releases.ubuntu.com/22.04/
ubuntu-22.04-desktop-amd64.iso &
```

執行前述指令後, 使用者就可以登出。再登入時, 可用 *ps -aux* 指令看到程序仍在背景中執行。

3-4 系統分析相關的重導 (>、>>)、管線 (|)、grep 與 tee 指令

Linux 系統管理很多時候都是在檢視與分析紀錄檔或是處理各種指令的輸出結果, 這會用到多個文字搜尋與處理的相關指令。善用這些指令可以讓您在操作指令時更加輕鬆。

3-4-1 重導與管線

重導 (redirect) 可將某指令的結果輸出到檔案中, 它有兩種用法:">" 和 ">>"。 ">" 可將結果輸出到檔案中, 該檔案原有內容會被刪除;">>" 則將結果附加到檔案中, 原檔案內容不會被清除。範例如下:

```
tony@tony-ubuntu:~$ ls -al > dir.txt        ←── 將指令執行結果輸出到 dir.txt 檔
tony@tony-ubuntu:~$ cat data1.txt >> data2.txt  ←── 將 data1.txt 內容附加
                                                    到 data2.txt 檔案之後
```

　　管線 (pipe) 指令的符號是 "|"，可將某指令的結果輸出給另一指令。舉一個刪除檔案或目錄的例子，我們可以利用 *yes* 指令會重複輸出 "y" 字元的特性，將結果傳給 *rm* 指令，如此即可省去重複輸入 "y" 的麻煩：

```
tony@tony-ubuntu:~$ rm -r -i mydir    ◄── 刪除目錄時加入 "-i" 參數，
                                          會進一步詢問是否刪除

rm：是否刪除目錄 'mydir'？ n  ◄── 我們輸入 "n" 拒絕刪除
tony@tony-ubuntu:~$ yes | rm -r -i mydir ◄── 將 yes 指令的輸出傳給 rm 指令
rm：是否刪除目錄 'mydir'？ tony@tony-ubuntu:~$ ◄── 此處系統會自動輸入 "y"，
                                                  所以後面會直接接上
                                                  "tony@tony-ubuntu:~$"
```

3-4-2 搜尋字串的 grep 指令

　　grep 指令可以搜尋特定字串並顯示出來，一般用來過濾先前的結果，避免顯示太多不必要的資訊。範例如下：

```
tony@tony-ubuntu:/etc$ grep send s* ◄── 搜尋目前目錄中 s 開頭的檔案
...                                      且檔案內容包含 "send" 字串
grep: sgml: 是個目錄
grep: shadow: 拒絕不符權限的操作
...
sudo_logsrvd.conf:# The host name or IP address and port to send logs to
in relay mode.
sysctl.conf:# Do not send ICMP redirects (we are not a router)
sysctl.conf:#net.ipv4.conf.all.send_redirects = 0
...
```

　　若您是使用一**般權限的使用者**執行，上例的輸出結果會包含許多如 "拒絕不符權限的操作" 之類的錯誤訊息。另外因為沒有指定檔案的副檔名，所以 s 開頭的目錄也會被搜尋，您可**使用 -s 參數消除**：

```
tony@tony-ubuntu:/etc$ grep send s* -s
screenrc:# turn sending of screen messages to hardstatus off
sudo_logsrvd.conf:# The host name or IP address and port to send logs to
in relay mode.
sysctl.conf:# Do not send ICMP redirects (we are not a router)
sysctl.conf:#net.ipv4.conf.all.send_redirects = 0
```

 如何讓 grep 搜尋所有子目錄？

　　grep 只能搜尋目前目錄下的檔案, 不包含子目錄。如果想要搜尋所有
子目錄內的檔案, 必須加上 "-R" 參數, 例如 ***grep -R send s****。

　　也可以透過管線，將 *ls* 指令的輸出結果傳給 *grep* 指令過濾：

```
tony@tony-ubuntu:/etc$ ls | grep conf  ◄──  搜尋並顯示 ls 指令執行結果
...                                          中含有 "conf" 字串的行
ucf.conf
updatedb.conf
usb_modeswitch.conf
xattr.conf
```

3-4-3 顯示並儲存輸出結果的 tee 指令

　　在使用重導將指令的執行結果輸出到檔案時, 螢幕上將看不到該指令
的執行結果。如果要檢視指令執行的結果就必須開啟檔案, 會有點麻煩。
此時使用 *tee* 指令就可以在螢幕上顯示執行結果, 也可以將執行結果存成
指定的檔案：

```
tony@tony-ubuntu:~$ ls -al | tee list.txt   ◄──  在螢幕上顯示 ls -al 指令
...                                               的執行結果, 並將此結果
drwxr-xr-x  2 tony tony  4096  6月 10 14:05 桌面   存成 list.txt 檔
drwxr-xr-x  2 tony tony  4096  6月 10 14:05 模板
drwxr-xr-x  2 tony tony  4096  6月 10 14:05 音樂
```

3-5 shell 下的特殊字元

　　shell 下有些特殊字元, 可補系統指令之不足。常用的特殊字元及其意義條列於下:

● #：標示註解, 這些說明不會被當成指令或程式執行。在 /etc/profile 檔案裡便能見到:

```
# /etc/profile: system-wide .profile file for the Bourne shell (sh(1))
# and Bourne compatible shells (bash(1), ksh(1), ash(1), ...).
...
```

● &：以背景方式執行。例如執行 *sudo updatedb &* 指令, 會把這個工作丟到背景去執行 (見 3-3 節)。

● ´：單引號定義引號內為一個完整的字串, 並且讓 shell 不要解讀其中的空白或特殊字元。例如執行 *mycopy=´cp -v´* 指令, 設定 *mycopy* 為 *cp -v* 指令的別名。

● *：對應任何字串、字元或空字串。例如執行 *ls a** 指令, 會列出所有以英文字母 "a" 開頭的檔案及子目錄。

● ?：對應任何單一字元。例如執行 *ls b?* 指令, 會列出檔名為 2 個字元, 且第 1 個字元為 "b", 第 2 個字元為任意字元的檔案。

● .：表示目前所在的目錄。例如執行 *./exefile* 指令, 可執行位於現在目錄下的 exefile 執行檔 (exefile 為執行檔的檔案名稱)。

● ..：表示上一層的目錄。例如執行 *cd ..* 指令可切換到上一層目錄。

● ;：可用它將多個指令分隔開來, 讓指令依序執行。範例如下所示:

```
tony@tony-ubuntu:~$ make config;make clean
```
◀── 先執行 *make config* 指令, 再執行 *make clean* 指令

- ＞：把執行結果輸入一個檔案中。若該檔案已經存在, 則原有內容會被刪除 (見 3-4 節)。

- ＞＞：把執行結果附加到一個檔案後面 (見 3-4 節)。

- ＼：脫逸符號 (escape), 解除特殊字元的含意。範例如下所示：

```
tony@tony-ubuntu:~$ myvar="HelloWorld"   ←── 設定 "myvar" 變數的內容
                                              為 "HelloWorld"
tony@tony-ubuntu:~$ echo $myvar           ←── 印出 "myvar" 變數的內容
                        └── 字串前面的 "$" 表示
                            這是一個變數名稱
HelloWorld                                ←── 變數的內容
tony@tony-ubuntu:~$ echo \$myvar          ←── 加上脫逸符號
$myvar                                    ←── 變成單純的 "$myvar" 子串
```

- ｜：建立管線, 將前一個指令的執行結果輸入給下一個指令使用 (見 3-4 節)。

- ～：使用者登入後所在的目錄, 也就是使用者家目錄。

- [英文字母或數字]：對應括弧中任意範圍的字元。示範如下：

```
tony@tony-ubuntu:~$ ls [abc]*   ←── 列出所有以英文字母 "a"、"b"、"c" 中
                                    任一字元開頭的檔案及子目錄
```

  - 也可以指定字母的範圍：

```
tony@tony-ubuntu:~$ ls [d-g]*   ←── 列出所有以英文字母 "d"～"g" 範圍中
                                    任一字元開頭的檔案及子目錄
```

  - 也可以指定數字的範圍：

```
tony@tony-ubuntu:~$ ls [3-7]*   ←── 列出所有以數字 "3"～"7" 範圍中
                                    任一字元開頭的檔案及子目錄
```

- [!英文字母或數字]：排除括弧中任意範圍的字元。和前面一個的用法相反, 比如執行 *ls [!abc]** 指令, 會顯示所有不以英文字母 "a"、"b"、"c" 中任一字元為檔名開頭的檔案。

● {英文字母或數字}：對應括弧中的任意字元。效果和之前的 [英文
字母或數字] 類似, 但是字母或數字間要以逗號間隔開來, 例如 *ls
{a,b,c}**。

 請謹慎使用 . 與 *

例如在 /tmp 目錄想檢查隱藏檔案時, 會直覺地打 *ls .**, 但是 ".*" 會讓
shell 解釋成 . 與 ..。所以此指令可引申為 *ls ..* 將會顯示上一層目錄, 也就是
根目錄的列表。這時您可使用 *ls .!(|.)* 替代, 它不會列出 . 及 .. 這兩個目錄。

> **TIP** .!(|.) 指的是以 . 開始的檔案、目錄, ! 指的是不包含 () 中的字元。
> 而 () 中的 | 指的是或的意思, | 前面沒有字元後面是 "."。所以整段的意思是以
> . 開始, 但不包含後面沒有字元 (即 .) 或後面接著 . (即 ..) 的所有檔案。

或是您可直接加上 -d 參數 *ls -d .**, 這樣雖然也會列出 . 跟 .. 目錄, 但卻
不會列出它們的內容, 在定義上來說 . 與 .. 確實也是隱藏的目錄名稱。

又例如執行 *cp -R /root/.* /tmp/* 時, 除了複製 /root 目錄下所有檔案,
還能引申成 *cp -R /root/../* /tmp/*, 導致根目錄底下所有目錄與檔案也會
被複製過來。同樣您只要改成 *cp -R /root/.!(|.) /tmp/* 指令即可。

因此當執行指令時, 務必小心 . 與 * 兩者的搭配使用。

3-6　shell 的環境變數與設定

shell 本身有一組用來儲存系統資訊的變數, 稱為 **環境變數**
(environment variables)。環境變數依據 shell 種類的不同, 會有不一樣
的變數及設定方法。

3-6-1 顯示環境變數

不同的 shell 雖擁有不一樣的環境變數, 但彼此間的差異並不大。在 bash 下可用 *set* 指令查詢環境變數 (tcsh 請用 *setenv* 指令)：

```
tony@tony-ubuntu:~$ set ◄──── 查詢目前系統環境變數的狀況
...
BASH_ALIASES=()
BASH_ARGC=([0]="0")
BASH_ARGV=()
BASH_CMDS=()
...
```

3-6-2 修改環境變數

在 Bourne Shell 家族中, 環境變數的設定方式如下：

```
tony@tony-ubuntu:~$ echo $PATH              ◄──── 顯示目前的路徑設定
/usr/local/sbin:/usr/local/bin:/usr/sbin:/usr/bin:/sbin:/bin:/usr/
games:/usr/local/games:/snap/bin
tony@tony-ubuntu:~$ PATH="$PATH:/etc" ◄──── /etc 加到路徑設定
tony@tony-ubuntu:~$ echo $PATH
/usr/local/sbin:/usr/local/bin:/usr/sbin:/usr/bin:/sbin:/bin:/usr/
games:/usr/local/games:/snap/bin:/etc
                                    ▲
                                    └──── 新的路徑裡多了這一段
```

用 *export* 指令也能變更環境變數：

```
tony@tony-ubuntu:~$ echo $HISTFILESIZE
2000
tony@tony-ubuntu:~$ HISTFILESIZE=500
tony@tony-ubuntu:~$ echo $HISTFILESIZE
500
tony@tony-ubuntu:~$ export HISTFILESIZE=750
tony@tony-ubuntu:~$ echo $HISTFILESIZE
750
```

這種改變方法, 還是只能做臨時的更改, 如果想要在每次登入系統時, 都會自動生效, 請您編輯家目錄下的 .bashrc 檔案:

```
...
if ! shopt -oq posix; then
  if [ -f /usr/share/bash-completion/bash_completion ]; then
    . /usr/share/bash-completion/bash_completion
  elif [ -f /etc/bash_completion ]; then
    . /etc/bash_completion
  fi
fi
alias mycopy='cp'
PATH="$PATH:/etc"
HISTFILESIZE=750
```
←── 可直接寫入 .bashrc 檔中

每位使用者都有專屬的 .bashrc 檔案, 這個檔案也僅對該使用者有效。倘若要更換全部使用者的預設值, 必須使用 root 帳號編輯 /etc 目錄下的 bashrc 或 profile 檔案, 或者 /etc/profile.d 目錄裡面所有 .sh 的檔案。

由於每個使用者的預設路徑中並沒有包括所有的目錄, 因此有時候我們要執行某些程式時, 會出現指令找不到的情形, 例如:

```
tony@tony-ubuntu:~$ ls ←── 看看此目錄有哪些檔案
...
myfile 圖片
...
tony@tony-ubuntu:~$ myfile
myfile : 無此指令 ←── 明明 myfile 執行檔在此目錄中, 卻說找不到
```

這是因為系統只到 PATH 環境變數有設定的路徑中去找檔案, 沒設的就不找。而每個使用者的家目錄以及許多其他的目錄預設並沒放入 PATH 環境變數中, 所以這時候我們可以用下面的方式來執行現行目錄下的程式:

```
tony@tony-ubuntu:~$ ./myfile ←── 在前面加上 "./" 表示要在現行目錄下執行
```

或者是將現行目錄也加入 PATH 環境變數中：

```
tony@tony-ubuntu:~$ PATH="$PATH:."  ◄── 在冒號 " : "後加一個 " . "
```

　　如此一來，您就能夠隨時隨地執行現行目錄下的程式了。同樣地這只是暫時性有效，若想在每次登入系統都自動生效，請您編輯家目錄下的 .bashrc 檔案，將上列這段指令加入設定檔後儲存即可。

04

檔案系統與權限設定

檔案系統的優劣與否，和電腦的執行效率、穩定性以及可靠度
息息相關。在本章裡我們會說明各個系統目錄的用途、檔案系
統的架構、檔案與目錄的權限設定，讓您更了解 Linux 的檔案
系統。

4-1　認識系統的目錄

在安裝 Linux 的磁碟中會有許多系統預設的目錄, 這些目錄依照不同的用途而放置特定的檔案。以下將詳細說明每一個預設目錄的功用:

- /：根目錄, 包含整個 Linux 系統的所有目錄和檔案。

- /bin：此目錄放置操作系統時, 所需使用的各種指令程式。例如 *cp*、*ls*、*kill*、*tar*、*mv*、*rm* 與 *ping* 等等常用指令, 還有各種不同的 shell, 如 bash、zsh、tcsh 等等。

- /boot：系統啟動時必須讀取的檔案, 包括系統核心在內。

- /dev：存放周邊設備代號的檔案。例如硬碟的 /dev/sda、終端機的 /dev/tty0 等等。這些檔案比較特殊, 它們實際上都指向所代表的周邊設備。

- /etc：放置與系統設定、管理相關的檔案。例如記錄帳號名稱的 passwd 檔、投影密碼檔 shadow 都放在這裡 (見 7-2 節)。

- /etc/init.d：這個目錄包含了開機或關機時所執行的 script 檔案。

- /home：此目錄預設用來放置使用者帳號的家目錄。

- /lib：放置一些共用的函式庫。

- /lib/modules：存放系統核心的模組。某些可被模組化的部份, 並不需要在編譯系統核心時放入核心本體, 避免核心過大導致效率低落。

- /lost+found：檔案系統發生問題時, Linux 會自動掃描磁碟試圖修正錯誤, 倘若找到遺失或錯誤的區段, 就會將這些區段轉成檔案存放於此目錄, 等候管理人員進一步處理。

- /media：此目錄可用來做為光碟、隨身碟與其他分割區的自動掛載點。

- /mnt：此目錄可以做為手動掛載其他分割區的掛載點。

- /proc：系統核心和執行程序之間的資訊, 比如說執行 *ps*、*free* 等指令時所看到的訊息, 就是從這裡讀取。這目錄內的檔案並非真的存在, 使用者看到的是如同幻影般的虛擬檔案。

- /root：系統管理者專用的目錄, 亦即 root 帳號的家目錄。

- /sbin：此目錄存放啟動系統需執行的程式, 例如 *fsck*、*init*、*mkfs.ext4* 與 *swapon* 等。

- /tmp：供全部使用者暫時放置檔案的目錄。系統預設可讓所有使用者讀取、寫入和執行檔案, 所有使用者皆能暫時利用此目錄存放檔案。這裡也是**暫存檔**的目錄, 某些程式在執行中所產生的臨時檔案, 會存放在這個目錄內。**此版 Linux 在每次開機時都會清空 /tmp 目錄, 所以記得重要的檔案不要暫存在 /tmp 目錄中。**

- /usr：此目錄包括許多子目錄, 用來存放系統指令、程式等資訊。

- /usr/bin：放置使用者可以執行的指令程式, 如 *clear*、*find*、*free* 等等。

- /usr/local：此目錄用來存放自行編譯的軟體, 以便與使用 DPKG 安裝的軟體 (見第 14 章) 互相區隔, 避免兩個套件系統發生衝突的情況。

- /usr/share/doc：存放各種文件的目錄。

- /usr/share/man：放置多種線上說明文件。

- /usr/src：存放原始碼的地方, Linux 系統核心的原始碼就放在這裡。

- /var：系統執行時, 內容經常變動的資料或暫存檔, 都會放置在這個目錄裡。包括使用者的郵件檔案、記載系統活動過程的記錄 (log) 檔、列印工作的佇列檔、暫存檔及系統執行程式的 PID (Process ID, 程序識別碼) 紀錄等等。Apache 網頁目錄與 FTP 目錄等伺服器的專用目錄也位於此處。

- /var/tmp：前面介紹的 /tmp 目錄除了放置所有使用者暫時存放的檔案之外，還提供程式產生的暫存檔使用。假如不想將某些檔案淌入 /tmp 目錄的混水之中，可以選擇存放在這裡，而且重新開機後檔案還會被保留。

> Linux 的每個目錄都有它的意義與作用。樹狀的架構，使得整個系統井然有序、有條不紊

 實務經驗談

使用 *du -sh* 目錄名稱指令可以查詢該目錄所使用的硬碟空間。例如，執行以下指令檢查 /var 目錄所使用的硬碟空間：

```
tony@tony-ubuntu:~$ sudo du -sh /var    ←── 以 root 權限檢視 /var 使用的空間
[sudo] tony 的密碼：                      ←── 輸入您的密碼
2.7  /var
```

4-2 檔案系統的結構

Ubuntu 預設採用 ext4 檔案系統，ext4 是 ext3 的下一代，而 ext3 則是 ext2 的下一代，所以我們將先介紹 ext3 與 ext2 的差別。ext3 與 ext2 的相異處在於 ext3 是一個**日誌式檔案系統 (Journal File System)**，也就是在原來的 ext2 的格式下，再加上日誌功能。

　　日誌式檔案系統最大的優點在於提供了更好的安全性。ext3 檔案系統會將整個磁碟所做過的更動, 像寫日記一樣完整的記錄下來。一旦發生非預期的當機狀況, 會在下次啟動時, 自動檢查已記錄的日誌, 然後依照日誌記錄的動作再做一次, 將系統恢復到當機前的正常狀態。

　　而同樣的情況若發生在 ext2 檔案系統時, 便需要辛苦地執行 *fsck* 指令檢查與修復整個檔案系統。現在動輒數 TB 的磁碟空間, 一旦不正常關機, 便要耗費相當多的時間來檢查及修復檔案系統, 且不能百分之百保證所有的資料都不會流失。

　　因此, 採用 ext3 可讓資料更具安全性, 且可大幅減少不正常關機後所花費的系統修復時間, 讓資料的使用更有效率。再者, 由於其與 ext2 的架構完全相同, 唯一的相異處僅在於多出一個日誌檔案來記錄磁碟的狀態, 所以兩者間的轉換十分容易, 使用者不必經歷繁瑣的資料備份動作, 便可以將 ext2 更新為 ext3。

　　與原本 ext3 相比, ext4 可以支援更大的硬碟, 單一檔案的最大容量也擴大為 16 TB, 一個目錄下可建立的子目錄總數量也不再有限制。另外, ext4 大幅地加快了檔案讀寫的速度, 而且可以減少檔案不連續存放的問題, 避免系統使用越久, 檔案越來越不連續, 讀寫越來越慢的問題。

 如何將 ext3 轉換為 ext4 ?

在 ext4 檔案系統問世之前, 許多 Linux 發行版都採用 ext3 做為預設的檔案系統 (或者支援此檔案系統)。在安裝 Ubuntu 時, 您當然也可以選擇使用 ext3 檔案系統。

　　若您硬碟中的某個分割區原本是使用 ext3 檔案系統, 現在想將其改為 ext4, 該怎麼做呢?只要使用 *tune2fs* 指令, 就可以將檔案系統由 ext3 轉換為 ext4。不需要重新格式化, 就能使用新的檔案系統。

→ 接下頁

假設我們現在要將 /dev/sdb1 的檔案系統由 ext3 轉換為 ext4, 可如下操作：

```
tony@tony-ubuntu:~$ sudo umount /home1  ←─── 若已掛載, 先用 root
                                                權限卸載 /dev/sdb1

[sudo] tony 的密碼：  ←─── 輸入您的密碼
tony@tony-ubuntu:~$ sudo tune2fs -O extents,uninit_bg,dir_index 接下行
/dev/sdb1  ←─── 將檔案系統轉換為 ext4
tune2fs 1.46.5 (30-Dec-2021)
tony@tony-ubuntu:~$ sudo e2fsck -y -fD /dev/sdb1 ←─── 檢查並修正
e2fsck 1.46.5 (30-Dec-2021)                             檔案系統
Pass 1: Checking inodes, blocks, and sizes
Pass 2: Checking directory structure
Pass 3: Checking directory connectivity
Pass 3A: Optimizing directories
Pass 4: Checking reference counts
Pass 5: Checking group summary information

/dev/sdb1: ***** FILE SYSTEM WAS MODIFIED *****
/dev/sdb1: 11/131072 files (0.0% non-contiguous), 17205/524032
blocks
```

建立日誌之後, 請修改 /etc/fstab 檔：

```
...
# / was on /dev/sda3 during installation
UUID=45a121b6-0287-4b76-afa0-d8a0ee5de443 /   ext4  errors=remount-
ro 0 1
# /boot/efi was on /dev/sda2 during installation
UUID=98D3-F0F8  /boot/efi vfat umask=0077 0 1
/dev/sdb1 /home1 ext4 defaults 1 2
           ↑      ↑
          掛載點  檔案系統：將檔案系統改為 ext4
...
```

重新啟動後, 該分割區就開始使用 ext4 檔案系統了！

ext4 使用的 inode 檔案結構

　　ext4、ext3 與 ext2 檔案系統所使用的檔案結構相同, 稱為 inode (index node)。它用來記錄檔案的類型、大小、權限、擁有者、檔案連結的數目等屬性, 以及指向資料區塊 (block) 的指標 (pointer):

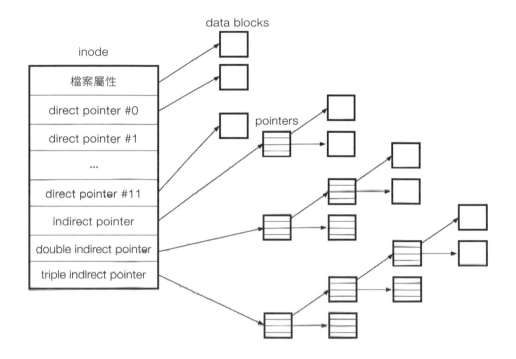

　　inode 中存放的指標, 會指到磁碟中實際存放檔案資料的區塊。小的檔案僅需用到 direct blocks 的空間, 若檔案再大些則會用到 indirect blocks、double indirect blocks 或 triple indirect blocks。

　　由之前的說明可知, ext4 檔案結構中的 inode 記錄檔案屬性, 並不實際儲存檔案資料。存放檔案資料的地方, 是資料區塊。而在儲存檔案資料時, 每個檔案都會佔用一個 inode, 而且大多數的檔案最少都會佔用一個資料區塊。

inode 的內容

　　inode 裡面記錄了一些資訊, 包括檔案的權限、使用者識別碼、群組識別碼與檔案的大小等等:

- **檔案模式 (mode)**: inode 會描述其所對應的資料類型, 這些資料可以是一個檔案、目錄、符號連結 (symbolic link) 或周邊設備代號 (包括儲存設備的分割區編號) 等。此外還有關於權限設定的資訊, 這在多人多工的作業系統中是極為重要的環節。

- **擁有者資訊 (owner information)**

- **檔案大小 (size)**: 單位以 byte 計算。

- **時間戳記 (timestamp)**: inode 對應之資料的最初建立時間與最後修改時間。

- **資料區塊位址 (address of data block)**: 存放檔案必定會佔用資料區塊, 且每個資料區塊都有其存在的位址。如果 inode 所對應的資料為實體檔案, 而非虛擬檔案 (如 /proc 目錄內的檔案), 則 inode 會指出這些位址, 讓系統得以順利找到檔案並使用它。一個 inode 能夠指向 12 個資料區塊, 如果 12 個資料區塊還放不下這個檔案, 它就會啟用**間接指向指標** (indirect pointer), 透過另一個資料區塊指向更多的資料區塊, 以便容納大型檔案。

現在大家都知道 Linux 是怎麼儲存檔案了吧！

4-3　設定目錄與檔案使用權限

　　Linux 檔案系統中的目錄及檔案，可依實際需要來設定讀取、寫入與執行等權限。以下我們就來瞭解檔案和目錄的權限設定，首先請執行 *ls -l* 指令，看看現在的狀況：

```
tony@tony-ubuntu:~$ ls -l
總用量 36
...
drwxr-xr-x 2 tony tony 4096  6月   6 14:26 圖片
drwxr-xr-x 2 tony tony 4096  6月   6 14:26 影片
drwxr-xr-x 2 tony tony 4096  6月   6 14:26 文件
drwxr-xr-x 2 tony tony 4096  6月   6 14:26 桌面
           ‾‾‾‾‾‾‾  ‾‾‾‾   ‾‾‾‾      ↑
權限標示代號   擁有者  群組名稱   檔案與目錄的相關資訊
...
```

4-3-1　權限的意義

　　執行 *ls -l* 或 *ls -al* 指令時，第一欄共 10 個字元用來標示該檔案的屬性及權限：

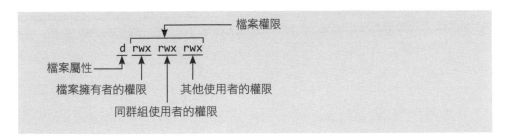

　　由上圖中可以看出，除了第一個字元標明檔案的屬性外，每個檔案的權限，都可以分別對該檔案的擁有者、同群組的使用者，以及其他使用者這 3 種類別的人加以設定。以下我們便來仔細看看，這些屬性及權限設定字元所代表的意義為何。

檔案屬性

上述 10 個字元中的第 1 個字元, 用於標示檔案屬性：

- d：表示這是一個目錄。在 ext2/ext3/ext4 中, 目錄被視為一種特殊的檔案。
- -：表示這是一個普通的檔案。
- l：表示這是一個符號連結的檔案, 實際上指向另一個檔案, 詳見 5-4 節。
- b、c：分別代表區塊設備和其他的周邊設備, 是特殊型態的檔案。
- s、p：這些檔案關係到系統的資料結構和管線, 通常很少見到。

一般權限

第 2 ~ 10 字元當中每 3 個為一組, 分別標示不同使用者的權限。關於這 3 個一組共 9 個字元, 其代表意義如下：

- r (Read, 讀取)：對檔案而言, 使用者具有讀取檔案內容的權限；對目錄而言, 使用者擁有瀏覽目錄內容的權限 (但不一定可以讀取該目錄下的檔案, 是否可讀取, 仍取決於要讀取 "檔案" 的 "r" 讀取權限)。
- w (Write, 寫入)：對檔案而言, 使用者具有修改檔案內容的權限；對目錄而言, 使用者具有刪除或移動目錄內檔案的權限。
- x (eXecute, 執行)：對檔案而言, 使用者具有執行檔案的權限；對目錄而言, 使用者具進入目錄的權限 (但不一定可以瀏覽目錄, 是否可瀏覽, 取決於該目錄的 "r" 讀取權限)。
- -：表示不具有該項權限。

就是說每個檔案或目錄, 都可分別對擁有者、同群組使用者, 以及其他使用者這 3 種類別的人設定**讀取**、**寫入**與**執行**的權限。

TIP Linux 系統下的『執行檔』, 其副檔名毋需為 .exe, 只要加上可執行的權限, 該檔案就是執行檔。

我們舉些範例說明會更清楚：

- -rwx------：檔案擁有者對檔案具有讀取、寫入與執行的權限。
- -rwxr--r--：檔案擁有者具有讀、寫與執行的權限, 同群組及其他使用者則具有讀取的權限。
- -rw-rw-r--：檔案擁有者與同群組的使用者對檔案具有讀寫的權限, 而其他使用者僅具有讀取的權限。
- drwx--x--x；目錄擁有者具有讀、寫與進入目錄的權限, 同群組及其他使用者僅能進入該目錄, 卻無法讀取檔案列表。
- drwx------：除了目錄擁有者具有完整的權限之外, 同群組與其他使用者對該目錄沒有任何權限。

每個使用者都擁有自己的家目錄, 這些目錄通常集中放置於 /home 目錄下, 這些家目錄的預設權限為 "drwxr-x---", 表示目錄擁有者本身具備全部權限, 而同群組能進入該目錄並查看內容, 但沒有寫入的權限。其他使用者則沒有任何權限：

```
tony@tony-ubuntu:~$ ls -l /home
總用量 4
drwxr-x--- 16 tony tony 4096  6月  7 13:41 tony
```

當我們以管理者帳號 (root) 執行 **mkdir** 指令建立目錄時, 新建目錄的權限預設為 "rwxr-xr-x", 使用一般使用者帳號執行 **mkdir** 指令時, 新建目錄的權限則預設為 "rwxrwxr-x"。建好目錄後, 您可以視實際需求而定, 自行變更目錄的權限。

特殊權限

其實檔案與目錄的權限設定不只如此, 還有所謂的特殊權限存在。由於特殊權限會擁有一些『特權』, 因而使用者若無特殊需求, 不應該去開啟這些權限, 避免安全方面出現嚴重漏洞, 讓怪客 (cracker) 入侵。

- SUID (Set UID):可執行的檔案若搭配這個權限, 該檔案便能得到特權, 可以任意存取該檔案擁有者能使用的全部系統資源。

- SGID (Set GID):套用在檔案上面, 其效果和 SUID 相同, 只不過將範圍由檔案擁有者擴大成群組。也就是說, 擁有此權限的檔案, 可以任意存取整個群組所能使用的系統資源。

- T (Sticky):4-1 節提到 /tmp 和 /var/tmp 兩個目錄, 開放供所有使用者暫時存放檔案, 亦即每位使用者皆擁有完整的權限進入該目錄, 去瀏覽、刪除與移動檔案。假使碰到某位使用者存心搞鬼, 恣意亂刪其他使用者放置的檔案, 暫存目錄將形同危險地帶, 造成沒有任何使用者能夠安心利用這些目錄。因此我們可以把暫存目錄的 Sticky 權限打開, 則存放在該目錄的檔案, 僅准許其擁有者去刪除與搬移, 避免不守法的使用者無故騷擾。

TIP Sticky 特殊權限的設定, 僅對目錄有效。也就是說, 若您設定某個檔案具有 Sticky 權限, 並不會產生該檔案擁有者才能刪除該檔的作用。必須將檔案放在具有 Sticky 權限的目錄下, 才能讓 Sticky 權限產生效用。

特殊權限 SUID、SGID、Sticky 佔用 x 的位置來表示, 假設同時開啟執行權限、SUID、SGID 與 Sticky, 則其權限標示型態如下：

```
drwsr-sr-t 2 root root 4096  6月  9 17:00 showme
     ↑  ↑ ↑
   SUID  | Sticky
      SGID
```

4-3-2 改變權限

要更改檔案或目錄的權限, 有多種方法可以選擇, 下面我們將一一介紹。

使用數字法更改權限

檔案或目錄的權限標示, 是用 "rwx" 這 3 個字元重複 3 次形成 9 個字元, 分別代表擁有者、同群組使用者和其他使用者的權限設定。不過, 用 9 個字元標示似乎過於麻煩, 因此還有另一種方法, 以數字來表示權限：

- r：對應數值為 4。
- w：對應數值為 2。
- x：對應數值為 1。

遵循上述法則, "rwx" 合起來就是 4 + 2 + 1 = 7, 一個 "rwxrwxrwx" 權限全開的檔案, 用數字來表示就是 "777"；而完全不開放權限的檔案 "---------", 它的數字標示則為 "000"。底下我們再舉幾個例子說明：

- -rwx------：等於數字標示 700。
- -rwxr--r--：等於數字標示 744。
- -rw-rw-r-x：等於數字標示 665。
- drwx--x--x：等於數字標示 711。
- drwx------：等於數字標示 700。

文字模式下可執行 *chmod* (change mode) 指令去改變檔案與目錄的權限，我們先執行 *ls -l* 指令觀察目錄內的情況 (您可使用 *touch* 指令建立一個空的檔案來練習，例如 *touch test.txt*指令)：

```
...
-rw------- 1 tony tony    2  6月   9 17:10 nohup.out

        ↑
檔案 nohup.out 的權限設定是 600

drwsr-sr-t 2 root root 4096  6月   9 17:00 showme
drwx------ 4 tony tony 4096  6月   6 14:49 snap
...
```

執行下列指令去更改 nohup.out 檔案的權限：

```
tony@tony-ubuntu:~$ chmod 777 nohup.out  ←── 將權限改為 777
tony@tony-ubuntu:~$ ls -l                ←── 再觀察一次目錄
...
-rwxrwxrwx 1 tony tony    2  6月   9 17:10 nohup.out

        ↑
檔案 nohup.out 的權限設定變為 777

drwsr-sr-t 2 root root 4096  6月   9 17:00 showme
drwx------ 4 tony tony 4096  6月   6 14:49 snap
...
```

假若要加上特殊權限，則在原來的 3 位數字前加上一碼，以 4 位數字表示。特殊權限的對應數值為：

- s 或 S (SUID)：對應數值為 4。
- s 或 S (SGID)：對應數值為 2。
- t 或 T：對應數值為 1。

用同樣的方法去更改檔案權限即可：

```
tony@tony-ubuntu:~$ chmod 7600 nohup.out  ←──  將權限改為 7600，第一位數字
                                                "7" 表示特殊權限

tony@tony-ubuntu:~$ ls -l                  ←──  再次觀察目錄的情形
...
-rwS--S--T 1 tony tony    2  6月  9 17:10 nohup.out
    ↑
    檔案 nohup.out 的權限設定變為 7600

drwsr-sr-t 2 root root 4096  6月  9 17:00 showme
drwx------ 4 tony tony 4096  6月  6 14:49 snap
...
```

使用文字法更改權限

除了可用數字表示法更改權限之外，還能使用文字表示法搭配＋、
－、＝ 符號來新增、取消或指定權限。第 2 ～ 10 字元亦以 "rwx" 每 3
個為一組，分別用 "u"、"g" 與 "o" 來表示：

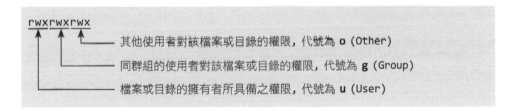

rwxrwxrwx
├──────── 其他使用者對該檔案或目錄的權限，代號為 **o** (Other)
├──────── 同群組的使用者對該檔案或目錄的權限，代號為 **g** (Group)
└──────── 檔案或目錄的擁有者所具備之權限，代號為 **u** (User)

用 *chmod* 指令配合文字參數就能改變權限設定，下面舉例說明：

- "u+rw"：為檔案擁有者加入讀取和寫入的權限。

- "g-x"：將同群組使用者的執行權限取消。

- "g+x,o+rx"：為同群組使用者加入執行的權限，並為其他使用者加入
  讀取與執行的權限。

- "u+rwx,g-w,o-w"：加入檔案或目錄擁有者完整的權限，並且取消同
  群組與其他使用者的寫入權限。

- "o=rx"：設定其他使用者具有讀取和執行的權限, 而沒有寫入權限。

- "ugo+x" 或 "a+x"：同時為擁有者、同群組、其他使用者加入執行權限, "ugo" 可以合稱為 "a"。

- "+x"：和 "ugo+x"、"a+x" 的意義相同, 沒有指定 u、g、o 或 a 時, 即代表全部。

- "o+t"：加入 Sticky 特殊權限。

- "u+s,g+s"：加入 SUID 和 SGID 特殊權限。

我們實際練習一次試試看：

```
-rwS--S--T 1 tony tony 2  6月  9 17:10 nohup.out
tony@tony-ubuntu:~$ chmod u-s,g-s,o-t nohup.out
tony@tony-ubuntu:~$ ls -l nohup.out
-rw------- 1 tony tony 2  6月  9 17:10 nohup.out
tony@tony-ubuntu:~$ chmod a=rwx nohup.out
tony@tony-ubuntu:~$ ls -l nohup.out
-rwxrwxrwx 1 tony tony 2  6月  9 17:10 nohup.out
```

 變更目錄權限的方法和變更檔案一樣。

假如想一次更改某個目錄下的所有檔案權限, 包括其子目錄中的檔案權限也一併更改, 則請使用 "-R" 參數表示啟動遞迴處理。有無遞迴處理的差別在於：

- chmod 777 mydir：僅把 mydir 目錄的權限改為 "rwxrwxrwx"。

- chmod -R 777 mydir：將整個 mydir 目錄、目錄中的檔案、子目錄和子目錄中檔案的權限, 統統改成 "rwxrwxrwx"。

 其他的參數請執行 *chmod --help* 指令即可查閱。

4-3-3 改變擁有者

　　檔案與目錄不僅可以改變權限, 也能更改擁有者及所屬群組。和設定權限類似, 您可以執行 *chown* (change owner) 指令, 修改檔案或目錄的擁有者及所屬群組。

> **TIP** 請注意！只有 root 管理者帳號, 可將檔案的擁有者移轉給其他人, 一般使用者不能用 *chown* 指令。

　　請先執行 *ls -l* 指令看看目前的狀況：

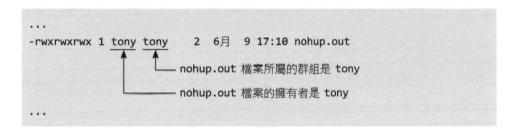

```
...
-rwxrwxrwx 1 tony tony    2  6月  9 17:10 nohup.out
```
nohup.out 檔案所屬的群組是 tony
nohup.out 檔案的擁有者是 tony
```
...
```

　　執行下面的指令可以使用 root 的權限把 nohup.out 檔案的所有權轉移給 mary：

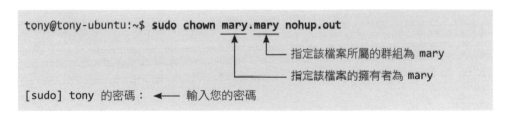

```
tony@tony-ubuntu:~$ sudo chown mary.mary nohup.out
```
指定該檔案所屬的群組為 mary
指定該檔案的擁有者為 mary
```
[sudo] tony 的密碼： ← 輸入您的密碼
```

　　然後再執行 *ls -l* 指令觀看修改後的結果：

```
...
-rwxrwxrwx 1 mary mary    2  6月  9 17:10 nohup.out
```
nohup.out 檔案所屬的群組變成 mary
nohup.out 檔案的擁有者變成 mary
```
...
```

若只要變更擁有者, 請執行 *sudo chown mary nohup.out* 指令; 僅需變換所屬群組, 則執行 *chown .mary nohup.out* 指令即可。更改目錄的辦法和上述之方式一樣, 不再贅述。想一次更改整個目錄下的所有檔案權限, 則請使用參數 "-R" 啟用遞迴處理。

TIP 另外有個 *chgrp* (change group) 指令, 可修改所屬群組, 執行 *chgrp --help* 指令可查閱相關資訊。

4-4 使用者與群組的權限關係

假若使用者 lambert 屬於 cassia 群組, 其使用者家目錄 (/home/lambert) 的權限設為 "rwxr-x---", 表示同屬 cassia 群組的使用者, 可以讀取和進入這個目錄, 其他使用者則無法進入此目錄。

因而屬於其他群組的使用者 saber, 就無法讀取 lambert 目錄中的檔案。但若將 /etc 目錄下的 group 檔案內容做些修改, 情況就不一樣了:

```
...
gdm:x:133:
lxd:x:134:tony
tony:x:1000:
sambashare:x:135:tony
mary:x:1001:
saber:x:1002:
cassia:x:1003:lambert,saber  ◄── 將 saber 帳號加入 cassia 群組
...                              (兩個帳號間用逗點隔開)
```

這樣一來, 使用者 saber 便同時屬於 saber 和 cassia 兩個群組, 而能讀取同屬於 cassia 群組的 lambert 家目錄下的檔案了。

05

磁碟與檔案系統管理

使用 Linux 磁碟與檔案系統管理是日常會用到的技能，本章將
介紹如何掛載 USB 裝置、光碟（或 ISO 檔）、安裝第 2 顆硬碟、
檢查磁碟的使用狀況及連結與符號連結的使用。

5-1 使用 USB 裝置

在 Linux 的文字模式下要使用 USB 裝置, 並不是只將 USB 裝置接上即可, 使用者需要執行掛載的指令, 才可讀寫資料。本節將介紹如何在文字模式下, 使用 USB 裝置。

 TIP Linux 會將 USB 視為 SCSI 裝置, 其設備名稱為 /dev/sd? (? 代表 a~z)。

所謂掛載, 就是將儲存媒體 (如光碟或硬碟) 指定成系統中的某個目錄 (如 /mnt、/media/usbdisk)。透過直接存取此掛載目錄, 即可讀寫儲存媒體中的資料。以下我們就來看看, 在文字模式下的掛載及卸載指令。

5-1-1 掛載的 mount 指令

由於 Linux 只允許 root 身份執行 *mount* 指令, 所以請您使用 *sudo mount* 指令以管理者權限執行。

以下筆者要將 USB 隨身碟掛載在 /media/usbdisk 目錄 (名稱可自取), 但預設並沒有此目錄, 故請自行以 *sudo mkdir /media/usbdisk* 指令建立。

建立好目錄後請將隨身碟插入 Linux 主機, 接著請如下操作查詢 USB 隨身碟的裝置名稱:

```
tony@tony-ubuntu:~$ sudo dmesg | tail -n 20 ◄── 查看系統資訊
...
[ 4560.815316] scsi 6:0:0:0: Direct-Access     Kingston DataTraveler 3.0
PMAP PQ: 0 ANSI: 6
[ 4560.815925] sd 6:0:0:0: Attached scsi generic sg2 type 0
[ 4560.816673] sd 6:0:0:0: [sdb] 60530688 512-byte logical blocks: (31.0
GB/28.9 GiB)
```

→ 接下頁

```
[ 4560.817145] sd 6:0:0:0: [sdb] Write Protect is off
[ 4560.817154] sd 6:0:0:0: [sdb] Mode Sense: 45 00 00 00
[ 4560.817633] sd 6:0:0:0: [sdb] Write cache: disabled, read cache:
enabled, doesn't support DPO or FUA
[ 4560.993998]  sdb: sdb1
                     └┐
                 裝置名稱為 sdb1
...
```

然後執行掛載的 *mount* 指令, 將隨身碟掛載至系統中：

```
tony@tony-ubuntu:~$ sudo mount /dev/sdb1 /media/usbdisk/ ◄─┐
                                  掛載隨身碟, 成為 /media/usbdisk/ 目錄
```

成功掛載隨身碟之後, 即可透過存取該目錄, 來讀隨身碟上的資料：

```
tony@tony-ubuntu:~$ cd /media/usbdisk/ ◄──── 切換到掛載隨身碟的目錄中
tony@tony-ubuntu:/media/usbdisk$ ls ◄──── 瀏覽該目錄的檔案
                                          (即隨身碟上的檔案)
boot            casper   EFI       md5sum.txt   preseed
boot.catalog    dists    install   pool         ubuntu
```

如果您的 USB 儲存裝置, 依上述方式執行仍然無法掛載, 可能是因為系統還無法辨識該隨身碟機型, 或者是您的設備名稱指定錯誤。

掛載外接式硬碟或讀卡機

外接式硬碟因容量較大, 常常會分割成數個分割區；而讀卡機通常都具備各類記憶卡的插槽, 因此 Linux 偵測讀卡機時將會出現數個磁碟裝置。這類多分割區或多磁碟的 USB 裝置, 若要同時讀取 1 個以上的分割區或磁碟, 就必須將不同的分割區或磁碟掛載到不同的目錄。因此掛載之前, 必須先建立好對應的目錄。關於分割區或磁碟對應目錄的方式可參考下表：

分割區或磁碟順序	裝置名稱	自行建立的掛載目錄
第 1 個分割區或磁碟	/dev/sdb1	/media/usbdisk
第 2 個分割區或磁碟	/dev/sdb2	/media/usbdisk2
…	…	…

舉例來說, 筆者有一個 2TB 的外接式硬碟, 其中又分成 2 個 1TB 的分割區。因此筆者先建立 /media/usbdisk、/media/usbdisk2 這 2 個目錄, 接著如下操作：

```
tony@tony-ubuntu:~$ sudo mount /dev/sdb1 /media/usbdisk/
tony@tony-ubuntu:~$ sudo mount /dev/sdb2 /media/usbdisk2/
```

如此兩個分割區便會分別掛載到 /media/usbdisk、/media/usbdisk2 這 2 個目錄。

5-1-2 卸載的 umount 指令

如果不需要使用隨身碟, 則需先執行卸載的 *umount* 指令後, 才能移除隨身碟：

```
tony@tony-ubuntu:/media/usbdisk$ cd              ←── 先離開掛載的目錄
tony@tony-ubuntu:~$ sudo umount /media/usbdisk  ←── 將隨身碟卸載
```

 為何無法成功卸載隨身碟

若您目前所在之處就是隨身碟掛載的目錄 (如 /media/usbdisk), 或有其他使用者正在此目錄下, 將無法成功地卸載：

```
tony@tony-ubuntu:/media/usbdisk$ sudo umount /media/usbdisk
umount: /media/usbdisk: target is busy.  ←── 此裝置正在被使用中
```

→ 接下頁

請先將工作目錄切換到別處, 或要求其他使用者離開此目錄, 才可卸載隨身碟。如果您不確定是誰正在使用該目錄, 請執行 *fuser -u /media/usbdisk/* 指令, 便可以查出使用該目錄的程序與使用者:

```
tony@tony-ubuntu:/media/usbdisk$ fuser -u /media/usbdisk/
/media/usbdisk:        192567c(tony) 236819c(root) 236820c(root)
                                                    tony 正在使用該目錄
```

5-1-3 允許一般使用者掛載隨身碟

如前所述, Linux 預設只允許 root 使用者執行 *mount* 指令, 若是一般使用者執行上述指令, 則會出現以下的錯誤訊息:

```
tony@tony-ubuntu:~$ mount /dev/sdb1 /media/usbdisk/
mount: /media/usbdisk: must be superuser to use mount.    只有 root 帳號
                                                          才能執行此指令
```

若您確定要開放一般使用者掛載隨身碟, 請以 root 使用者執行 *sudo vi /etc/sudoers* 指令如下修改 (會以 vi 編輯器開啟 /etc/sudoers 檔, 使用方式見 6-2 節):

```
...
@includedir /etc/sudoers.d
ALL ALL=NOPASSWD:/bin/mount,/bin/umount    加入此行
```

存檔離開後, 一般使用者要掛載或卸載隨身碟時, 只要在原來的 *mount* 及 *umount* 指令最前面加上 sudo 即可。亦即掛載時使用 *sudo mount /dev/sdb1 /media/usbdisk*; 而卸載則是使用 *sudo umount /media/usbdisk*。

與 7-3-1 節介紹將使用者加入 sudo 群組中, 讓他可以取得完整管理者權限的方式不同, 本節的方法只能讓一般使用者以管理者權限執行 *mount* 及 *umount* 這兩個指令。這種方式會比把所有的權限開放給使用者安全, 如果一般使用者以 *sudo* 指令執行其他指令, 就會出現權限不夠的錯誤訊息:

```
benny@tony-ubuntu:~$ sudo fdisk -l /dev/sda
[sudo] benny 的密碼:
對不起,使用者 benny 不允許以 tony-ubuntu 上的 root 身份執行「/usr/sbin/
fdisk -l /dev/sda」 ◀── 無法以 sudo 指令執行 mount
                        及 umount 指令之外的指令
```

5-2　使用光碟機和光碟映像檔

在 Linux 下掛載光碟機的方式與前面 5-1 節介紹掛載 USB 裝置的方式類似, 將光碟片放入光碟機後如下操作:

```
tony@tony-ubuntu:~$ sudo mkdir /media/cdrom    ◀── 建立要掛載的目錄
tony@tony-ubuntu:~$ sudo mount /dev/cdrom /media/cdrom/ ◀─┐
                                          掛載光碟片到 /media/cdrom/ 目錄
```

使用完畢執行卸載的 *umount* 指令後, 才能取出光碟片:

```
tony@tony-ubuntu:/media/cdrom$ cd           ◀── 先離開掛載的目錄
tony@tony-ubuntu:~$ sudo umount /media/cdrom ◀── 將光碟片卸載
```

除了光碟之外, 有時我們會由網路下載光碟映像檔 (ISO)。若只是想存取 ISO 檔中的檔案, 我們不一定要實際燒錄成光碟。您可如下掛載 ISO 檔:

```
tony@tony-ubuntu:~$ sudo mount -o loop debian-11.3.0-amd64-netinst.iso 接下行
/media/cdrom/
                       此參數可以省略      要掛載的 ISO 檔
```

5-3　檢查磁碟使用狀況

使用 Linux 時, 磁碟使用狀況也是我們需要注意的地方。若系統異常, 持續產生大容量的紀錄檔, 或是使用者無限制的往他的家目錄塞檔案, 都很容易將磁碟空間用完。有時覺得系統反應很慢, 除了可能有程序占用 CPU、記憶體資源外, 若有程序或使用者持續讀寫磁碟也有可能影響系統效能。

本節將介紹查詢磁碟剩餘空間的 *df* 指令與監控磁碟讀寫狀況的 *dstat* 指令。

5-3-1　查詢磁碟剩餘空間的 df 指令

df (disk free) 指令可以讓我們檢視磁碟空間的使用狀態, 它有以下兩個常用的參數：

● **-h**：會將數值除以 1024 以方便閱讀。

● **-T**：顯示檔案系統的格式, 例如：ext3、ext4...。

您可如下檢查磁碟空間的使用狀況：

```
tony@tony-ubuntu:~$ df -Th
檔案系統            類型      容量      已用      可用      已用%   掛載點
tmpfs             tmpfs     393M     1.2M     392M     1%      /run
/dev/sda3         ext4      20G      9.6G     8.5G     54%     /
tmpfs             tmpfs     2.0G     0        2.0G     0%      /dev/shm
tmpfs             tmpfs     5.0M     0        5.0M     0%      /run/lock
/dev/sda2         vfat      512M     5.3M     507M     2%      /boot/efi
tmpfs             tmpfs     393M     68K      393M     1%      /run/user/1000
```

　　　　　　　　檔案系統的類型　　　　　　　剩餘的可用空間

若您發現磁碟空間所剩不多，可使用如下的方式列出占用空間的 10 大目錄：

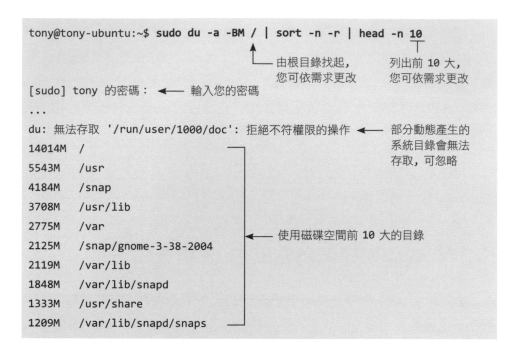

以上是舉例，您檢視是否有明確用不到的檔案，若有可刪除以增加可用的磁碟空間。

5-3-2 監控磁碟讀寫狀況的 dstat 與 iotop 指令

前面提到大量的磁碟讀寫可能也會造成系統反應變慢。若 Linux 主機在您身邊，看到主機上的 LED 硬碟指示燈狂閃，我們可以猜測有程式在大量讀寫磁碟。但若 Linux 主機在其他地方或機房，就沒有 LED 硬碟指示燈可以參考了。

這時我們可以藉由 *dstat* 與 *iotop* 指令來監控磁碟的讀寫狀態，請如下操作：

```
tony@tony-ubuntu:~$ sudo apt-get install dstat iotop  ◀── 安裝 dstat 與
[sudo] tony 的密碼：  ◀── 輸入您的密碼                        iotop 套件
tony@tony-ubuntu:~$ dstat -d 10  ◀── 每 10 秒印出一次磁碟的讀寫狀態
-dsk/total-
 read  writ
 107M   68M
   0     0
   0    38k
   0     0
   0     0
   0   2048B
   0     0
   ▲     ▲
   |     |
   |     磁碟的寫入量
   磁碟的讀取量

...
```

程式會持續輸出，按 ⎡Ctrl⎤ + ⎡c⎤ 可終止。*dstat* 指令除了可以看磁碟的讀寫狀態之外，也可以監看 CPU (使用 "-c" 參數) 與網路 (使用 "-n" 參數) 的讀寫狀態：

```
tony@tony-ubuntu:~$ dstat -c -n -d 10
--total-cpu-usage-- -net/total- -dsk/total-
usr sys idl wai stl| recv  send| read  writ
  0   0 100   0   0|   0     0 | 107M   68M
  0   0 100   0   0|  77B  358B|   0    10k
  0   0 100   0   0| 105B  289B|   0   8192B
            |              |
      CPU 的使用狀態    網路的使用狀態

... ◀── 按 ⎡Ctrl⎤ + ⎡c⎤ 終止
```

若您發現磁碟的讀寫狀態不如您預期，可以如下使用 *iotop* 指令來查看是哪個使用者或程式在使用：

```
tony@tony-ubuntu:~$ sudo iotop
...
Total DISK READ:         0.00 B/s | Total DISK WRITE:        4.65 M/s
Current DISK READ:       0.00 B/s | Current DISK WRITE:      0.00 B/s
   TID  PRIO  USER     DISK READ  DISK WRITE  SWAPIN        IO>    COMMAND
  8689  be/4  tony     0.00 B/s    4.65 M/s  ?unavailable?  sort -n -r
     1  be/4  root     0.00 B/s    0.00 B/s  ?unavailable?  init splash
     2  be/4  root     0.00 B/s    0.00 B/s  ?unavailable?  [kthreadd]
                          └── 使用者讀寫排名動態更新
...
```

　　資料會持續更新, 按 [Q] 鍵可離開。若您有懷疑的使用者, 可用 "-u"
參數加上使用者名稱, 只監看該使用者的磁碟讀寫狀況。以下以監看 tony
為例來說明:

```
tony@tony-ubuntu:~$ sudo iotop -u tony ◄── 只監看 tony 磁碟讀寫狀況
Total DISK READ:         0.00 B/s | Total DISK WRITE:        5.18 M/s
Current DISK READ:       0.00 B/s | Current DISK WRITE:     63.34 K/s
   TID  PRIO  USER     DISK READ  DISK WRITE  SWAPIN        IO>    COMMAND
  8767  be/4  tony     0.00 B/s    5.18 M/s  ?unavailable?  sort -n -r
  1084  be/4  tony     0.00 B/s    0.00 B/s  ?unavailable?  systemd --user
  1085  be/4  tony     0.00 B/s    0.00 B/s  ?unavailable?  (sd-pam)
...
```

　　善用 *dstat* 與 *iotop* 指令可讓我們對磁碟使用狀況的掌握度提高。

5-4　硬連結與符號連結

　　本節將說明如何使用 *ln* (link) 指令建立檔案的硬連結與符號連
結, 以及使用的時機。在 Linux 的檔案系統中, 比較常見的是符號連結
(symbolic link), 例如執行 *ls -l* 指令列出檔案資訊時, 會看到類似下面這
些內容:

```
...
-rw-rw-r-- 1 tony tony     1470  6月 10 14:19 preface.txt
-rw-rw-r-- 1 tony tony        0  6月 10 14:22 readme.txt
drwx------ 3 tony tony     4096  6月 10 14:05 snap
lrwxrwxrwx 1 tony tony       12  6月 22 10:53 test.c -> HelloWorld.c
```

"l" 表示檔案
為符號連結

符號連結的檔案
名稱後，有箭頭
指到另一個檔案

```
...
```

　　符號連結類似在 Windows 下建立檔案的捷徑，本身所佔的檔案空間很小。在 4-2 節我們介紹了 inode 的觀念，每一個檔案都會有自己的 inode。若有兩個 (或以上) 檔案使用相同的 inode，我們就稱之為硬連結 (hard link)；因為檔案使用相同的 inode，所以硬連結並不會占用額外的硬碟空間：

```
tony@ubuntu:~/tmp$ ls -ilh  ◄—  列出檔案的 inode 資訊
...
3541814 -rwxrwxr-x 2 tony tony    5.7M  8月 25 16:17 MyFile-HardLink.tgz
3541814 -rwxrwxr-x 2 tony tony    5.7M  8月 25 16:17 MyFile.tgz
```

inode 相同

MyFile-HardLink.tgz 為 MyFile.tgz
的硬連結，它們有相同的 inode

```
...
```

　　所以您可將硬連結視為 A 檔案的別名 B，A 與 B 其實是同一個檔案，因為它們的 inode 是相同的。但硬連結又與複製 (使用 *cp* 指令) 不同，因為複製的檔案內容雖然一樣但它們的 inode 不一樣，所以複製的檔案會額外占用與原始檔案相同的硬碟空間。下面說明硬連結、符號連結與複製檔案的差別：

```
tony@ubuntu:~/tmp$ ls -ilh
總用量 18M                                              → 接下頁
```

```
3541816 -rwxrwxr-x 1 tony tony    5.7M  8月 25 16:52 MyFile-Copy.tgz
3541814 -rwxrwxr-x 2 tony tony    5.7M  8月 25 16:17 MyFile-HardLink.tgz
3541815 lrwxrwxrwx 1 tony tony      10  8月 25 16:50 MyFile-SymbolicLink.
tgz -> MyFile.tgz
3541814 -rwxrwxr-x 2 tony tony    5.7M  8月 25 16:17 MyFile.tgz
```

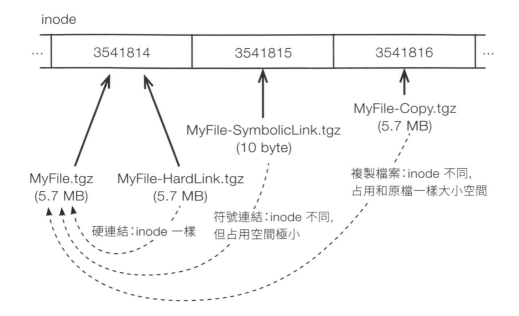

5-4-1 建立硬連結

　　單純的檔案複製方式, 會佔用磁碟空間。例如使用者 cassia 在 /var/tmp 目錄中, 存放一個大小為 1502892 bytes 的檔案 ForEveryOne, 其權限的設定是 "rw-rw-rw-"。若使用者 lambert 也要用這個檔案, 他可以將 ForEveryOne 複製到自己的目錄中, 如此一來, ForEveryOne 就分處兩地, 整整佔用 3005784 bytes 的磁碟空間:

```
lambert@tony-ubuntu:~$ cp /var/tmp/ForEveryOne LambertFile  ◀──┐
                                                               │
                             檔案複製一份給自己使用,
                             檔名改為 LambertFile
```

另一種達成檔案分享的方法是採用**硬連結 (hard link)**。lambert 並不需要複製一份 ForEveryOne 到自己的目錄下浪費磁碟空間，只需建立連結即可：

```
lambert@tony-ubuntu:~$ ln /var/tmp/ForEveryOne LambertLink ◀────

                            使用者 lambert 對 ForEveryOne檔案做一份連結
                            到自己的目錄裡，檔名改成LambertLink
```

此時可執行 *ls -l* 指令，看看複製的 LambertFile 與硬連結的 LambertLink 有甚麼不同：

```
-rw-rw-r-- 1 lambert  lambert 1470  6月 10 14:19 LambertFile ◀───

                            檔案擁有者變成 lambert,
                            其連結數是 1

-rw-rw-rw- 2 cassia   cassia     87  6月 22 11:39 LambertLink ◀───
                  ▲
                  │              檔案擁有者仍然是 cassia,
              檔案連結數          其連結數從 1 增加到 2
```

　　檔案的連結數是 2, 表示目前這個檔案除了本身以外, 還有另一個分身。假使再對該檔案建立硬連結, 其連結數就會再增加。我們每刪除一個, 它的連結數就逐次遞減, 直到數目降為 1 的時候, 該檔案在檔案系統中便不存在任何分身。

5-4-2 檢查 inode 編號

　　硬連結的檔案實際上都是指向磁碟中相同的資料, 因為每個檔案僅佔用一個 inode, 所以它們的 inode 編號應該一樣。請執行 *ls -i* 指令來查看檔案的 inode 編號：

```
lambert@tony-ubuntu:~$ ls -i LambertLink
536134 LambertLink
lambert@tony-ubuntu:~$ sudo ls -i /var/tmp/ForEveryOne
536134 /var/tmp/ForEveryOne
```

從上面的結果可看出這兩個檔案的 inode 編號是一樣的, 倘若是用複製而非連結的方法, 便會是兩個不相干的檔案, 各自擁有其 inode 編號:

```
tony@tony-ubuntu:~$ ls -i LambertFile
669029 LambertFile ◄── 這個檔案的 inode 是 669029,
                        而 ForEveryOne 的是 536134
```

5-4-3 建立符號連結

符號連結 (亦稱軟式連結), 其建立的方法類似硬連結, 但意義不相同。請用 *ln - s* 指令建立符號連結:

```
lambert@tony-ubuntu:~$ ln -s LambertFile SymLink ◄── 對 LambertFile 建立符
                                                      號連結, 檔名為 SymLink
```

執行 *ls -l* 指令觀看 lambert 目錄的情形:

```
-rw-rw-r-- 1 lambert lambert 1470  6月 22 14:22 LambertFile
lrwxrwxrwx 1 lambert lambert 11    6月 22 14:22 SymLink -> LambertFile
                                                         ‾‾‾‾‾‾‾‾‾‾‾
                                               這裡指向建立符號連結的原始檔案
```

我們可以清楚發現, 檔案 LambertFile 和 SymLink 的連結數都沒有改變, 而 SymLink 檔案權限最前面的第 1 個字元出現 "l", 表示這是一個符號連結的檔案, 權限則為 "rwxrwxrwx" 全部開放, 代表真正的權限要以所指的檔案 (LambertFile) 為準, 符號連結本身不做任何限制。

符號連結並不保存檔案的資料, 其真正內容是一個字串指向原來的檔案, 類似 Windows 系統中的 "捷徑", 因此若把其指向的檔案刪除或更改檔名, 則 SymLink 就會指向一個不存在的檔案, 其內容會變成空白, 請特別注意! 符號連結本身也會佔用一個 inode:

```
lambert@tony-ubuntu:~$ ls -i SymLink
659018 SymLink
```

5-4-4 硬連結與符號連結比較

由於連結的方式不同, 硬連結與符號連結有著以下的差異:

● 當原檔刪除後, 符號連結將會失效, 硬連結則仍然可以繼續使用。

● 硬連結只能連結同一個分割區內的檔案, 而符號連結則因為只是一個指向檔案的字串, 所以可以跨越不同分割區, 甚至連結到掛載 NFS 與 Samba 等網路磁碟的目錄內。

● 硬連結不能連結目錄, 因為目錄的 inode 中, 計算連結數的欄位已經有其他的用途, 所以無法讓硬連結使用。符號連結可以指向任何目錄, 並可如同真的目錄一樣地使用。

硬連結與符號連結各有其限制, 所以您必須依時機與用途, 選擇適合的方式使用。例如與版本相關的檔案, 一般會使用符號連結:

```
tony@ubuntu:~$ ls -l /bin/tclsh
lrwxrwxrwx 1 root root 8  8月  8 16:30 /bin/tclsh -> tclsh8.6
```

如上例若您在 shell script (見第 11 章) 裡有使用到 *tclsh* 指令, 當升級 tclsh 套件時您就不需要去更改 script 裡的版本, 只要更新符號連結即可。

至於硬連結您可以使用在照片的分類, 例如同一張照片可以出現在貓、狗與花三個相簿目錄中而不會占用額外的硬碟空間。雖然符號連結也可以做到此功能, 但是刪除或移動原照片後連結就會無法存取, 使用硬連結可以避免此問題。

Windows 下的硬連結與符號連結

在前面筆者說符號連結類似 Windows 下的捷徑, 其實在 Windows 下也有與 Linux 相同的硬連結與符號連結功能。在 Windows 下可以使用 *mklink* 指令來建立硬連結與符號連結:

```
C:\Users\tony>mklink /? ◀—— 加上 /? 參數可查詢使用說明
建立符號連結。
MKLINK [[/D] | [/H] | [/J]] Link Target

        /D       建立目錄符號連結。預設是檔案符號連結。
        /H       建立永久連結而不是符號連結。
        /J       建立目錄連接。
        Link     指定新符號連結名稱。
        Target   指定新連結參照的路徑 (相對或絕對)。
E:\>mklink /h test.iso ubuntu-22.04-desktop-amd64.iso ◀——┐

                          建立硬連結 (Windows 將 Hardlink 翻譯為永久
                          連結), 若不加 /h 參數則是建立符號連結

已經為 test.iso <<===>> ubuntu-22.04-desktop-amd64.iso 建立 Hardlink ◀——┐
                                            成功建立硬連結 ————————————┘
```

5-5 安裝第 2 顆硬碟

Linux 操作一段時間後, 隨著檔案的增加, 您可能會發現原來的硬碟不夠用了, 需要加裝一個新的硬碟才行。但在 Linux 裏要安裝硬碟, 可不是排線一接上去, 硬碟就能用了。接下來筆者將介紹如何在 Linux 安裝第 2 顆硬碟。

5-5-1 建立 ext4 分割區

一顆新買的硬碟, 可能連一個分割區都還沒劃分。以下筆者以 *fdisk* 指令來分割一台連接於 /dev/sdb 的 1TB 硬碟為例說明:

```
tony@tony-ubuntu:~$ sudo fdisk /dev/sdb   ◀──  指定要分割的硬碟,
[sudo] tony 的密碼:      ◀──  輸入您的密碼          此為第 2 顆硬碟

Welcome to fdisk (util-linux 2.37.2).
Changes will remain in memory only, until you decide to write them.
Be careful before using the write command.

Device does not contain a recognized partition table.
Created a new DOS disklabel with disk identifier 0x5761b800.

命令 (m 以獲得說明): n ◀── 新增硬碟分割區
Partition type
   p   primary (0 primary, 0 extended, 4 free)
   e   extended (container for logical partitions)
Select (default p): p         ◀── 我們要建立一個主要分割區
分割區編號 (1-4, default 1): 1 ◀── 設定為第 1 號的分割區
First sector (2048-1953525167, default 2048): ◀── 設定分割區的起始位址, 請
                                        按 Enter 鍵, 使用預設值
Last sector, +/-sectors or +/-size{K,M,G,T,P} (2048-1953525167, default
1953525167): +80G ◀── 設定分割區的大小, 筆者設為 80GB

Created a new partition 1 of type 'Linux' and of size 80 GiB.

命令 (m 以獲得說明): n ◀── 再新增一個分割區
Partition type
   p   primary (1 primary, 0 extended, 3 free)
   e   extended (container for logical partitions)
Select (default p): p         ◀── 我們要再建立一個主要分割區
分割區編號 (2-4, default 2): 2 ◀── 設定為第 2 號分割區
First sector (167774208-1953525167, default 167774208): ◀── 請按 Enter 鍵,
                                              使用預設值
Last sector, +/-sectors or +/-size{K,M,G,T,P} (167774208-1953525167,
default 1953525167): +30G ◀── 設定分割區的大小, 筆者設為 30 GB

Created a new partition 2 of type 'Linux' and of size 30 GiB.

命令 (m 以獲得說明): p ◀── 列出硬碟分割區
Disk /dev/sdb: 931.51 GiB, 1000204886016 bytes, 1953525168 sectors
Disk model:
Units: sectors of 1 * 512 = 512 bytes
Sector size (logical/physical): 512 bytes / 4096 bytes
```

→ 接下頁

```
I/O size (minimum/optimal): 4096 bytes / 4096 bytes
Disklabel type: dos
Disk identifier: 0x5761b800


所用裝置    可開機      Start       結束       磁區 Size Id 類型
/dev/sdb1              2048 167774207 167772160   80G 83 Linux ─┐
/dev/sdb2         167774208 230688767  62914560   30G 83 Linux ─┘◄─┐

命令 (m 以獲得說明)： w ◄─── 將分割結果寫入硬碟        筆者共分割
The partition table has been altered.              2 個分割區
Calling ioctl() to re-read partition table.
Syncing disks.
```

 執行 *fdisk* 指令時誤刪了分割區怎麼辦？

以 *fdisk* 指令操作磁碟時, 在尚未輸入 "w" 將結果寫入磁碟之前, 所有的操作都尚未生效。因此, 若不慎誤刪了分割區, 或是磁碟大小分割錯誤, 請直接輸入 "q" 結束程式, 再執行一次 *fdisk* 指令, 重新操作即可。

格式化硬碟

建立好硬碟分割區後, 接著請執行 ***mkfs.ext4*** 指令, 依序格式化所有新增的硬碟分割區, 筆者以 /dev/sdb1 為例：

```
tony@tony-ubuntu:~$ sudo mkfs.ext4 /dev/sdb1 ◄─── 剛剛新建的硬碟分割區, 我們
                                                  將其格式化為 ext4 檔案系統
```

掛載成某個目錄

最後, 即可利用 ***mount*** 指令將分割區掛載成某個目錄。不過, 要掛載至目錄時, 請先建立好該目錄。例如想要掛載分割區的目錄名稱為 /home1, 則請依序執行以下指令：

```
tony@tony-ubuntu:~$ sudo mkdir /home1 ◄──── 建立 /home1 目錄
tony@tony-ubuntu:~$ sudo mount -t ext4 /dev/sdb1 /home1 ◄─┐
```

指定此分割區的檔案系　　　　　將 /dev/sdb1 分割區,
統為 ext4 檔案系統　　　　　　掛載到 /home1 目錄下

完成上述步驟後, 即可使用此新安裝的硬碟了。

TIP 如果不想再繼續使用此分割區, 則需執行 *umount* 指令卸載分割區。此指令的使用方法, 請參考 5-1-2 節。

開機時自動掛載

利用執行 *mount* 指令掛載分割區的方式, 需在每次開機後, 重新執行一次, 才能使用該目錄。如您想在開機時就自動掛載此分割區, 則可用文書編輯器修改 /etc/fstab 設定檔:

```
...
# <file system> <mount point>   <type>  <options>        <dump>  <pass>
# / was on /dev/sda2 during installation
UUID=...     /               ext4    errors=remount-ro 0        1
# /boot/efi was on /dev/sda1 during installation
UUID=...     /boot/efi       vfat    umask=0077        0        1
/swapfile    none            swap    sw                0        0
/dev/sdb1    /home1          ext4    defaults          1        2
```

要掛載的分　要掛載　　掛載分割區　掛載時的選項,　　　　執行 *fsck* 指令, 檢
割區名稱　　的目錄　　所使用的檔　"defaults"表示　　查檔案系統是否損壞
　　　　　　　　　　　案系統　　採用預設值　　　　時, 此掛載目錄檢查
　　　　　　　　　　　　　　　　　　　　　　　　　的優先順序:"0" 表
　　　　　　　　　執行 *dump* 指令備份硬碟時,　　示不需檢查, "1" 表
　　　　　　　　　是否要備份此掛載目錄:"0"　　　示優先順序最高, "2"
　　　　　　　　　表示不需要, "1" 則代表需要　　　表示優先順序次之

修改完設定檔, 以後重新開機時, 系統便會自動掛載此分割區了。

5-5-2 新增 swap 分割區

swap 分割區或 swap 檔案其用途相當特殊, 專供 Linux 作為虛擬記憶體之用, 它的功能類似 Windows 系統的 pagefile.sys。

我們平時所談到的記憶體, 若無特別標明, 一般都是指實體記憶體。當系統執行大型應用程式, 導致實體記憶體用盡時, 作業系統可拿部份硬碟空間來模擬記憶體, 例如實體記憶體有 4096 MB, 而磁碟的虛擬記憶體為 4096 MB 時, 對系統而言, 就好像擁有 8192 MB 的記憶體一樣。

Ubuntu 在安裝時若選擇讓系統自動分割硬碟, 系統並不會特別的建立一個獨立的 swap 分割區。取而代之的是在系統的根目錄下建立一個名為 swapfile 的 swap 檔案。您可如下檢視 /etc/fstab 檔:

```
tony@tony-ubuntu:~$ more /etc/fstab
...
# <file system> <mount point>   <type>  <options>        <dump>  <pass>
# / was on /dev/sda3 during installation
UUID=...    /              ext4     errors=remount-ro 0        1
# /boot/efi was on /dev/sda2 during installation
UUID=...    /boot/efi  vfat    umask=0077        0        1
/swapfile  none       swap    sw                0        0
  |
swap 檔案

...
```

除了使用 swap 檔案之外, 您也可以使用獨立的硬碟分割區來取代 swap 檔案。如果您的硬碟中還有多餘的空間可以使用, 或是您已添購新的硬碟, 我們可以利用 *fdisk* 指令實際操作建立 swap 分割區。

建立新的分割區

例如筆者原本的 /swapfile 為 2 GB, 想要再增加 4096 MB 的 swap
分割區。我們以 *fdisk* 指令為例, 實際操作建立 swap 分割區:

```
tony@tony-ubuntu:~$ sudo fdisk /dev/sdb  ◀── 指定要新增 swap 分割區的硬
                                              碟, 此硬碟為安裝在 SATA 介
Welcome to fdisk (util-linux 2.37.2).         面上的第 2 顆硬碟
Changes will remain in memory only, until you decide to write them.
Be careful before using the write command.


命令 (m 以獲得説明): p  ◀── 顯示目前硬碟分割的情況
Disk /dev/sdb: 931.51 GiB, 1000204886016 bytes, 1953525168 sectors
Disk model:
Units: sectors of 1 * 512 = 512 bytes
Sector size (logical/physical): 512 bytes / 4096 bytes
I/O size (minimum/optimal): 4096 bytes / 4096 bytes
Disklabel type: dos
Disk identifier: 0x5761b800


所用裝置   可開機      Start       結束      磁區   Size  Id  類型
/dev/sdb1             2048   167774207  167772160   80G  83  Linux
/dev/sdb2        167774208  230688767   62914560   30G  83  Linux


命令 (m 以獲得説明): n  ◀── 建立一個新的分割區
Partition type
   p   primary (2 primary, 0 extended, 2 free)
   e   extended (container for logical partitions)
Select (default p): e   ◀── 筆者要先建立一個延伸分割區
分割區編號 (3,4, default 3): ◀── 直接按 [Enter] 鍵, 使用預設的第 3 號分割區
First sector (230688768-1953525167, default 230688768): ◀┐
                                                          │
               設定分割區的起始位址, 請按 [Enter] 鍵, 使用預設值

Last sector, +/-sectors or +/-size{K,M,G,T,P} (230688768-1953525167,
default 1953525167): ◀── 設定分割區的大小, 筆者按 [Enter] 鍵,
                         將剩餘空間都設為延伸分割區
```

→ 接下頁

```
Created a new partition 3 of type 'Extended' and of size 821.5 GiB.

命令 (m 以獲得說明):  n  ◄─── 再新增一個分割區
All space for primary partitions is in use.
Adding logical partition 5  ◄─── 系統會自動將新增的分割區設為邏輯分割區
First sector (230690816-1953525167, default 230690816): ◄───┐
                                                             │
              設定分割區的起始位址, 按 [Enter] 鍵使用預設值

Last sector, +/-sectors or +/-size{K,M,G,T,P} (230690816-1953525167,
default 1953525167): +4096M  ◄─── 設定分割區的大小, 筆者將此區設為 4096 MB

Created a new partition 5 of type 'Linux' and of size 4 GiB.

命令 (m 以獲得說明):  p  ◄─── 再一次顯示硬碟分割的情況
Disk /dev/sdb: 931.51 GiB, 1000204886016 bytes, 1953525168 sectors
Disk model:
Units: sectors of 1 * 512 = 512 bytes
Sector size (logical/physical): 512 bytes / 4096 bytes
I/O size (minimum/optimal): 4096 bytes / 4096 bytes
Disklabel type: dos
Disk identifier: 0x5761b800


所用裝置    可開機      Start        結束        磁區     Size Id 類型
/dev/sdb1              2048   167774207   167772160    80G 83 Linux
/dev/sdb2         167774208   230688767    62914560    30G 83 Linux
/dev/sdb3         230688768  1953525167  1722836400 821.5G  5 延伸
/dev/sdb5         230690816   239079423     8388608     4G 83 Linux ◄───┐
   └─┬─┘                                                                │
  由於新增的是邏輯分割區, 所以是 sdb5, 而不是 sdb4        這是新增加的分割區
```

將分割區的檔案系統更改為 swap

新增的分割區, 檔案系統預設為 ext4/ext3, 接下來我們要將此分割區
的檔案格式改為 swap (檔案系統代號為 82):

```
命令 (m 以獲得說明)：t ◄── 更改檔案系統
分割區編號 (1-3,5, default 5)：5 ◄── 筆者要更改第 5 號分割區的檔案系統
Hex code or alias (type L to list all)：82 ◄──┐
                                    輸入 swap 檔案系統的代號，
                                    (若輸入 "L"，則可列出所有的檔案系統)

Changed type of partition 'Linux' to 'Linux swap / Solaris'.

命令 (m 以獲得說明)：p ◄── 顯示目前硬碟分割的情況
Disk /dev/sdb: 931.51 GiB, 1000204886016 bytes, 1953525168 sectors
Disk model:
Units: sectors of 1 * 512 = 512 bytes
Sector size (logical/physical): 512 bytes / 4096 bytes
I/O size (minimum/optimal): 4096 bytes / 4096 bytes
Disklabel type: dos
Disk identifier: 0x5761b800
```

所用裝置	可開機	Start	結束	磁區	Size	Id	類型
/dev/sdb1		2048	167774207	167772160	80G	83	Linux
/dev/sdb2		167774208	230688767	62914560	30G	83	Linux
/dev/sdb3		230688768	1953525167	1722836400	821.5G	5	延伸
/dev/sdb5		230690816	239079423	8388608	4G	82	Linux 交換區/ Solaris

```
                                    檔案格式已更改為 Linux swap

命令 (m 以獲得說明)：w ◄── 將更改的結果寫入硬碟
The partition table has been altered.
Calling ioctl() to re-read partition table.
Syncing disks.
```

格式化及啟動 swap 分割區

設定完成後，請重新啟動電腦，剛才的設定才會生效。但光劃分出 swap 分割區，系統還是無法使用，必須要經過格式化及啟動的動作，才能使用 swap 分割區：

```
tony@tony-ubuntu:~$ sudo mkswap /dev/sdb5 ◄── 格式化 swap 分割區
Setting up swapspace version 1, size = 4 GiB (4294963200 bytes)
無標籤， UUID=a8534f89-daf3-4e69-8bf8-7170e1342aa2
tony@tony-ubuntu:~$ sudo swapon /dev/sdb5 ◄── 啟動 swap 分割區
```

如果您不確定剛才建立的 swap 分割區是否已經啟動, 還可以執行 *swapon -s* 指令檢查：

```
tony@tony-ubuntu:~$ swapon -s
Filename          Type           Size         Used        Priority
/swapfile         file           2097148      0           -2
/dev/sdb5         partition      4194300      0           -3
```
swap 分割區已正常使用中

另外, 您也可以執行 *free* 指令檢查 swap 是否增加：

```
tony@tony-ubuntu:~$ free
              total        used        free      shared   buff/cache    available
Mem:        8059040      730932     6306832      174504      1021276      6908516
置換：       6291448           0     6291448
```
swap 空間增加了 4096 MB

TIP 要停止使用新建立的 swap 分割區, 只要執行 *swapoff /dev/sdb5* 指令即可。

開機時自動啟動新增的 swap 分割區

如果嫌每次開機後, 都要執行 *swapon* 指令啟動 swap 分割區太麻煩了, 可以利用文字編輯器修改 /etc/fstab 檔, 設定開機時自動啟動 swap 分割區：

```
...
/swapfile    none    swap    sw    0    0  ◄── 開機時啟動此 swap 檔案,
                                              此為系統自動建立的 swap 檔案

/dev/sdb5    none    swap    sw    0    0  ◄── 開機時啟動此 swap 分割區
...
```

產生 swap 檔案

　　如果您沒有額外未使用的磁碟空間可以建立新的 swap 分割區, 可在現有的系統下建立新的 swap 檔案來增加 swap 空間。要建立 swap 檔案, 請執行 *dd* 指令, 筆者以新增一個 4096 MB 的 swap 檔為例來說明:

```
tony@tony-ubuntu:~$ sudo dd if=/dev/zero of=/myswap bs=512K count=8192
```
　　　　　　　　　　　　　　　　指定每個磁區佔用 512 KB

　　　　　　　　　　　　　　　　　　　　　共要使用 8192 個磁區
```
輸入 8192+0 個紀錄
輸出 8192+0 個紀錄
4294967296位元組（4.3 GB，4.0 GiB）已複製，9.04306 s，475 MB/s
tony@tony-ubuntu:~$ sudo chmod 600 /myswap ◄── 將檔案權限設為 600
```

> **TIP** bs 參數的目的在於指定每次讀取及輸入多少個 bytes, 由於磁碟存取的最小單位為**磁區**, 因此設定 bs 也等於設定每個磁區的大小; 而 count 的目的則在指定可以使用多少個磁區。因此, 檔案使用的硬碟空間就等於 bs*count。以上例說明, swap 檔使用的硬碟空間等於 512*8192=4294967296 (KB), 亦等於 4096 MB。

　　執行上述指令後, 我們會在 / 目錄中建立一個 4096 MB 的 myswap 檔案。接下來請執行 *mkswap* 指令, 將 myswap 檔案格式化成 swap 檔案系統, 系統才能使用。請執行以下指令:

```
tony@tony-ubuntu:~$ sudo mkswap /myswap ◄── 將檔案格式化為 swap 檔案
格式
mkswap: /myswap: warning: wiping old swap signature.
Setting up swapspace version 1, size = 4 GiB (4294963200 bytes)
無標籤， UUID=fb9baaf6-9b4b-4e4e-aed9-f255492d62d8
tony@tony-ubuntu:~$ sudo swapon /myswap ◄── 啟動 swap 檔案
```

→ 接下頁

接著參考前面的說明, 修改 /etc/fstab 檔即可在開機時自動掛載：

```
...
/swapfile     none    swap    sw    0      0
/dev/sdb5     none    swap    sw    0      0
/myswap       none    swap    sw    0      0  ◄──── 加入此行
...
```

TIP 要停止使用新建立的 swap 檔案, 只要執行 *swapoff /myswap*
指令即可。

06

文書編輯軟體

文書編輯可以說是操作電腦最基本的應用，舉凡修改設定檔、撰寫程式及建立文件，都需要用到它。Linux 提供了齊全的文書編輯軟體，讓使用者可以依照自己的喜好來作選擇。在本章中，筆者將為您介紹 nano 與 vim 這 2 個在文字模式下常用的文書編輯軟體。因為是在文字模式下操作，要花一些時間熟悉才能上手。

> **TIP** 透過使用 9-6 節介紹的 WinSCP, 您也可以在 Windows 下以自己熟悉的文書編輯軟體修改 Linux 的設定檔。

6-1 容易上手的 nano 文書編輯軟體

　　nano 是 Ubuntu 內建的文書編輯軟體, 使用者介面相當方便, 即使是第一次使用的人都能夠很快熟悉, 筆者認為這是 Linux 初學者在文字模式下, 最容易使用的文書編輯軟體。

6-1-1 nano 的編輯環境

　　請執行 *nano* 指令 (或是執行 *nano 檔案名稱* 編輯一個檔案。若要編輯設定檔, 則請先執行 *sudo nano* 指令, 並依提示輸入密碼以取得 root 權限)：

此處會顯示開啟
的檔案名稱

當檔案內容有修改時,
此處會顯示 "*" 號

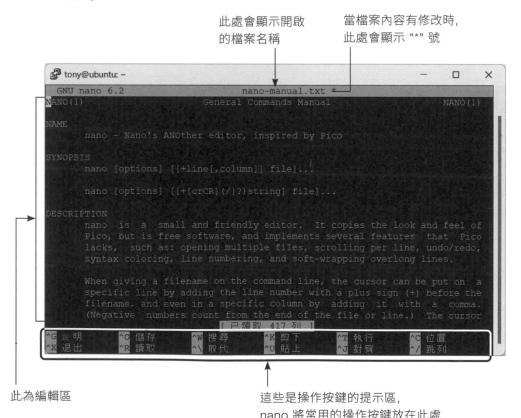

此為編輯區

這些是操作按鍵的提示區,
nano 將常用的操作按鍵放在此處

您可直接在編輯區輸入文字：按 ⌈Enter⌉ 鍵可換行；要刪除字元時，將游標移到該字元右邊, 然後按 ⌈Back space⌉ 鍵即可刪除。

6-1-2 nano 的操作按鍵

在 nano 編輯畫面的下方有 2 排共 12 組操作按鍵供我們使用, 實際上這些只是最常用到的部份, 其他比較少用的操作按鍵並沒有被列出來 (若您將畫面放到最大, 則會列出較多的操作按鍵)。筆者詳述主要功能如下 (以下操作按鍵前面的 "^" 表示先按住 ⌈Ctrl⌉ 鍵, 再按其他的英文字母)：

● **顯示輔助說明 -- ^G：**

按 ^G 會出現說明文件, 再按 ^V 顯示下一頁, 裏面會列出所有的操作按鍵：

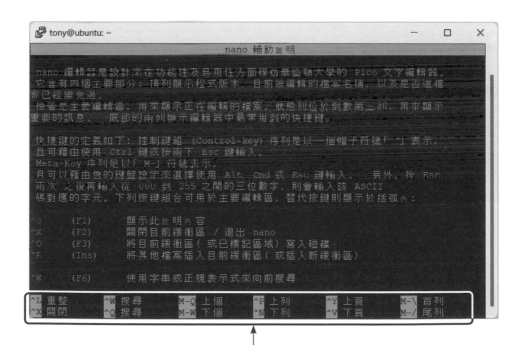

操作按鍵區會隨著使用者
按下不同的按鍵而改變

- **儲存檔案 -- ^O**：按 ^O 則下方列出的操作按鍵會變成下面這樣：

輸入路徑與檔案名稱, 再按 [Enter] 鍵即可

此處出現的幾項操作按鍵, 其中 ^G 會顯示目前狀況的說明文字, 與先前介紹的 ^G 不同；^C 表示不要儲存, 並回到原來的編輯畫面；^T 可讓您瀏覽目錄；[Tab] 則會幫我們補上完整的檔案名稱。

- **插入檔案 -- ^R**：

按 ^R 可在文件中插入一個文字檔的內容：

在此輸入要插入的檔案名稱及位置

插入的檔案路徑預設為使用者的家目錄, 若是要插入的檔案放在其他的目錄, 則要指定完整的路徑。

- **捲動畫面 -- ^Y 、^V**：

按 ^Y 可切換到前一頁, 如同按下 [Page UP] 鍵；按 ^V 可切換到下一頁, 如同按下 [Page Down] 鍵。

- **剪下與貼上整行文字 -- ^K、^U**：

要剪下整行文字時, 可將游標移到要剪下的那一行, 然後按 ^K。剪下之後要在其他位置貼上時, 則將游標移到要貼上位置的該行, 再按 ^U。您也可以連按 3 次 ^K 剪下 3 行 (中間不可以有其他按鍵), 再將游標移到要貼上的位置按 ^U, 會一次貼上 3 行的內容。若單獨使用 ^K 時 , 就如同刪除整行的操作按鍵。

● **搜尋字串 -- ^W：**

若要在文章中搜尋某一個字串時, 請按 ^W：

輸入要搜尋的字串, 按 [Enter] 鍵則會找到游標位置
以下第一個符合的字串。若要從頭開始搜尋, 則需先
將游標移到文章最前面

搜尋：nano
^G 說明　　　　　M-C 區分大小寫　M-B [向後搜尋]　　^P 較舊　　　　　^T 跳列
^C 取消　　　　　M-R 正規表示式　^R 取代　　　　　^N 較新

如果要找下一個符合的字串, 再按一次 ^W 後直接按 [Enter] 鍵即可。

● **顯示目前游標位置 -- ^C：**

nano 預設並不會顯示行號, 如果想知道目前游標所在的位置, 只要按
^C, 就會顯示目前游標在全部行數中的第幾行了。

● **結束 nano -- ^X：**

當要結束 nano 時, 則請按 ^X。若此文章有做修改但還未存檔, 則會
詢問您是否要存檔, 此時可按 [y] 或 [n] 鍵選擇。若按 [y], 則在輸入檔
名之後, 即可將內容儲存並結束 nano；反之按下 [n] 鍵, 則不存檔並結
束 nano。

6-2 功能強大的 vim 文書編輯軟體

vim 是 Linux 中功能相當強的編輯工具, 其前身是 Unix 系統下元老
級的文書編輯程式 vi, 操作熟練的話, 效率可以遠勝其他工具, 也因此在
Linux 社群中有大量使用者。不過此版 Linux 預設並未安裝 vim 編輯軟
體, 請您執行 *sudo apt install vim* 指令安裝。

安裝完成後, 請在文字模式視窗或虛擬主控台中執行 *vim* 指令即可啟動 vim 文書編輯軟體。

vim 有 3 種主要的模式 , 說明如下:

- **normal mode**:我們一開始進入 vim 時, 預設的模式就是 normal mode。在此模式下, 我們無法輸入任何文字, 不過可以利用按鍵指令來執行許多操作命令, 例如移動游標位置、複製、刪除...。
- **insert mode**:進入 vim 之後, 按 a、i 或 o 鍵, 即可進入 insert mode, 在此模式下, 我們才可以輸入文字內容。
- **command-line mode**:在 normal mode 中按 : 即會進入 command-line mode, 在此模式下, 我們可以做一些與輸入文字無關的事, 例如搜尋字串、儲存檔案或結束編輯等。

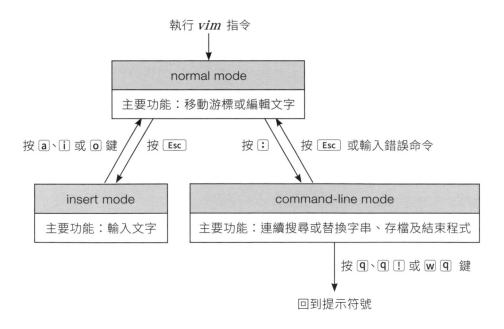

在開始本節的操作之前, 筆者要先提醒您關於按鍵大小寫的使用問題。在操作 Linux 時 , 許多時候有區分大小寫, 因此本節在使用按鍵命令時, 若標示為 i 鍵, 即表示是用小寫的字母 "i"。

6-2-1 vim 的基本操作

　　vim 的功能強大，以下我們將介紹基本功能，其他進一步的功能介紹，待日後有需要可自行參考相關文件。

執行 vim

　　由於 vim 的功能繁多，首先我們來看看 vim 的編輯環境，以及如何結束 vim。請在文字模式視窗或虛擬主控台中執行 ***vim*** 指令，或是執行 ***vim 檔案名稱***指定要編輯的檔案：

└── 這些符號表示該行還不能使用

vim 是個全螢幕的文書編輯工具，最下方的一行可讓您輸入操作命令

> **TIP** 若要編輯設定檔，則請先執行 ***sudo vim 設定檔名稱***指令，輸入密碼取得 root 權限後，才能在完成編輯後儲存設定檔。

用 vim 編寫文件

進入 vim 時預設的模式是 normal mode, 無法輸入文字, 現在我們要開始編寫一個文字檔, 請按 ⓘ 鍵切換到 insert mode：

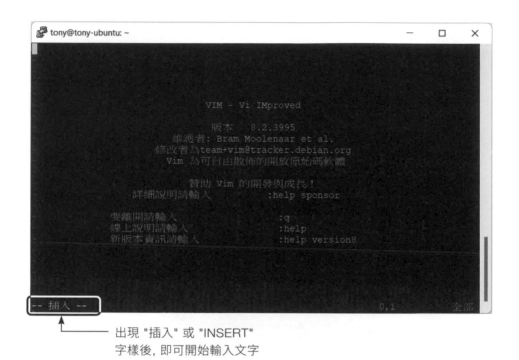

出現 "插入" 或 "INSERT"
字樣後, 即可開始輸入文字

其實要切換到 insert mode, 除了按 ⓘ 鍵外, 還可以按 ⓐ 或 ⓞ 鍵進入 insert mode, 筆者將三者的差別整理如下：

● **按 ⓐ 鍵**：從目前游標所在位置的下一個字元開始輸入。

● **按 ⓘ 鍵**：從游標所在位置插入新輸入的字元。

● **按 ⓞ 鍵**：新增加一行, 並將游標移到下一行的開頭。

在 insert mode 中, 就與其他文書編輯軟體一樣, 可以輸入文字。

6-2-2 儲存檔案、離開 vim

編寫好文件之後，接下來便要存檔及離開 vim，請按 Esc 鍵回到 normal mode，然後按 : 鍵進入 command-line mode，輸入 "w 檔案的路徑及名稱"：

如果要儲存既有檔案，則輸入 ":w" 即可

1 輸入 ":w /tmp/HelloWorld.c"，將文件儲存到 /tmp 目錄的 HelloWorld.c 檔

2 儲存完之後，再輸入 ":q" 離開

> **TIP** 您也可以直接輸入 ":wq"，則存檔之後，就會自動離開 vim。如果不想儲存，可以輸入 ":q!"，強制離開 vim。

進入 vim 後, 如何開啟既有文字檔?

如果您在進入 vim 之後, 想要開啟既有的檔案 (例如要開啟 /tmp 目錄中的 HelloWorld.c), 可以按 : 鍵進入 command-line mode, 然後輸入 "e 檔案的路徑及名稱":

──── 輸入 :e 及 HelloWorld.c 檔的路徑
和名稱, 然後按 Enter 鍵即可

> **TIP** 若要開啟新檔案, 請在 command-line mode 輸入 "n 檔案的路徑及名稱"。

07

帳號管理

Linux 屬於多人多工的作業系統，可讓不同的使用者從本地端登入。在網路上則允許使用者利用 telnet、ssh 等方式從遠端登入。無論是從本機或由遠端登入，使用者都必須在該台主機上擁有帳號才行。

　　本章會介紹系統的管理者與一般使用者的帳號，以及使用者的群組。

7-1　帳號簡介

　　雖然 Linux 是一個多人多工的系統, 但並不是所有人都可以隨意進入系統!想要使用 Linux 的使用者, 必須先取得一個合法的**使用者帳號**。以下我們先來認識一下帳號的功能, 及系統管理者帳號與一般使用者帳號間的差別。

7-1-1　為何要建立使用者帳號

　　在安裝 Linux 的過程中, 依發行版的不同, 有的安裝程式預設會建立一個系統管理者帳號, 並要求您建立一個使用者帳號。而有的安裝程式只會建立一個一般的使用者帳號, 該使用者可以使用 *sudo* 指令取得管理者 (root) 的權限。

　　若您的系統不只一個使用者會登入, 一般都會建立一個以上的帳號, 因為這樣可以幫助您更有效地管理系統:

● **掌控使用者身份**:剛剛說過, 要擁有帳號的使用者才可以登入系統。而帳號的申請、建立, 則必須透過系統管理者。藉由這樣的機制, 管理者便可以確實掌控得以進入系統的使用者身份。

● **資源共享, 不互相干擾**:由於 Linux 是允許多人共用的作業系統, 因此透過使用者帳號, 系統可以分別儲存使用者個人的環境設定, 讓每個使用者共同使用一部電腦時, 仍然可以依照自己的喜好、習慣工作, 不會互相干擾。

● **權限管制, 維護系統安全**:系統的管理者可以考量每個使用者的工作需要, 及系統運作狀況, 給予不同的操作權限, 讓系統保持在最佳狀態運作。

7-1-2 系統管理者帳號與一般使用者帳號的差別

經過前述的說明, 相信您可以發現, 同樣是帳號, 好像還是有差異, 能做的事也大大不同。沒錯, Linux 中的帳號主要分成 2 類, **系統管理者帳號**與**一般使用者帳號**。系統管理者的帳號名稱為 root, 具有對系統完全的控制權, 可以對系統做任何的設定及修改, 當然也可以決定哪些使用者可以進入系統, 並設定所有帳號的權限。以下我們就來看看這 2 類帳號的主要差異:

	系統管理者帳號	一般使用者帳號
帳號名稱	root	申請時自定, 但需由系統管理者建立, 例如:tony
家目錄位置	/root	預設為 "/home/帳號名稱", 例如: /home/tony
對檔案的權限	可讀取、修改系統中所有檔案及目錄, 並可修改所有檔案及目錄的權限	僅能讀取、修改具有權限的檔案及目錄
執行指令的權限	可執行系統中所有指令 (包括系統指令)	僅能執行具有權限的指令 (不包括系統指令)

TIP 再次提醒, "家目錄" 是每個使用者的專屬目錄, 個人擁有的儲存空間。可以讓您擺放個人設定檔及私人檔案。

實務經驗談

雖然在安裝系統時預設會建立 root 帳號, 但基於安全性的考量, 安裝時我們無法得知 root 帳號的密碼, 也就無法使用 root 帳號登入系統, 以避免使用 root 帳號登入, 在操作系統時不小心誤刪檔案或執行錯誤的指令。因此在平常使用時, 我們只能使用一般的使用者帳號登入, 並在必要時透過 *sudo* 指令來暫時取得 root 權限。

7-2　建立使用者帳號

建立使用者帳號有許多種方法，不管是要一次建立一個帳號，或是想要一次建多個帳號，本節都會告訴您如何操作。

7-2-1　使用 useradd 指令建立帳號

在 Linux 中，執行 *useradd* 指令，可建立新的使用者帳號：

```
tony@tony-ubuntu:~$ sudo useradd -m benny -s /bin/bash ◄─┐

        建立 benny 帳號，"-m" 參數會在 /home 下建立使用者家目錄，"-s /bin/bash"
        指定 shell 為 /bin/bash，shell 相關的說明可參考 3-1 節

[sudo] tony 的密碼：                    ◄── 輸入目前使用帳號的密碼以取得權限
tony@tony-ubuntu:~$ sudo passwd benny   ◄── 修改 benny 帳號的密碼
新 密碼：                               ◄── 輸入密碼
再次輸入新的 密碼：                      ◄── 再輸入一次
passwd：密碼成功變更                     ◄── 設定成功
```

 TIP　您也可以使用 *adduser* 指令建立帳號，其與 *useradd* 指令的用法完全相同。

在一個系統當中，使用者的帳號名稱必須是唯一的，假設要建立的帳號先被他人所佔用，則會出現使用者已存在的訊息：

```
tony@tony-ubuntu:~$ sudo useradd -m benny
useradd：「benny」使用者已存在
```

要解決使用者帳號的管理問題，就靠系統管理者本身自立自強囉！一般來說有 3 種方法：

● 管理者自己根據使用者的帳號來建立一份資料庫，爾後在新增使用者之前，都可利用資料庫先查詢帳號存在與否。

- 檢查 /etc 目錄下的 passwd 檔案, 該檔內含本系統所有使用者的帳號, 管理者可確認帳號是否已經存在。

- 執行 *finger* 帳號指令 (需另外安裝), 看看該帳號是否存在。

建立 guest 帳號

有時候某些人可能臨時需要使用系統。管理者沒有必要為了他們而特別建立新帳號, 但為了應付這些臨時性的需求, 可開放一個共用的帳號, 供這些不需要固定帳號的使用者登入。這種共用的帳號名稱通常設為 guest, 可用 *passwd -d guest* 指令取消密碼。在此 Linux 發行版中預設並無此帳號, 如有需要請自行建立。但是這種沒有密碼的帳號非常危險, 為了避免被惡意人士濫用, 建議您務必在伺服器上面設定限制 IP, 或是使用其他機制進行安全性管制。

7-2-2 編輯 passwd 與 shadow 檔案來建立帳號

使用 *useradd* 指令所建立的帳號, 實際上是儲存在 /etc 目錄下的 passwd 和 shadow 檔案中, 因此修改這 2 個檔案也能夠新增使用者帳號。

passwd 檔案的內容格式

在開始編輯檔案的內容之前, 我們需先瞭解 /etc/passwd 檔案的內容格式:

```
...
hplip:x:126:7:HPLIP system user,,,:/run/hplip:/bin/false
gdm:x:127:133:Gnome Display Manager:/var/lib/gdm3:/bin/false
tony:x:1000:1000:tony,,,:/home/tony:/bin/bash
sshd:x:128:65534::/run/sshd:/usr/sbin/nologin
benny:x:1001:1001::/home/benny:/bin/sh
```

每個使用者帳號在 passwd 檔案中都有 7 個欄位, 由左到右分別用冒號 (:) 隔開, 分別說明如下:

1. **帳號名稱**:此欄位為帳號名稱。passwd 檔的前面是系統內建帳號 (如 root帳號) 或常駐服務使用的帳號 (如 adm)。一般使用者的帳號放在後面, 且其第 3 個欄位的號碼 (使用者識別碼) 預設是由 1000 開始向上遞增。

2. **使用者密碼**:本來是一串看似亂碼的編碼字串, 啟用投影密碼之後, 只剩一個 "x" 字元, 密碼編碼字串改存放到 /etc/shadow 檔案裡, 只有 root 帳號有權讀取、修改, 以避免密碼編碼字串外流後被破解, 導致系統被入侵。

3. **使用者識別碼** (UID, User ID):系統使用 UID 來判別使用者, 故必須是唯一的號碼。編號 0 是 root 帳號的 UID;編號 1 ~ 499 則是系統保留給各種常駐服務和伺服器使用的 UID, 我們應避開不要混雜其中;而第一個分配給一般使用者的編號從 1000 開始。

4. **群組識別碼** (GID, Group ID):每個帳號皆屬於某一群組, 而每個群組也都有一個唯一的 GID 號碼供系統識別使用。例如 root 帳號所屬的 root 群組識別碼為 0, users 群組的識別碼是 100。此欄位即記錄該帳號所隸屬的群組。關於系統設定的 GID, 可以參考 /etc/group 檔案的內容。

5. **使用者相關資訊**:記錄使用者的姓名、電話與地址等資料。這部份可自行加入, 或保留空白。

6. **使用者家目錄**:每個使用者的家目錄, 通常預設的目錄名稱和使用者帳號相同, 方便管理者識別, 必要時亦可採用與帳號不一樣的名稱來建立目錄。

7. 使用者環境：使用者在文字模式下預設的 shell。可參考第 3 章。

在預設的情況下，任何使用者都可以讀取 /etc/passwd 檔案，我們用 ls 指令來查看一下：

```
tony@tony-ubuntu:~$ ls -l /etc/passwd
-rw-r--r-- 1 root root 2892  6月 12 12:36 /etc/passwd
```

TIP /etc 目錄下還會有 passwd- 檔，這是 passwd 的備份檔。當您需要復原原來 passwd 檔的內容時，可從這個檔案著手。

/etc/passwd 檔預設的權限是 "rw-r--r--"，表示所有使用者皆可讀取 (詳見第 4-3 節)，因為 passwd 檔內含 UID 與 GID 資訊，負責轉換擁有者 (owner) 和 UID 之間的關係，所以必須讓使用者能夠讀取。

以下筆者示範更改 passwd 檔權限前後的差別。更改前，使用者 tony 登入系統，並執行 *ls* 指令：

```
tony@tony-ubuntu:~$ ls -l
總用量 68
drwx------ 3 tony tony 4096  6月 10 14:05 snap
...
```

若管理者把 passwd 檔的權限更改為 "rw------"，只有 root 帳號方能讀取該檔案，那 tony 再登入系統後的情形會變成下面這樣：

```
我沒有名字！@tony-ubuntu:~$ ls -l
總用量 68
drwx------ 3 1000 tony 4096  6月 10 14:05 snap
...
```

不僅提示符號前的帳號名稱變成 "我沒有名字！"，檔案擁有者的名稱也變成了識別碼 1000 了！所以我們不應限制 passwd 的讀取權限，而應該啟用接下來介紹的投影密碼改善保密的問題。

7-2-3 shadow 檔案的內容格式

由於 passwd 檔案並不安全，因此在安裝 Linux 時，系統預設會啟動投影密碼的功能，將密碼存於另個檔案中。每當我們用 *useradd* 指令建立使用者帳號，系統不僅更動 passwd 檔案，同時還會修改 /etc/shadow 檔案。以下便是 shadow 檔案的部份內容：

```
...
hplip:*:19101:0:99999:7:::
gdm:*:19101:0:99999:7:::
tony:$y$j9T$RBx2bqg7Amc9ype7kVYQB/$JqfK9o78ZituQE9RU1zPf4Ei5ipx8MRlRlCVh
wO4Hd6:1
9149:0:99999:7:::
sshd:*:19153:0:99999:7:::
benny:$y$j9T$WAUL3lZOumpx9daB1qexW.$fb32Qfj6fBJmdJTDklHNdAjjG34coGIdd5BT
9URSUWD:
19155:0:99999:7:::
```

每個帳號在 shadow 檔案中都有 9 個欄位，分別用 8 個冒號 (:) 隔開，以下依欄位分別說明：

1. **帳號名稱**：此欄位為帳號的名稱。shadow 檔的前面是系統內建或常駐服務使用的帳號，例如 root、daemon。一般使用者的帳號名稱放在後面，例如 benny。

2. **使用者密碼**：此欄位中看起來好像一堆亂碼的字串，其實是編碼後的使用者密碼。若該帳號的密碼被取消了，則此欄為空白。傳統 Linux 系統預設最多只能使用 8 個字元的密碼，超過的部分沒有作用。但要破解 8 個字元的編碼並非不可能, 因此現在的 Linux 發行版預設都會使用投影密碼, 同時也啟用編碼。此 Linux 發行版預設是使用 **yescrypt** 編碼, 它讓您可以使用的密碼無字元個數上限, 要破解將難上加難。

 常見的編碼格式

由此欄位的前 3 個字元可以看出目前 shadow 檔案所使用的編碼格式:

- **1**:使用 **MD5** 編碼。

- **5**:使用 **SHA-256** 編碼。

- **6**:使用 **SHA-512** 編碼。

- **y**:使用 yescrypt 編碼。

3. **密碼最後變動的時間**:更改過密碼後, 系統會記錄最後變動的時間。此處的時間是從西元 1970 年 01 月 01 日算起的天數。例如 19155 代表已經過了 19155 天。

4. **密碼變動兩次之間, 至少需間隔的日數**:系統管理者可以限制使用者更改密碼的頻率。若在此欄輸入 30, 就表示更動後至少需間隔 30 天, 才能再次修改密碼。若為 0 則表示不限制。

5. **密碼變動過後, 距離下次一定要更改密碼的日數**:為求安全起見, 管理者也能要求使用者每隔幾天就需要更換密碼。輸入 90 代表距上次更改密碼 90 天後, 使用者就必須換一個新的密碼。預設為 99999 天, 表示可終身不用改密碼。

6. **離下次密碼必須變動日期前多少日，就開始警告使用者**：假設超過必須變換的日期，而使用者尚未更改密碼，這就是密碼逾期。管理者可以設定在逾期前幾天，系統就自動發出警告，提醒使用者更換密碼。此欄若設為 7，表示系統在密碼逾期前 7 天會發出警告。空白表示系統不會警告使用者密碼逾期。

7. **停權期限**：為避免使用者遲遲不肯更換密碼，管理者可以設定逾期的期限，超過期限之後，系統就自動把該使用者的帳號停權，不准登入。若設為 15 則表示密碼逾期後再過 15 天，該帳號將被停止使用。空白表示沒有期限，即使逾期也不會被停權。

8. **帳號的使用期限**：每個帳號都可以設定使用期限，超過期限後帳號便無法繼續使用。此處的時間也是從西元 1970 年 01 月 01 日起的天數。空白則表示沒有期限。

9. **最後一個欄位為保留欄位。**

 關閉、啟動投影密碼

若要關閉投影密碼功能，可執行 *pwunconv* 指令，將使用者的密碼從 shadow 檔寫回 passwd 檔。若要再啟動，則執行 *pwconv* 指令。

加入新的帳號記錄

根據前述 passwd 和 shadow 檔案欄位所代表之意義，我們可用文書編輯器，將新的使用者帳號加入 passwd 與 shadow 檔案。舉例來說，新增的帳號名稱為 silent，我們先在 passwd 檔案後面加上這一行：

```
silent:x:1002:100::/home/silent:/bin/bash
          ↑    ↑
         UID   使用原本已存在的 users 群組
```

存檔後接著編輯 shadow 檔案 (此檔唯讀, 請參考 6-2 節使用 vim 編輯, 編輯完成後執行 **:w!** 強制存檔)：

```
silent::19155:0:99999::::
```

這樣就產生一個 silent 的帳號, 該帳號的性質如下：

- 帳號名稱為 silent。

- 使用者識別碼為 1002。

- 隸屬於 users 群組, 群組識別碼為 100。

- 使用者家目錄位於 /home/silent。

- 採用 bash 做為使用者環境。

- 沒有密碼。

- 最後變動密碼的日期, 距離西元 1970 年 01 月 01 日有 19155 天。

- 隨時可更換密碼。

- 不用定期更換密碼。

- 系統不會警告使用者密碼逾期。

- 就算密碼逾期也不會被停權。

- 帳號沒有期限, 可以永遠使用。

請注意這只是一個範例, 您應該根據所需建立各項數值

最後請用 *passwd* 指令更改 silent 帳號的密碼, 並建立 /home/silent 目錄, 然後將設好的密碼通知該使用者即可。不過在建立 /home/silent 目錄時, 若單純用 *mkdir /home/silent* 指令, 則會缺少許多預設的檔案。因此筆者建議最好先以 *useradd* 指令建立一個樣板帳號, 可命名為 template。如此在 /home/template 目錄中就會有 .profile、.bashrc 等預設的檔案, 然後再將樣板目錄複製一份給新帳號即可。請如下操作:

```
tony@tony-ubuntu:~$ sudo useradd -m template ◄──── 建立樣板帳號, 此帳號不會有
...                                                人登入, 因此不需指定密碼
tony@tony-ubuntu:~$ sudo passwd silent      ◄──── 指定 silent 帳號的密碼
新 密碼:
再次輸入新的 密碼:                                    將樣板帳號的目錄
passwd: 密碼成功變更                                 複製給 silent
tony@tony-ubuntu:~$ sudo cp -r /home/template /home/silent ◄──┘
tony@tony-ubuntu:~$ sudo chown -R 1002.100 /home/silent ◄──┐
                                                          再將擁有者指定為 1002,
                                                          群組指定為 100
```

如果您喜歡以這種方式來建新的使用者, 則可保留 /home/template 目錄, 以後再建新的使用者目錄時就方便多了。

useradd 指令新增帳號時的基本設定

當使用 *useradd* 指令新增帳號時, 系統會自動將 /etc/skel 目錄下所有檔案複製到使用者的家目錄內, 所以 /etc/skel 的作用就等於上述 /home/template 樣板目錄。

那麼, *useradd* 指令新增新帳號的基本設定值, 例如是否要建立家目錄、密碼的最小長度...等, 是否可以自行修改呢?例如專職做為 Mail 伺服器的主機要建立使用者帳號時, 不想讓這些使用者登入主機也不需要建立使用者家目錄, 該如何設定呢?

→ 接下頁

這些設定都記錄在 /etc/login.defs 檔案中, 其內容如下：

```
...
PASS_MAX_DAYS 99999  ←── 設定密碼最多只能使用幾天，若超過此期限，系統
                         將設定此密碼到期，並強迫該使用者更換密碼

PASS_MIN_DAYS  0     ←── 設定新密碼幾天之後才能更改，"0" 為不設限
PASS_WARN_AGE  7     ←── 設定密碼到期前幾天開始提醒使用者需更改密碼
#PASS_MIN_LEN        ←── 指定密碼最短的長度
...
UID_MIN              1000  ┐
UID_MAX              60000 │
...                        ├── 指定可使用的 UID 與 GID
GID_MIN              1000  │   編號範圍
GID_MAX              60000 ┘
...
```

在 /etc/default/useradd 檔案中也有家目錄位置、使用者環境、樣板目錄…等預設值的設定：

```
...
# HOME=/home       ←── 設定家目錄的預設位置
...
SHELL=/bin/sh      ←── 指定預設的使用者環境
...
# SKEL=/etc/skel   ←── 設定樣板目錄的預設位置
```

7-3　管理者帳號

　　安裝 Linux 之後, 系統預設即建立了 root 帳號。在 7-1 節我們曾說過, 此帳號為系統管理者, 對系統擁有完全的控制權, 可對系統做任何設定和修改 (甚至摧毀整個系統), 所以維護 root 帳號的安全便格外重要。

7-3-1 設定 root 帳號之密碼

大多數的 Linux 發行版都不建議使用者直接以 root 的帳號登入系統, 除了可能因為不小心的操作 (例如誤刪重要的系統檔案) 而造成系統無法 正常運作之外, 也容易讓有心人士直接嘗試破解 root 帳號的密碼。

若您有特殊的原因需要設定 root 密碼, 可如下操作:

```
tony@tony-ubuntu:~$ sudo passwd root
新 密碼:                  ◄──── 輸入您的密碼
再次輸入新的 密碼:        ┐
passwd: 密碼成功變更       ┘◄── 設定 root 的密碼
```

一般是建議需要使用 root 權限的指令時搭配使用 *sudo* 指令來以 root 權限執行, 您在安裝 Linux 時設定的帳號預設就有執行 *sudo* 指令的 權限。但是您可能會發現另外建立的使用者帳號無法使用 *sudo* 指令, 會 出現如下的錯誤訊息:

```
benny@tony-ubuntu:~$ sudo ls ◄── 以帳號 benny 執行 sudo 指令
[sudo] benny 的密碼:
benny 不在 sudoers 檔案中。此事件將會回報。 ◄── 出現此錯誤訊息
```

主要是因為安裝 Linux 時, 系統會自動把您的帳號加入 **sudo** 群組 之中, 所以您可以使用 *sudo* 指令。若想讓其他新建的帳號也可以使用 *sudo* 指令, 筆者以設定 benny 帳號為例來說明:

```
tony@tony-ubuntu:~$ sudo usermod benny -G sudo ◄── 將 benny 帳號加入
                                                    "sudo" 群組
```

檢視 /etc/group 檔:

```
...
tape:x:26:
sudo:x:27:tony,benny    ◄── 帳號 benny 已加入 "sudo" 群組
audio:x:29:pulse
...
```

加入後 benny 就可以使用 *sudo* 指令了。

7-3-2 切換帳號、變換身份

在文字模式下, 使用一般帳號登入系統, 隨後想要轉變成管理者身份, 進行系統的相關設定時, 並不需要重新登入, 只要執行 *su* 指令並輸入 root 帳號的密碼, 即可轉換為 root 帳號。以下假設原本登入的帳號是 tony, 而要切換為 root：

這樣只是將登入的身份轉變為 root, 但目錄仍在原登入帳號 tony 的家目錄下, 若是想要變換身份時, 同時更改工作目錄, 則必須執行 *su* - 指令：

```
tony@tony-ubuntu:~$ sudo su -   ◄── 輸入指令切換至 root 帳號
[sudo] tony 的密碼：             ◄── 輸入目前使用者帳號的密碼
root@tony-ubuntu:~#
        │
        └── 切換到 root 的家目錄, 所有環境都完全轉變為 root 了
```

倘若要切換成其他使用者, 請在 *su* - 指令後加上該使用者的帳號：

```
tony@tony-ubuntu:~$ su - lambert
密碼：                          ◀── 輸入 lambert 帳號的密碼
lambert@tony-ubuntu:~$         ◀── 轉變成 lambert 帳號
```

7-3-3 只允許 root 登入的維護模式

如果希望這台電腦除了 root 帳號之外, 其他帳號都不得登入時, 可在 /etc 目錄中執行 *touch nologin* 指令, 產生一個檔名為 nologin 的檔案。當其他使用者欲登入時, 系統只要發現此檔存在, 就會禁止他們登入：

```
Ubuntu 22.04 LTS tony-ubuntu tty3

free login: benny     ◀── 用 benny 帳號登入

Login incorrect       ◀── 登入錯誤
free.flag.com.tw login:
```

這種狀況通常用於管理者要維護系統時。若要再度恢復使用者登入, 則只要將 nologin 檔刪除即可 (或重新開機後, 系統即會直接刪除 nologin 檔, 恢復使用者登入)。

7-3-4 單人模式 - 忘記 root 密碼時的救星

單人模式 (Single User Mode) 是最精簡的開機模式, 系統不會啟用網路卡、顯示卡等硬體配備, 也不會執行使用者認證的機制, 所以如果忘記 root 帳號的密碼, 便可以使用單人模式來重新設定密碼。在開機顯示 GRUB 畫面時, 先按 Esc 或 Shift 鍵進入 GRUB 開機選單：

1 選擇此項並按 [e] 鍵

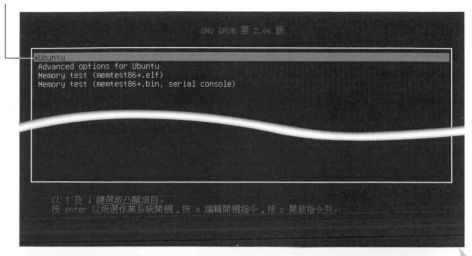

2 在 linux 這行的最後加上 "rw init=/bin/bash" 參數：

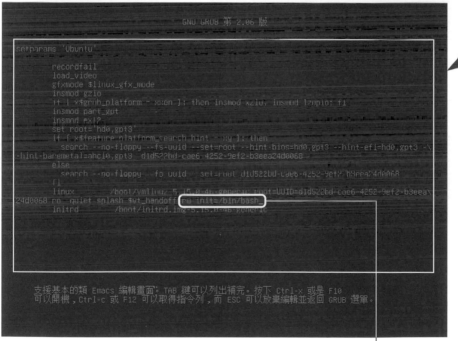

修改完成後, 請按 [Ctrl] + [x] 鍵啟動系統 (或按 [F10] 鍵), 即可進入單人模式。

管理者若忘了 root 帳號的密碼, 可以先使用單人模式進入系統, 然後依下面的方式來操作:

1 輸入 *passwd root* 指令重設 root 密碼

```
[    0.886354] piix4_smbus 0000:00:07.3: SMBus base address uninitialized - upgr
ade BIOS or use force_addr=0xaddr
/dev/sda3: clean, 220927/8290304 files, 3423161/33160192 blocks
bash: cannot set terminal process group (-1): Inappropriate ioctl for device
bash: no job control in this shell
root@(none):/# passwd root
New password:
Retype new password:
passwd: password updated successfully
root@(none):/#
```

密碼重設成功

2 輸入新的密碼

修改後, 按電腦主機的 reset 鍵重新開啟電腦即可。

7-4 停用與移除使用者帳號

當使用者畢業、離職或是逾期不繳費時, 我們可以考慮停用或是刪除使用者帳號, 以避免這些使用者繼續登入系統。

7-4-1 停用帳號

將帳號停用的意思是暫時不允許使用者登入系統, 但仍然保留其資料。我們可編輯 /etc/passwd 檔案, 將該使用者的密碼欄位由 "x" 字元改為 "*" 字元:

```
...
sshd:x:128:65534::/run/sshd:/usr/sbin/nologin
benny:*:1001:1001::/home/benny:/bin/bash
```
└─ 將此欄位由 "x" 改為 "*"

7-4-2 刪除帳號

當確定使用者已不再需要使用本系統, 或是列為拒絕往來戶時, 可考慮將該帳號完全刪除。

刪除帳號前要注意, 使用者是否仍有程式在系統上執行, 或是設定排程程式在固定時間執行工作？在刪除帳號前, 必須先刪除這些與該帳號相關的程式及工作排程, 否則刪除帳號後, 系統有可能因為這些無主程式造成錯誤或是系統不穩, 更確保該帳號不會被有心人士植入特洛依木馬程式, 而造成系統後門大開。

刪除背景執行程式

在刪除帳號前, 為了避免使用者還有程式遺留在系統中, 請執行下列指令檢查背景執行的程式, 並把在背景中執行的程式刪除 (在此筆者以刪除 silent 使用者帳號為範例)：

```
tony@tony-ubuntu:~$ sudo ps -u silent
```

上面這個指令會列出使用者 silent 執行的全部程式, 我們可以看見類似以下的結果：

```
 PID TTY          TIME CMD
2609 pts/7    00:00:00 bash  ◄──── 有程式在執行
```

要刪除這些程式, 可執行 *kill* 指令：

```
tony@tony-ubuntu:~$ sudo kill -9 2609  ◄── 刪除程式的 PID
```

刪除排程工作

還有一點相當重要，就是要將使用者所設定的排程工作移除。在 Linux 系統中，使用者可以自行設定排程工作，時間一到就自動執行某些指令 (詳見第 12 章)。這些排程工作所執行的指令，有的或許會影響系統之安全與保密，因此我們必須特別注意使用者所留下來的排程工作。請執行下列指令檢查排程工作：

```
tony@tony-ubuntu:~$ sudo crontab -u silent -l
0,30 * * * * date  ◀── 每當整點、30 分時就會在背景執行 date 指令
```

當發現使用者自行設定的排程工作還在系統中時，直接執行 *sudo crontab -u 使用者名稱 -r* 指令，便能刪除該使用者的排程設定檔案。

刪除使用者的帳號與檔案

確定該使用者已經沒有在背景執行的程式、排程工作之後，最後我們要刪除使用者的帳號。在刪掉帳號前要先考慮到除了家目錄外，使用者的檔案也可能散落在系統內其他的目錄 (如 /tmp 和 /var/tmp)，我們可以使用下列指令找到並且刪除所有該使用者的檔案：

```
tony@tony-ubuntu:~$ sudo find / -user silent -print -exec rm -rf {} \; ◀
                                  刪除屬於 silent 的全部檔案 ──┘
```

清除了使用者所有可能留在系統中的檔案，最後就可以放心地刪除使用者帳號了。我們使用 *userdel* 指令可以很方便地將使用者刪除：

```
tony@tony-ubuntu:~$ sudo userdel silent
```

此指令可以加上參數 "-r"，表示刪除帳號時，一併將該帳號的家目錄及郵件檔案 (位於 /var/spool/mail 目錄中的同名檔案) 都刪除。由於我們

已自行清除使用者檔案, 所以此處不加 "-r" 參數, 則只會刪除帳號而不處理該帳號的相關目錄。

當然我們亦可直接編輯 passwd 和 shadow 檔案將帳號刪除, 並請記得隨後馬上刪除該帳號之家目錄與郵件檔案。

7-5 自訂群組

您可以讓每個使用者都擁有自己專屬的群組, 也能將新增的使用者統一編入一般使用者的 users 群組。實際上我們可依不同的性質自行建立群組, 例如 staff 與 student 群組, 或是 group1、group2 和 group3 群組, 視情況所需而分門別類。當檔案或目錄隸屬於不同群組時, 群組的使用者也會受到群組權限的限制 (關於使用者與群組的權限設定, 請參考 4-3 節)。

7-5-1 group 檔的內容格式

系統除了 root 帳號的 root 群組, 及一般使用者的 users 群組之外, 還有許多其他的群組, 詳細內容都記錄在 /etc/group 檔案中:

```
root:x:0:
daemon:x:1:
bin:x:2:
...
users:x:100:
nogroup:x:65534:
...
tony:x:1000:
sambashare:x:135:tony
plocate:x:136:
benny:x:1001:
```

檔案內的每一筆紀錄可分為 4 個欄位, 由左到右分別用冒號 (:) 隔開：

1. **群組名稱**：例如 root、users、bin、tony...等, 都是群組的名稱。

2. **密碼**：設定加入該群組的密碼, 一般不會用到。

3. **群組識別碼**：就是 GID。系統會給每個群組一個編號, 如 users 群組的編號為 100。

4. **使用者帳號**：隸屬此群組的使用者帳號, 一個使用者可同時隸屬於多個群組。一般自建群組的這一欄通常為空白, 表示該群組的使用者是定義在 /etc/passwd 檔中。

7-5-2 建立群組

建立群組的方法和建立帳號幾乎相同, 且過程更簡單。我們可執行 ***groupadd*** 指令來建立群組。例如要建立 GID 編號 1100, 名稱為 classroom 的群組：

```
tony@tony-ubuntu:~$ sudo groupadd -g 1100 classroom  ◄─── 執行指令
tony@tony-ubuntu:~$ cat /etc/group                    ◄─── 查看結果
...
lambert:x:1004:
silent:x:1005:
classroom:x:1100:                                     ◄─── 加進來了
```

參數 -g 用來指定群組識別碼, 0 ～ 1000 請保留給系統使用。若省略此參數, 則系統會自動指定 GID, 從目前最大編號的下一號開始, 使用尚未用掉的號碼。

08

設定 Internet 連線

本章將為讀者說明如何使 Linux 系統連上 Internet，讓您的 Linux 作業系統也能悠遊於網際網路的大海中。

　　若您將 Linux 安裝在如 VirtualBox 的虛擬機器上，可能會缺少像是無線網路這樣的網路介面。因此筆者本章以將 Linux 安裝在實體機器為例來說明，介紹常用網路介面的設定方式。

安裝網路相關套件

Ubuntu 預設沒有安裝 *ifconfig* 指令 (位於 net-tools 套件中), 這個指令可以讓您檢視所有網路介面的狀態。請您如下安裝：

```
tony@tony-ubuntu:~$ sudo apt-get install net-tools  ◄── 安裝 net-tools 套件
[sudo] password for tony:        ◄── 輸入您的密碼
```

8-1 非固定制寬頻上網

現在已經有許多人申請了 ADSL 或光纖, 享受不限時數的 xDSL 寬頻上網方式。Linux 當然也可以使用 xDSL 上網, 本節主要是介紹如何使用非固定制 (或稱計時制、撥接制) 的寬頻上網, 若您是固定制的光纖或 ADSL 用戶, 請參考 8-2 節。部份 ISP 也提供非固定制用戶以 DHCP 上網, 如果您使用此方式, 請參考 8-3 節設定。

8-1-1 安裝 pppoeconf 套件

安裝 pppoeconf 套件可以幫助我們設定撥接 xDSL, 請如下操作：

```
tony@tony-ubuntu:~$ sudo apt-get install pppoeconf  ◄── 安裝 pppoeconf 套件
[sudo] password for tony:        ◄── 輸入您的密碼
正在讀取套件清單... 完成
正在重建相依關係... 完成
正在讀取狀態資料... 完成
下列的額外套件將被安裝：
  ifupdown
建議套件：
  rdnssd xdialog
下列新套件將會被安裝：
  ifupdown pppoeconf
                                              → 接下頁
```

升級 0 個，新安裝 2 個，移除 0 個，有 0 個未被升級。

需要下載 103 kB 的套件檔。

此操作完成之後，會多佔用 444 kB 的磁碟空間。

是否繼續進行 [Y/n]？[Y/n] **y** ◀── 輸入 "y" 繼續安裝

8-1-2 設定 xDSL 撥接

　　安裝好 pppoeconf 套件後, 就可以設定使用 xDSL 撥接上網了。請如下操作：

tony@tony-ubuntu:~$ **sudo pppoeconf** ◀── 輸入 *pppoeconf* 指令

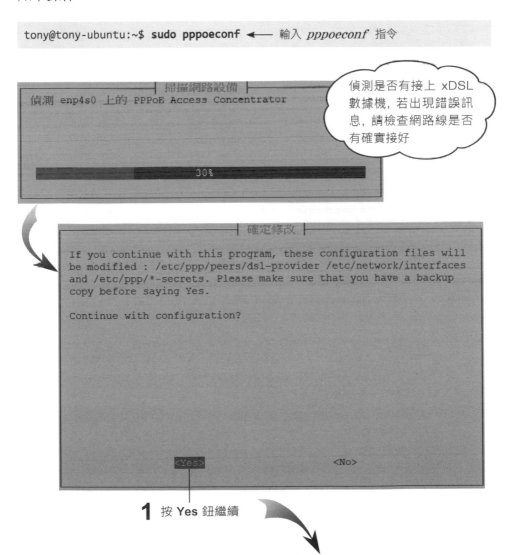

偵測是否有接上 xDSL 數據機, 若出現錯誤訊息, 請檢查網路線是否有確實接好

1 按 Yes 鈕繼續

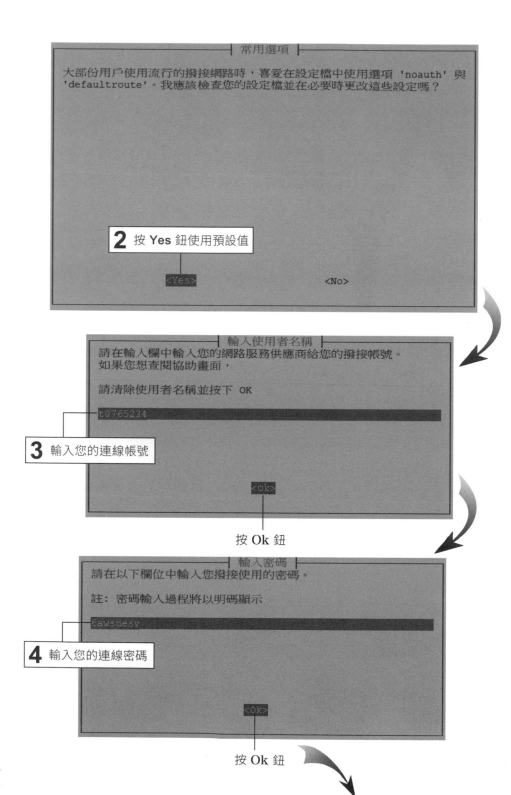

│ 常用選項 │

大部份用戶使用流行的撥接網路時，喜愛在設定檔中使用選項 'noauth' 與
'defaultroute'。我應該檢查您的設定檔並在必要時更改這些設定嗎？

2 按 Yes 鈕使用預設值

`<Yes>`　　　　　　　　　　`<No>`

│ 輸入使用者名稱 │

請在輸入欄中輸入您的網路服務供應商給您的撥接帳號。
如果您想查閱協助畫面，

請清除使用者名稱並按下 OK

t0765234

3 輸入您的連線帳號

`<Ok>`

按 Ok 鈕

│ 輸入密碼 │

請在以下欄位中輸入您撥接使用的密碼。

註：密碼輸入過程將以明碼顯示

6awsdesv

4 輸入您的連線密碼

`<Ok>`

按 Ok 鈕

使用配發 DNS

您至少需要一個名稱伺服器 IP 位址來查詢主機名稱。
通常您的網路供應商在網路連線時會自動提供給您幾組可用的伺服器。 您想自動加入這些名稱伺服器位址到您的
/etc/resolv.conf 檔案嗎？(建議使用)

5 按 Yes 鈕, 使用網路供
應商提供的名稱伺服器 　　　<Yes>　　　　　　　　　<No>

限制 MSS 障礙

許多網路供應商不支援 TCP 的網路封包的 MSS(maximum segment size)
大於 1460 。通常，發出去的封包如果通過真正的乙太網路 MSS 會大於
預設的 MTU 大小(1500)

不幸的是，如果您轉運其他主機的封包(像是 masquerading)，那麼 MSS
可能會因為轉發到路由器及客戶端主機而增長。所以您的客戶端主機可能
沒辦法連上某些網站。所以如果您的客戶主機無法連上某些站台。這裡提
供一個方案：限制最大的 MSS 大小。您可以在 pppoe 文件中找到這些技
術細節。

pppoe 應該把 MSS 大小限制為 1452 位元組嗎？

如果不確定，請按下確定
(如果您對於以上所描述的狀況還有問題，請更改 dsl-provider 檔案，
將限制修改為 1412)

6 按 Yes 鈕, 使用預設值 ─<Yes>　　　　　　　　　<No>

完成

您的 PPPD 已經設定妥當。您想在開機的時候就啟動連線嗎？

7 按 Yes 鈕設定
開機自動連線 　　　　　<Yes>　　　　　　　　　<No>

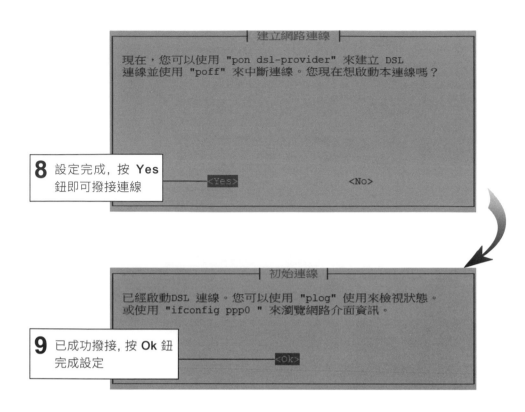

8 設定完成, 按 **Yes**
鈕即可撥接連線

9 已成功撥接, 按 **Ok** 鈕
完成設定

您可如下檢查是否正常撥接連線成功:

```
tony@tony-ubuntu:~$ ifconfig
...
ppp0: flags=4305<UP,POINTOPOINT,RUNNING,NOARP,MULTICAST>  mtu 1492
網路撥接介面
      inet 203.73.73.27  netmask 255.255.255.255  destination 203.73.73.1
           確實有取得 IP

      ppp  txqueuelen 3  (Point-to-Point Protocol)
      RX packets 9  bytes 294 (294.0 B)
      RX errors 0  dropped 0  overruns 0  frame 0
      TX packets 8  bytes 228 (228.0 B)
      TX errors 0  dropped 0 overruns 0  carrier 0  collisions 0
...
```

8-1-3 中斷撥接連線

若您要中斷撥接連線, 可使用 *sudo poff* 指令:

```
tony@tony-ubuntu:~$ sudo poff  ◀── 中斷撥接連線
tony@tony-ubuntu:~$ ifconfig  ◀── 檢視網路狀態
enp4s0: flags=4163<UP,BROADCAST,RUNNING,MULTICAST>  mtu 1500
...

lo: flags=73<UP,LOOPBACK,RUNNING>  mtu 65536
...

wlp2s0: flags=4163<UP,BROADCAST,RUNNING,MULTICAST>  mtu 1500
...
```

你可發現 ppp0 網路撥接介面已經消失了。

8-1-4 重新撥接連線

中斷撥接連線後, 除了重新開機可以自動撥接上網外, 執行 *sudo pon dsl-provider* 指令也可以在不重新開機的狀態下, 再次連上 xDSL:

```
tony@tony-ubuntu:~$ sudo pon dsl-provider  ◀── 撥接連上 xDSL
Plugin rp-pppoe.so loaded.
tony@tony-ubuntu:~$ ifconfig
...
ppp0: flags=4305<UP,POINTOPOINT,RUNNING,NOARP,MULTICAST>  mtu 1492
    │
  重新撥接上了
    inet 203.73.73.89  netmask 255.255.255.255  destination 203.73.73.1
         │
       取得新的 IP

    ppp  txqueuelen 3  (Point-to-Point Protocol)
    RX packets 11  bytes 374 (374.0 B)
    RX errors 0  dropped 0  overruns 0  frame 0
```

→ 接下頁

```
         TX packets 8  bytes 228 (228.0 B)
         TX errors 0  dropped 0 overruns 0  carrier 0  collisions 0
...
```

8-2　利用專線或固定制寬頻上網

本節將介紹如何在文字模式下修改網路卡的設定值, 讓專線或固定制
的用戶連線上網。

8-2-1　檢視網路介面的狀態

在設定之前, 請先執行 *nmcli connection show* 指令, 檢視您網路
介面的狀態:

您也可以執行 *nmcli device status* 指令, 檢視所有網路介面的狀態:

```
tony@tony-ubuntu:~$ nmcli device status
DEVICE          TYPE        STATE       CONNECTION
enp3s0          ethernet    離線        --
    ┌── "enp3s0" 為我們要設定的網路介面, 及它目前的狀態
       "enp3s0" 為筆者的有線網路介面, 您的名稱可能會不相同

wlp5s0          wifi        離線        --
p2p-dev-wlp5s0  wifi-p2p    離線        --
lo              loopback    不受管理    --
```

8-2-2 設定 IP 位址

請先準備好 ISP 提供的 IP 位址、網路遮罩及預設閘道位址等資訊。假設筆者要設定的 IP 位址為 10.10.10.100、網路遮罩為 255.0.0.0 (可簡寫為 8)、預設閘道位址為 10.10.10.1。接著如下設定：

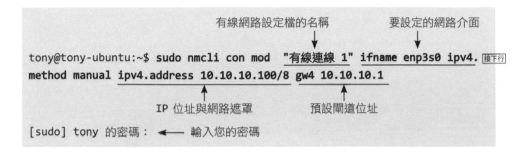

8-2-3 設定 DNS 伺服器

接著我們要設定 DNS 伺服器, 假設筆者要將 DNS 伺服器設為 Google 提供的 8.8.8.8, 請如下操作：

```
tony@tony-ubuntu:~$ sudo nmcli con mod "有線連線 1" ipv4.dns 8.8.8.8
```
                            有線網路設定檔的名稱   DNS 伺服器的 IP 位址

8-2-4 啟動連線

設定好後, 需啟動連線設定才會套用, 請如下操作：

```
tony@tony-ubuntu:~$ sudo nmcli con up id "有線連線 1"  ◀── 啟動 "有線連線 1"
                                                              網路設定檔
連線已成功啟用 (D-Bus 啟用路徑：/org/freedesktop/NetworkManager/
ActiveConnection/3)
tony@tony-ubuntu:~$ nmcli device status  ◀── 檢視所有網路介面的狀態
```
                                                          → 接下頁

```
DEVICE              TYPE        STATE       CONNECTION
wlp5s0              wifi        離線        --
enp3s0              ethernet    已連線      有線連線 1   ←── 已連線
p2p-dev-wlp5s0      wifi-p2p    離線        --
...
```

執行 *ifconfig* 及 *route -n* 指令可檢查設定是否正確：

```
tony@tony-ubuntu:~$ ifconfig
enp3s0: flags=4163<UP,BROADCAST,RUNNING,MULTICAST>  mtu 1500
        inet 10.10.10.100  netmask 255.0.0.0  broadcast 10.255.255.255
             ‾‾‾‾‾‾‾‾‾‾‾‾           ‾‾‾‾‾‾‾‾‾
                  ↑                     ↑
              IP 位址               網路遮罩
        inet6 fe80::a61c:3a28:8957:6099  prefixlen 64  scopeid 0x20<link>
        ether 44:8a:5b:40:88:b7  txqueuelen 1000  (Ethernet)
        RX packets 411  bytes 93419 (93.4 KB)
        RX errors 0  dropped 18  overruns 0  frame 0
        TX packets 1836  bytes 308876 (308.8 KB)
        TX errors 0  dropped 0 overruns 0  carrier 0  collisions 0
        device interrupt 19
...


tony@tony-ubuntu:~$ route -n
Kernel IP routing table
Destination      Gateway         Genmask        Flags  Metric  Ref    Use Iface
0.0.0.0          10.10.10.1      0.0.0.0        UG     20100   0      0 enp3s0
                 ‾‾‾‾‾‾‾‾‾
                     ↑
                 預設閘道位址

10.0.0.0         0.0.0.0         255.0.0.0      U      100     0      0 enp3s0
169.254.0.0      0.0.0.0         255.255.0.0    U      1000    0      0 enp3s0
```

或是使用 *nmcli device show* 指令也可以檢視設定是否正確：

```
tony@tony-ubuntu:~$ nmcli device show

GENERAL.DEVICE:                    enp3s0
GENERAL.TYPE:                      ethernet
```
→ 接下頁

```
GENERAL.HWADDR:                    44:8A:5B:40:88:B7
GENERAL.MTU:                       1500
GENERAL.STATE:                     100 (已連線)
GENERAL.CONNECTION:                有線連線 1
GENERAL.CON-PATH:                  /org/freedesktop/NetworkManager/
ActiveConnection/81
WIRED-PROPERTIES.CARRIER:          開
IP4.ADDRESS[1]:                    10.10.10.100/8 ◀━━ IP 位址與網路遮罩
IP4.GATEWAY:                       10.10.10.1     ◀━━ 預設閘道位址
...
```

8-3　在 ADSL、Cable 或 IP 分享器的環境下以 DHCP 上網

　　Cable 或 IP 分享器都是使用 DHCP 的方式, 自動分配 IP 給用戶端的電腦, 因此用戶不必記許多複雜的設定參數, 只要設定成 DHCP 後, 開機即可自動上網, 相當的方便。此外近來部份 ADSL 也開始採用 DHCP 的方式上網, 用戶不需要再執行撥接程式, 佔用寶貴的系統資源。本節將為您介紹如何設定 DHCP 的上網方式。

TIP ADSL 與 Cable 的用戶不需設定您的數據機, 但是如果您加裝了 IP 分享器, 請先參考使用手冊設定 IP 分享器。

　　在預設的情況下, 有線網路的連線設定已經是設為以 DHCP 的方式上網了, 您只需將網路線接上電腦就可以自動取得 IP 位址、網路遮罩、預設閘道位址及 DNS 伺服器等資訊。若您之前是依照 8-2 節的說明設定為以固定 IP 的方式上網, 而現在想要改成用 DHCP 的方式上網, 請如下操作:

```
tony@tony-ubuntu:~$ nmcli device status  ◄──── 檢視所有網路介面的狀態

DEVICE          TYPE       STATE       CONNECTION
enp3s0          ethernet   已連線       有線連線 1  ◄── 目前已設定為固定 IP
wlp5s0          wifi       離線         --
p2p-dev-wlp5s0  wifi-p2p   離線         --
lo              loopback   不受管理      --
```

我們要將 "enp3s0" 這個有線網路介面的網路設定由固定 IP 改為
DHCP, 請如下修改:

```
tony@tony-ubuntu:~$ sudo nmcli con mod "有線連線 1" ifname enp3s0 接下行
ipv4.method auto ipv4.address "" gw4 ""          修改連線設定檔    有線網路介面

      設定為自動取得 IP  將 IP 位址清除  清除預設閘道位址


[sudo] tony 的密碼:  ◄──── 輸入您的密碼
tony@tony-ubuntu:~$ sudo nmcli con down "有線連線 1"  ◄──── 停用連線
連線「有線連線 1」已成功停用 (D-Bus 啟用路徑: /org/freedesktop/
NetworkManager/ActiveConnection/1)
tony@tony-ubuntu:~$ sudo nmcli con up "有線連線 1"   ◄──── 重新啟用連線讓設
定生效
連線已成功啟用 (D-Bus 啟用路徑: /org/freedesktop/NetworkManager/
ActiveConnection/3)
tony@tony-ubuntu:~$ ifconfig ◄── 檢視網路狀態
enp3s0: flags=4163<UP,BROADCAST,RUNNING,MULTICAST>  mtu 1500
        inet 172.16.146.160  netmask 255.255.240.0  broadcast 172.16.159.255

                     成功取得 IP 相關資料

        inet6 fe80::6ace:1cbc:f21c:705d  prefixlen 64  scopeid 0x20<link>
        ether 44:8a:5b:40:88:b7  txqueuelen 1000  (Ethernet)
        RX packets 188150  bytes 19905372 (19.9 MB)
        RX errors 0  dropped 6568  overruns 0  frame 0
        TX packets 509  bytes 133010 (133.0 KB)
        TX errors 0  dropped 0 overruns 0  carrier 0  collisions 0
        device interrupt 19
...
```

這樣您已經成功將有線網路設定為透過 DHCP 的方式上網了，只要開機就會自動取得 IP 位址等相關資訊。

 如何辨別上網的方式？

若您分辨不出使用的是何種上網方式，只要把握一個原則：**Windows 下怎麼上網，Linux 下就怎麼上網。**

以中華電信光世代為例，若您在 Windows 下需要設定 IP 位址等相關資訊才能上網，那麼您使用的應該是固定制方案，請參考 8-1 節的說明設定。若在 Windows 下需要設定 PPPoE 上網，那麼應該是使用非固定制方案，請參考 8-2 節的說明設定。

若您的 Windows 只要接上網路線就能上網，那麼您也不用管是用中華電信的什麼方案，直接參考 8-3 節以 DHCP 的方式上網即可。

8-4 使用無線網路上網

現在很多地方都有提供無線上網的熱點 (HotSpot)，您只要帶著含無線網路卡的筆記型電腦或行動裝置即可上網。申請光纖寬頻時，無線網路基地台 (Access Point, AP) 也都成為贈品之一了，因此收起主機後面的網路線，讓 Linux 也能體驗無線網路的便利。

此外，Andriod 或 iPhone 手機也都可以設定分享 4G/5G 上網，將手機設為熱點。因此無線網路有很大的機會可以直接取代有線網路，很多輕薄型的筆記型電腦預設也都取消有線網路的裝置了。

8-4-1 安裝無線網路卡

Linux 發展至今對於無線網路卡的支援程度大幅增強, 已經內建支援相當多 PCI、USB 的無線網路卡, 不需要額外加裝驅動程式。若您的電腦或筆記型電腦的無線網路卡無法正常運作, 可考慮直接購買外接式的 USB 無線網路卡, 這類卡一般都會特別標示是否支援 Windows、Mac OS 或 Linux。

TIP 關於各廠牌無線網路卡在 Linux 上的支援程度, 請參考 https://wireless. wiki.kernel.org/en/users/drivers 網站。

或是您可參考 Intel 網站 https://www.intel.com.tw/content/www/ tw/zh/support/articles/000005511/wireless.html, 直接選購有支援的無線網路卡。Intel 的網站會列出每個無線網路卡型號在 Linux 哪一個核心版本以上可以支援的資訊, 這樣您就不需要額外安裝驅動程式了。

請將您的網路卡安裝到電腦, 然後如下檢查系統是否正確驅動無線網路卡:

```
tony@tony-ubuntu:~$ nmcli device status
DEVICE            TYPE        STATE      CONNECTION
wlp5s0            wifi        離線        --
  ↑
無線網路介面 ("wlp5s0" 為筆者的無線網路卡名稱, 您的可能會有所不同)

p2p-dev-wlp5s0    wifi-p2p    離線        --
enp3s0            ethernet    無法使用     --
lo                loopback    不受管理     --
```

8-4-2 無線網路連線

確定有偵測到無線網路卡後，請如下設定連線。首先我們要列出無線
網路基地台列表：

```
tony@tony-ubuntu:~$ nmcli device wifi list
IN-USE  BSSID              SSID           MODE   CHAN  RATE        SIGNAL
BARS      SECURITY
        CC:2D:21:42:6E:11  LDS_TEST       Infra  2     130 Mbit/s  100
▃▅▆█     WPA1 WPA2
        16:EB:B6:A1:83:B4  --             Infra  4     405 Mbit/s  100
▃▅▆      WPA1 WPA2
        14:EB:B6:D1:83:B4  TP-Link_test   Infra  4     405 Mbit/s  100
▃▅▆█     WPA1 WPA2
        3E:9A:7C:B3:EF:CF  Caffeine_A51A261  Infra  6  65 Mbit/s   100
▃▅▆      WPA2
        E4:46:DA:E8:8E:1C  Caffeine-MIX2  Infra  8     117 Mbit/s  100
▃▅▆█     WPA2
        00:26:5A:F9:B4:9C  dlink DGL-4500 Infra  3     130 Mbit/s  97
▃▅▆█     WPA1 WPA2
...
```

無線網路基地台的 SSID 名稱

假設筆者想連接 "Caffeine-MIX2" 這個無線網路基地台：

```
tony@tony-ubuntu:~$ sudo nmcli dev wifi connect "Caffeine-MIX2" 接下行
password "password1234"
```

無線網路基地台的密碼   無線網路基地台的
                            SSID 名稱

[sudo] tony 的密碼： ◀── 輸入您的密碼
裝置「wlp5s0」已成功以「bbb15528-32b8-410a-a357-ed167dc417e1」啟用。◀──
                                                            已成功連上

您可如下檢查是否有正常取得 IP 位址等相關資訊：

```
tony@tony-ubuntu:~$ ifconfig
wlp5s0: flags=4163<UP,BROADCAST,RUNNING,MULTICAST>  mtu 1500
        inet 192.168.43.184  netmask 255.255.255.0  broadcast 192.168.43.255
```
                                    成功取得 IP 相關資料
```
        inet6 2403:c300:5e09:d740:1f47:1b70:5752:41bf  prefixlen 64
scopeid 0x0<global>
        inet6 2403:c300:5e09:d740:48ec:a351:f366:787c  prefixlen 64
scopeid 0x0<global>
        inet6 fe80::89ee:a3bb:a5cb:1081  prefixlen 64  scopeid 0x20<link>
        ether 6c:71:d9:03:08:47  txqueuelen 1000  (Ethernet)
        RX packets 5393  bytes 1778704 (1.7 MB)
        RX errors 0  dropped 0  overruns 0  frame 0
        TX packets 1520  bytes 190613 (190.6 KB)
        TX errors 0  dropped 0 overruns 0  carrier 0  collisions 0
```

8-5 網路連線問題排解

逐步設定後, 您仍有可能發生無法順利連上網路的問題。由於無法連上網路的原因有很多種, 本節將依標準的除錯順序, 檢查網路卡是否正確驅動、設定錯誤或是 ISP 本身的問題。若是您設定好網路卻不能上網, 可使用 root 帳號依下列步驟查詢, 來判斷問題是出在哪一個環節?

1. 執行 ifconfig 指令, 確定網路卡有啟動且設定正確:

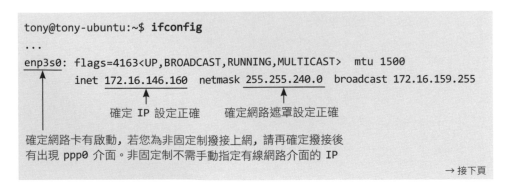

```
tony@tony-ubuntu:~$ ifconfig
...
enp3s0: flags=4163<UP,BROADCAST,RUNNING,MULTICAST>  mtu 1500
        inet 172.16.146.160  netmask 255.255.240.0  broadcast 172.16.159.255
```
            確定 IP 設定正確   確定網路遮罩設定正確

確定網路卡有啟動, 若您為非固定制撥接上網, 請再確定撥接後
有出現 ppp0 介面。非固定制不需手動指定有線網路介面的 IP

→ 接下頁

```
        inet6 2403:c300:5e09:d740:1f47:1b70:5752:41bf  prefixlen 64
scopeid 0x0<global>
        inet6 2403:c300:5e09:d740:48ec:a351:f366:787c  prefixlen 64
scopeid 0x0<global>
        inet6 fe80::89ee:a3bb:a5cb:1081  prefixlen 64  scopeid 0x20<link>
        ether 6c:71:d9:03:08:47  txqueuelen 1000  (Ethernet)
        RX packets 832  bytes 1041502 (1.0 MB)
        RX errors 0  dropped 0  overruns 0  frame 0
        TX packets 631  bytes 71433 (71.4 KB)
        TX errors 0  dropped 0 overruns 0  carrier 0  collisions 0
```

如果網路卡沒有啟動, 有可能是沒有正確驅動或是功能暫時停用, 您可執行下列指令啟動網路服務:

```
tony@tony-ubuntu:~$ sudo systemctl restart NetworkManager ◀—— 重新啟動所有
                                                                的網路服務
```

執行如下的指令也有相同的效果:

```
tony@tony-ubuntu:~$ sudo nmcli networking off ◀—— 先關閉網路服務
tony@tony-ubuntu:~$ sudo nmcli networking on ◀—— 再啟動網路服務
```

2. **執行 ping 指令, 確定區域網路正常**:如果您是使用非固定式 xDSL 或 Cable, 可略過此項。例如:

```
tony@tony-ubuntu:~$ ping 192.168.43.176 ◀—— 查詢同一區域網路內的主機
PING 192.168.43.176 (192.168.43.176) 56(84) bytes of data.
64 bytes from 192.168.43.176: icmp_seq=1 ttl=64 time=11.6 ms
64 bytes from 192.168.43.176: icmp_seq=2 ttl=64 time=2.16 ms
                            ↑
                 有回應表示正常, 請按 [Ctrl] + [C] 終止
...
```

若有錯誤, 表示您的網路設備可能有故障, 請檢查網路線、集線器是否正常。

3. **執行 route 指令，確定閘道器 IP 位址設定正確**：閘道器為通往網際網路的通道，通常為路由器或是具有路由功能的電腦所扮演，首先請確認是否設定正確：

```
tony@tony-ubuntu:~$ route -n ◄── 使用 "-n" 參數會以數字的方式顯示 IP 位址
Kernel IP routing table
Destination      Gateway        Genmask         Flags Metric Ref    Use Iface
0.0.0.0          192.168.43.1   0.0.0.0         UG    600    0        0 wlp5s0
                 └── 確定預設閘道器設定正確，若是非固定制 ADSL
                     或 Cable，此項由 ISP 動態提供，不需設定

192.168.43.0     0.0.0.0        255.255.255.0   U     600    0        0 wlp5s0
```

4. **確定閘道器運作正常**：請執行 *ping* 指令查詢閘道器，例如執行 *ping 192.168.43.1* 指令，確定通訊正常。當閘道器故障時，我們就無法連上區域網路外的網際網路，此步驟可檢查閘道器是否正常運作。

5. **確定對外連線正常**：可以執行 *ping* 指令查詢您 ISP 的 DNS 伺服器，例如執行 *ping 168.95.1.1* 指令，查詢 HiNet 的 DNS 伺服器。若有回應，則此時您通常已能用輸入 IP 的方式連到遠端主機了。

6. **執行 ping 指令，檢查是否可連結完整網域名稱**：例如執行 *ping google.com* 指令，檢查是否可連結到 Google 網站。

   若無法使用完整網域名稱連結網路，請如下檢查 DNS 伺服器的 IP 位址是否設定正確：

```
tony@tony-ubuntu:~$ resolvectl status
Global
       Protocols: -LLMNR -mDNS -DNSOverTLS DNSSEC=no/unsupported
resolv.conf mode: stub
```
→ 接下頁

```
Link 2 (enp3s0)
Current Scopes: none
     Protocols: -DefaultRoute +LLMNR -mDNS -DNSOverTLS DNSSEC=no/unsupported


Link 3 (wlp5s0)
    Current Scopes: DNS
        Protocols: +DefaultRoute +LLMNR -mDNS -DNSOverTLS DNSSEC=no/unsupported
Current DNS Server: 192.168.43.1
        DNS Servers: 2403:c300:5e09:d740::c7 192.168.43.1
```

DNS 伺服器的 IPv4 與 IPv6 位址，筆者的資訊
由 DHCP 伺服器提供。IPv6 比較少用，通常您
只需注意 IPv4 的 DNS 是否設定正確即可

MEMO

使用 SSH 遠程連接

許多時候我們需要登入主機工作，卻偏偏分身乏術，無法坐
在主機前面操作。更多時候我們需要在兩台電腦間 (Linux 與
Linux, Windows 與 Linux) 傳送檔案資料，並且希望可以 " 安
全 " 的傳送，不用擔心資料外洩。上述需求，只要架設 SSH 伺
服器都可以達成。本章我們將介紹如何安裝 SSH 伺服器、説明
其運作原理，並講解如何利用相關程式來連線及傳送資料。

9-1 SSH 簡介

所謂的 SSH (Secure SHell) 是指 SSH 通訊協定, 而 SSH 伺服器則是透過此協定, 來提供遠端登入及檔案傳輸的服務。

以往大多數在網路上傳輸的資料都是不加密的, 如 Telnet、FTP、HTTP...等。由於當初在制定網路規格時, 網路環境只是美國軍方的一個實驗, 並不知道會如此風行, 因而沒有考慮到網路安全的部分。而現在因為網路環境的發達, 各種安全問題日益增多, 新的通訊協定及程式不斷出現, 希望可以解決資料在網路上傳輸的安全問題。SSH 協定便在提供遠端登入及檔案傳輸服務時, 增加了將資料加密的機制, 既可以提供與常用的 Telnet (遠端登入) 和 FTP (檔案傳輸) 程式相似的服務, 還可以解決此兩個程式在傳輸資料時沒有加密的缺點。

SSH 協定

SSH 協定有 SSH1 及 SSH2 兩個版本, 兩者都有提供資料加密機制, 只是加密的方式不同。現在較被常用的是 SSH2, 其使用 22 號通訊埠, 具有以下 3 個優點:

- 可對傳輸中的資料加密。
- 可完全取代 Telnet、FTP 程式及 r 系列指令 (例如 *rlogin*、*rsh*、*rcp*...等)。
- 可轉送其他 X11 和 TCP/IP 的資料。

支援 SSH 協定的程式

目前實作 SSH 協定的程式中, 比較有名的有 **SSH Communications Security** 公司的 SSH (網址為 http://www.ssh.com/) 及 **OpenBSD** 組

織的 OpenSSH (網址為 http://www.openssh.org/)。因為 OpenSSH 是開放原始碼且可以免費使用, 因此有很多人使用, 各 Linux 發行版所附的 SSH 程式也是 OpenSSH。

9-2 為何需要加密機制

前面說有很多的網路程式在傳輸資料時都是不加密, 但若不是親眼看見, 可能還感覺不到危機。筆者底下做個小實驗, 您將可了解有太多現成的程式可以截取網路中的封包, 而封包中可能就有使用者的帳號和密碼。

筆者以 sniffit 這個網管程式為例, 示範如何監測。請如下安裝 sniffit 程式:

```
tony@tony-ubuntu:~$ sudo apt-get install sniffit  ◀—— 安裝 sniffit 程式
[sudo] tony 的密碼:                                  ◀—— 輸入您的密碼
```

安裝好後請如下設定, 選擇要監測的網路介面:

```
tony@tony-ubuntu:~$ ifconfig
...
        ┌── 筆者以監測 "wlp5s0"
        │   這個網路介面為例
        ▼
wlp5s0: flags=4163<UP,BROADCAST,RUNNING,MULTICAST>  mtu 1500
        inet 192.168.43.184  netmask 255.255.255.0  broadcast
192.168.43.255
        inet6 2403:c300:5e09:d740:48ec:a351:f366:787c  prefixlen 64
scopeid 0x0<global>
        inet6 2403:c300:5e09:d740:80bb:716:e2e8:8b3f  prefixlen 64
scopeid 0x0<global>
        inet6 fe80::89ee:a3bb:a5cb:1081  prefixlen 64  scopeid 0x20<link>
        ether 6c:71:d9:03:08:47  txqueuelen 1000  (Ethernet)
        RX packets 447  bytes 61772 (61.7 KB)
        RX errors 0  dropped 0  overruns 0  frame 0
```

→ 接下頁

```
          TX packets 269   bytes 44593 (44.5 KB)
          TX errors 0  dropped 0 overruns 0  carrier 0  collisions 0

tony@tony-ubuntu:~$ sudo sniffit -i -F wlp5s0 ◄── 監測 "wlp5s0" 網路介面
```

這時 sniffit 會開始監測選定的網路介面：

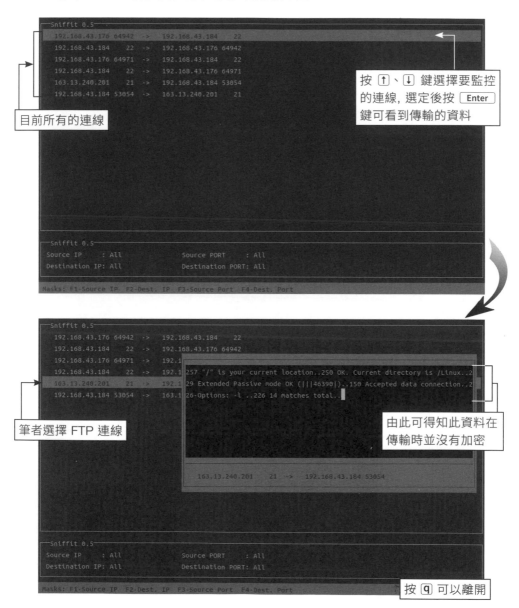

目前所有的連線

按 ↑、↓ 鍵選擇要監控
的連線, 選定後按 [Enter]
鍵可看到傳輸的資料

筆者選擇 FTP 連線

由此可得知此資料在
傳輸時並沒有加密

按 q 可以離開

以上為筆者監測本機 FTP 連線的結果。由於 FTP 連線在傳輸過程中並沒有加密, 因此透過監測程式可以直接取得使用者傳送的所有資料 (包含使用者的帳號與密碼)。僅僅透過網路監測程式監看本機, 就可以獲得那麼多的 "資訊", 如果有人用其來檢測整個區域網路, 輕輕鬆鬆就可以獲得在整個區域網路中流通的所有訊息了。現在您是不是已經深刻的體會到, 沒有經過加密的線上傳輸確實非常沒有保障。

要解決這個問題, 使用有加密的通訊協定是個不錯的選擇。只要資料在傳輸前有經過加密, 則透過網路監測軟體只能獲得一堆難以解讀的亂碼, 自然可以達到保護資料安全的目的。

9-3　SSH 的運作原理

為了維護資料的安全, 一般會採用**金鑰加密法 (Key Encryption)** 來為線上傳輸的資料加密。此法的原理是：用戶端及伺服端各擁有一把金鑰 (key), 用戶端在傳輸資料前先用自己擁有的金鑰加密, 再將資料傳給伺服端。而伺服端收到此加密過的資料後, 必須用其所持有的金鑰解密才能解讀所獲的資料。透過此方式, 就算資料在傳輸過程中被有心人截取, 其所得到的也只是一組亂碼。並且因為沒有金鑰, 難以分析資料, 而無法獲得有用的資訊。

SSH 也是用金鑰來加密傳輸的資料, SSH 伺服器上存在著以下 2 種金鑰：

● **host key**：host key 置於 /etc/ssh 目錄中, 依加密方式的不同而有不同的檔案。其中 ssh_host_ecdsa_key、ssh_host_ed25519_key 與 ssh_host_rsa_key 為私有金鑰；ssh_host_ecdsa_key.pub、ssh_host_ed25519_key.pub 與 ssh_host_rsa_key.pub 為公開金鑰。

● **server key**：server key 儲存在記憶體中，預設每小時重新產生一次，透過修改 /etc/ssh/sshd_config 設定檔，可設定產生的時間。

　　每台 SSH 伺服器上都會有獨特的 host key，當使用者嘗試連線到伺服器時，SSH 的伺服程式 sshd 會回傳 host key 中的公開金鑰和 server key 給使用者的用戶端程式。這時用戶端程式會比較所收到的公開金鑰是否和資料庫中的相同 (若是第一次連線，則加入資料庫中)，藉以確認該機器不是假冒的。

　　接著用戶端程式會隨機產生一個亂數，並使用伺服器所傳來的 host key 和 server key 加密傳回給 sshd。在正式建立起連線和傳輸資料前，用戶端程式和 sshd 之間的溝通都是靠這個隨機亂數來加密。

　　當溝通完畢正式建立連線時，sshd 會決定要使用的加密方式，接下來的資料傳輸都使用該方式來加密。整個流程如下圖所示：

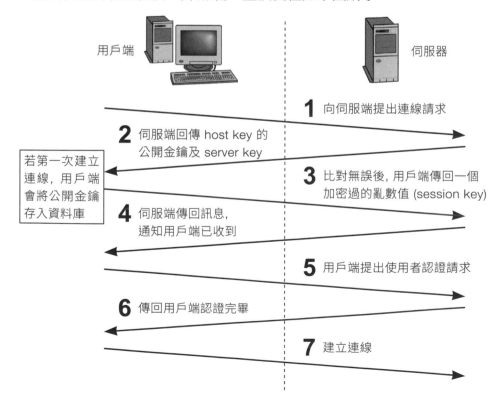

用戶端　　　　　　　　　　　　　伺服器

1 向伺服端提出連線請求

2 伺服端回傳 host key 的
公開金鑰及 server key

若第一次建立連線，用戶端會將公開金鑰存入資料庫

3 比對無誤後，用戶端傳回一個
加密過的亂數值 (session key)

4 伺服端傳回訊息，
通知用戶端已收到

5 用戶端提出使用者認證請求

6 傳回用戶端認證完畢

7 建立連線

成功建立連線之後, sshd 會依下列的步驟處理：

1. 若從遠端的終端機視窗登入 SSH 伺服器, 並且沒有指定其他特別的指令 (SSH 提供了一組不須登入伺服器, 也可以直接在伺服器上進行檔案傳輸的指令, 請參考 9-5 節的說明), 則在成功建立連線後, 會顯示該使用者上一次登入伺服器的時間及 /etc/motd 公告訊息檔, 並記錄本次登入的時間。

2. 檢查是否有 /etc/nologin 檔案的存在, 若有則結束連線。

3. 切換到該使用者的權限。

4. 設定基本的環境變數。

5. 讀取使用者家目錄中的 .ssh/environment 檔 (預設沒有此檔案)。

6. 切換到使用者家目錄。

7. 若使用者家目錄中有 .ssh/rc 指令檔, 則執行此檔案, 否則執行 /etc/ssh/sshrc 指令檔 (預設沒有此檔案)。

8. 執行使用者所指定的 shell 或命令。

成功登入 SSH 伺服器後, 操作方式就如同在伺服器本機前使用文字模式操作一樣。

9-4 安裝與啟動 SSH 伺服器

先前提到, 連線到 SSH 伺服器之後, 不管相距多遙遠, 都可以像親自坐在 SSH 伺服器前一樣的使用。也就是說, 任何電腦只要設定成 SSH 伺服器, 就可以從遠處透過網路連線來操作 (用來連線到 SSH 伺服器的電腦則成為 "用戶端")。

您也可以將您的 Linux 設置成 SSH 伺服器, 如此一來就能從用其他電腦來遠端操作了。

設定 SSH 伺服器的方式很簡單, 只需一行指令即可。請如下安裝 openssh-server 套件：

```
tony@tony-ubuntu:~$ sudo apt-get install openssh-server ◀━━━━━┓
[sudo] tony 的密碼： ◀━━━ 輸入您的密碼       安裝 openssh-server 套件
正在讀取套件清單... 完成
正在重建相依關係... 完成
正在讀取狀態資料... 完成
下列的額外套件將被安裝：
  ncurses-term openssh-sftp-server ssh-import-id
建議套件：
  molly-guard monkeysphere ssh-askpass
下列新套件將會被安裝：
  ncurses-term openssh-server openssh-sftp-server ssh-import-id
升級 0 個，新安裝 4 個，移除 0 個，有 193 個未被升級。
需要下載 751 kB 的套件檔。
此操作完成之後，會多佔用 6,046 kB 的磁碟空間。
是否繼續進行 [Y/n]？ [Y/n] y  ◀━━━ 輸入 "y" 繼續安裝
```

安裝好後不須額外設定, 系統會自動啟動 SSH 伺服器。您可使用 *ssh* 指令連接 SSH 伺服器, 測試時, 可以先用 SSH 伺服器自己連線到自己來進行測試。使用 localhost 作為主機名稱, 就可以連線到自己：

```
tony@tony-ubuntu:~$ ssh tony@localhost ◀━━ 可直接以 SSH 伺服器上的帳號 "tony"
                                            登入(其中 "@" 之後的主機名稱部分也
                                            可以使用 IP 位址或網址)

The authenticity of host 'localhost (127.0.0.1)' can't be established.
ED25519 key fingerprint is SHA256:LGglqTrhYrE273OYqeKWHTLJI1TfnLv
FbOLo08/lnuw. ◀━━ 第一次登入 SSH 伺服器時, SSH 伺服器會回傳公開金鑰
This key is not known by any other names
Are you sure you want to continue connecting (yes/no/[fingerprint])?
yes ◀━━ 輸入 "yes" 將公開金鑰存入資料庫
Warning: Permanently added 'localhost' (ED25519) to the list of known
hosts.
tony@localhost's password: ◀━━ 輸入使用者 tony 在 localhost 主機上的密碼
Welcome to Ubuntu 22.04 LTS (GNU/Linux 5.15.0-40-generic x86_64)
...
```
→ 接下頁

```
Last login: Wed Jul  6 14:19:54 2022 from 192.168.43.176
tony@tony-ubuntu:~$        ◀── 成功登入了，接下來就可以執行 Linux 下的各種指令，
                                使用伺服器上的資源

tony@tony-ubuntu:~$ exit ◀── 使用完後，請執行 exit 指令登出
登出
Connection to localhost closed.
tony@tony-ubuntu:~$
```

9-5 在 Linux 透過 SSH 遠端登入及傳輸檔案

　　在 Linux 主機上安裝並啟動 SSH 伺服器後，在其他電腦上只要安裝 OpenSSH 的用戶端程式 (Ubuntu 預設就會安裝 openssh-client 套件)，就可透過 SSH 相關指令連上 SSH 伺服器。openssh-server 及 openssh-client 套件除了函式庫、設定檔、說明文件之外，主要還安裝了 *scp*、*sftp*、*ssh*、*ssh-keygen*、*ssh-agent*、*ssh-add*、*ssh-keyscan*、*sshd* 及 *slogin* 等 9 個指令，其中 *slogin* 為 *ssh* 指令的符號連結。以下列出上述 8 個指令的主要功能：

- scp：遠端複製檔案的程式 (secure copy)。

- sftp：和 *scp* 指令類似，一樣是遠端傳輸檔案的程式。不過它是以互動模式來上傳和下載檔案，和 *ftp* 指令的操作方式相同，但多了加密功能。

- ssh：此為 SSH 的用戶端程式，主要用在遠端登入，以管理主機。

- ssh-keygen：管理、產生和轉換金鑰的程式。

- ssh-agent：SSH 的認證代理程式。

- ssh-add：增加私有金鑰認證方式到代理程式上。

- ssh-keyscan：收集別台主機 SSH 公開金鑰的指令。

- sshd：SSH 的伺服端程式。

由上述說明可知, 這些指令分別提供了遠端登入及檔案傳輸的功能。接下來我們將分別就遠端傳輸檔案及遠端登入兩個部分, 逐一說明如何使用這些指令。

9-5-1 遠端傳輸檔案相關指令：scp、sftp

有關遠端傳輸檔案的指令有 *scp* 與 *sftp* 兩者, 各有優缺點。

scp 指令

scp 指令為簡易的檔案傳輸程式, 在傳輸少量已知檔案時非常好用, 以下我們分別說明如何使用此指令下載及上傳檔案。

- **從 SSH 伺服器下載檔案**：

A：執行 *scp* 指令

B：指定 (伺服器上的) 使用者帳號、伺服器名稱及檔案路徑, 格式是 "使用者帳號@伺服器名稱:檔案路徑", 如 tony@192.168.0.135:/home/tony/myfile。若省略使用者帳號, 則預設會用目前用戶端的帳號。

C：若同時要下載多台機器上的檔案, 可在此加上其他伺服器的使用者帳號及檔案路徑, 與 B 項之間用空白隔開即可。

D：在用戶端存放檔案的路徑, 如 /tmp。

以下範例分別以 tony 及 benny 帳號登入 SSH 伺服器, 並下載
/home/tony/linux-5.18.7.tar.xz 和 /home/benny/HelloWorld.c 檔到用戶
端的 /tmp 目錄下:

```
tony@tony-ubuntu:~$ scp tony@free.flag.com.tw:/home/tony/linux-接下行
5.18.7.tar.xz benny@free.flag.com.tw:/home/benny/HelloWorld.c /tmp
The authenticity of host 'free.flag.com.tw (172.31.81.196)' can't be
established.
ED25519 key fingerprint is SHA256:SLo7KRyBErjpgjPFkVEN9G2hWuhSxesQpbp2/
X2OG4c.
This key is not known by any other names
Are you sure you want to continue connecting (yes/no/[fingerprint])?
yes  ←── 輸入 "yes"
Warning: Permanently added 'free.flag.com.tw' (ED25519) to the list of
known hosts.
tony@free.flag.com.tw's password:  ←── 輸入 tony 於 free.flag.com.tw
                                        上的密碼

linux-5.18.7.tar.xz      100%  124MB 247.9MB/s   00:00 ←── 複製檔案的過程
benny@free.flag.com.tw's password: ←── 輸入 benny 於 free.flag.com.tw
                                        上的密碼

HelloWorld.c             100%   87   24.4KB/s    00:00 ←── 複製檔案的過程
```

● **上傳檔案到 SSH 伺服端主機:**

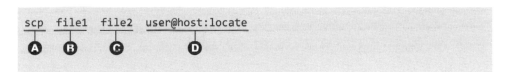

Ⓐ:執行 *scp* 指令。

Ⓑ:要上傳檔案的路徑。

Ⓒ:若有其他檔案要上傳請寫於此處, 與前一個檔案用空白隔開。

Ⓓ:指定帳號、伺服器名稱及檔案要儲存的路徑, 若省略使用者帳號, 會
使用目前的用戶端帳號為預設值。

以下範例將上傳 tony 家目錄下的 myfile 及 result.txt 檔，到伺服端 benny 帳號的 /home/benny/ 目錄下：

```
tony@tony-ubuntu:~$ scp myfile result.txt benny@free.flag.com.tw:接下行
/home/benny/
benny@free.flag.com.tw's password:  ← 輸入 benny 於 free.flag.com.tw
                                        上的密碼

myfile                    100%   16KB  50.6MB/s    00:00 ⎤
result.txt                100% 2168    1.6MB/s    00:00 ⎦ ← 上傳檔案成功
```

只要能確定想複製檔案的名稱，並知道檔案位於何處，*scp* 指令使用起來非常方便。但是不清楚遠端伺服器上究竟有些什麼檔案時，則必須使用 *sftp* 指令。

sftp 指令

這個指令是採用互動交談方式操作，搭配 *put*、*get* 指令來上傳和下載檔案。若您曾經使用過 *ftp* 指令，一定會覺得很熟悉。其操作方式如下：

```
tony@tony-ubuntu:~$ sftp benny@free.flag.com.tw  ← 此例指定要登入遠端機
                                                     器的使用者帳號，若省
                                                     略使用者帳號，則會以
                                                     目前本機的帳號登入

benny@free.flag.com.tw's password:  ← 輸入 benny 於 free.flag.com.tw
Connected to free.flag.com.tw.         上的密碼
sftp> ls -l  ← 輸入 ls -l 指令列出檔案列表
-rw-rw-r--    1 benny     benny        87 Jul  7 13:36 HelloWorld.c
-rw-------    1 benny     benny       130 Jun 30 14:54 dead.letter
-rwxrwxr-x    1 benny     benny     15960 Jul  7 14:03 myfile
-rw-rw-r--    1 benny     benny      2168 Jul  7 14:03 result.txt
drwx------    3 benny     benny      4096 Jul  7 13:36 snap
-rw-rw-rw-    2 tony      tony         87 Jun 22 11:39 test.c
                                                           → 接下頁
```

```
sftp> put linux-5.18.7.tar.xz ◀──── 若要上傳檔案請使用 put
                                     指令，後面接檔案名稱

Uploading linux-5.18.7.tar.xz to /home/benny/linux-5.18.7.tar.xz ◀──┐
                                          └─ 上傳成功的訊息 ──┘

linux-5.18.7.tar.xz                    100%   124MB 192.5MB/s   00:00
sftp> ls -l
-rw-rw-r--    1 benny    benny          87 Jul  7 13:36 HelloWorld.c
-rw-------    1 benny    benny         130 Jun 30 14:54 dead.letter
-rw-rw-r--    1 benny    benny   129831552 Jul  7 15:00 linux-5.18.7.tar.xz ◀─
                                          └─ 剛剛上傳的檔案 ──┘

-rwxrwxr-x    1 benny    benny       15960 Jul  7 14:03 myfile
-rw-rw-r--    1 benny    benny        2168 Jul  7 14:03 result.txt
drwx------    3 benny    benny        4096 Jul  7 13:36 snap
-rw-rw-rw-    2 tony     tony           87 Jun 22 11:39 test.c
sftp> rm myfile            ◀──── 使用 rm 指令可以刪除檔案
Removing /home/benny/myfile
sftp> get test.c           ◀──── 下載檔案則使用 get 指令
Fetching /home/benny/test.c to test.c
test.c                                 100%    87   197.3KB/s    00:00
sftp> exit    ◀──── 要離開請執行 exit 指令
```

9-5-2 遠端登入的相關指令：ssh、ssh-keygen、ssh-agent、ssh-add

在 Linux 欲使用 SSH 登入遠端的伺服器, 可採用的認證方式有 3 種, 以下將分別說明。

使用密碼認證方式登入

使用密碼認證是最常用的方式, 以下以實際範例說明, 例如：

```
tony@tony-ubuntu:~$ ssh free.flag.com.tw ◄── 連線遠端主機
tony@free.flag.com.tw's password:        ◄── 預設是以現在的帳號登入,
                                             因此直接問您 tony 的密碼

Welcome to Ubuntu 22.04 LTS (GNU/Linux 5.15.0-39-generic x86_64)

...

You have mail.
Last login: Thu Jul  7 09:17:23 2022 from 172.31.80.1 ◄── 上次登入的時間
```

當然您也可以直接使用指定帳號的方式登入, 例如:

```
tony@tony-ubuntu:~$ ssh -l benny free.flag.com.tw ◄── 您可以使用 "-l" 參數
                                                      指定要登入伺服器的
                                                      帳號

benny@free.flag.com.tw's password: ◄── 詢問您使用者 benny 於 free.flag.
                                       com.tw 伺服器上的密碼

Welcome to Ubuntu 22.04 LTS (GNU/Linux 5.15.0-39-generic x86_64)

...

Last login: Thu Jul  7 13:36:37 2022 from 172.31.81.196 ◄── 上次登入的
                                                           時間及位址
```

或

```
tony@tony-ubuntu:~$ ssh benny@free.flag.com.tw ◄── 亦可使用此方式指定帳號
```

除此之外, 還可以在執行 **ssh** 指令時, 指定登入遠端主機後要執行的指令。例如:

```
tony@tony-ubuntu:~$ ssh benny@free.flag.com.tw 接下行
tar xvf linux-5.18.7.tar.xz
_____|
也可以直接執行遠端主機上的指令
```

與遠端主機連線時出現錯誤訊息

```
tony@tony-ubuntu:~$ ssh benny@free.flag.com.tw
@@@@@@@@@@@@@@@@@@@@@@@@@@@@@@@@@@@@@@@@@@@@@@@@@@@@@@@@@@@@@@@
@    WARNING: REMOTE HOST IDENTIFICATION HAS CHANGED!    @
@@@@@@@@@@@@@@@@@@@@@@@@@@@@@@@@@@@@@@@@@@@@@@@@@@@@@@@@@@@@@@@
IT IS POSSIBLE THAT SOMEONE IS DOING SOMETHING NASTY!
...
```

若在連線時看到以上訊息, 表示對方換了 IP 或是加密的金鑰已經重算了。此時只要刪除家目錄下 .ssh 目錄中的 known_hosts 檔, 再重新連線即可。

使用金鑰認證方式登入

除了密碼認證之外, 還可採用金鑰認證的方式來登入遠端主機, 您可選擇使用 RSA、ECDSA 或 ED25519 加密方式所產生的金鑰來做為認證的依據。

要使用金鑰的方式來認證, 首先必須以 *ssh-keygen* 指令產生金鑰。所產生的金鑰預設會置於使用者家目錄中的 .ssh 目錄中, 若您之前曾使用 *ssh* 指令登入過遠端伺服器, 那麼該目錄會由程式自行產生。若沒有, 則可執行以下指令來產生:

```
tony@tony-ubuntu:~$ mkdir .ssh        ←── 在家目錄下建立 .ssh 目錄
tony@tony-ubuntu:~$ chmod 700 .ssh   ←── 因為 SSH 相當重視檔案的權限,
                                          因此請將目錄的權限設為 700
```

接著請依下列方式產生金鑰, 筆者先說明如何產生 RSA 加密的金鑰:

```
tony@tony-ubuntu:~$ cd .ssh ◀—— 切換到 .ssh 目錄
tony@tony-ubuntu:~/.ssh$ ssh-keygen -t rsa -N "1234" ◀
```

指定以 RSA 加密的方式來
產生新的金鑰，同時指定
通行密碼為 **"1234"**

```
Generating public/private rsa key pair.
Enter file in which to save the key (/home/tony/.ssh/id_rsa): ◀
```

指定金鑰存放的位置，按
Enter 鍵使用預設值即可

```
Your identification has been saved in /home/tony/.ssh/id_rsa
Your public key has been saved in /home/tony/.ssh/id_rsa.pub
```

產生的 RSA 金鑰

```
The key fingerprint is:
SHA256:CfMefv8YvQrZ97ftU+tfnDKWcIb+f4wurQTatX6egCk tony@tony-ubuntu
The key's randomart image is:
+---[RSA 3072]----+
|                 |
|                 |
|     o           |
|    + .  .       |
|     S .o.o      |
|     o +.B+o..o|
|     E B.**o+=|
|      o =+=***|
|         *XO=@|
+----[SHA256]-----+
```

　　接著我們把金鑰 id_rsa.pub 複製為 authorized_keys2，並把 authorized_keys2 這個檔案複製到遠端伺服器上使用者 (該使用者帳號不需和本機相同) 家目錄中的 .ssh 目錄即可。之後登入遠端伺服器時，sshd (SSH 伺服器) 發現該名使用者家目錄中的 .ssh 目錄裡有 authorized_keys2 檔，就會先使用金鑰認證的方式來登入，當認證失敗時，才改採用預設的密碼認證方式。

以下我們先在用戶端上操作測試 (要如下測試時, 請先確定用戶端本機也安裝了 SSH 伺服端程式), 待測試無誤再將金鑰複製到遠端的伺服主機上:

```
tony@tony-ubuntu:~/.ssh$ cp id_rsa.pub authorized_keys2 ◄── 複製金鑰
tony@tony-ubuntu:~/.ssh$ ssh localhost ◄── 先測試連本機是否正常
The authenticity of host 'localhost (127.0.0.1)' can't be established.
ED25519 key fingerprint is SHA256:SLo7KRyBErjpgjPFkVEN9G2hWuhSxesQpbp2/
X2OG4c.
This key is not known by any other names
Are you sure you want to continue connecting (yes/no/[fingerprint])?
yes ◄── 輸入 "yes" 繼續
Warning: Permanently added 'localhost' (ED25519) to the list of known
hosts.
Enter passphrase for key '/home/tony/.ssh/id_rsa': ◄── 您可發現, 系統不再
                                                      要求密碼, 而是請您
                                                      輸入剛才設定的通行
                                                      密碼

Welcome to Ubuntu 22.04 LTS (GNU/Linux 5.15.0-39-generic x86_64)
...
tony@tony-ubuntu:~$ ◄── 輸入正確的通行密碼之後就能登入了
```

如果我們輸入了錯誤的通行密碼, 會發生何種狀況？請看接下來的範例說明:

```
tony@tony-ubuntu:~/.ssh$ ssh localhost
Enter passphrase for key '/home/tony/.ssh/id_rsa':
Enter passphrase for key '/home/tony/.ssh/id_rsa':   ◄── 連續 3 次輸入錯誤
Enter passphrase for key '/home/tony/.ssh/id_rsa':       的通行密碼
tony@localhost's password: ◄── 這時會詢問此帳號在伺服器上的密碼
...
tony@tony-ubuntu:~$ ◄── 輸入正確的密碼後, 一樣可以登入
```

如果不想使用通行密碼, 則可依下列方式來產生不含通行密碼的金鑰:

```
tony@tony-ubuntu:~$ cd ~/.ssh  ◄─── 切換到家目錄下的 .ssh 目錄
tony@tony-ubuntu:~/.ssh$ ssh-keygen -t rsa -N ""  ◄─── 通行密碼使用空字串
Generating public/private rsa key pair.
Enter file in which to save the key (/home/tony/.ssh/id_rsa): ◄─┐
                                              按 Enter 鍵使用預設值即可

Your identification has been saved in /home/tony/.ssh/id_rsa
Your public key has been saved in /home/tony/.ssh/id_rsa.pub
The key fingerprint is:
SHA256:46NqYb2mpqDltCnT64ldrNHNXdB2wM9HUTSLxUnwbbU tony@tony-ubuntu ◄─┐
The key's randomart image is:                          此時將直接
+---[RSA 3072]----+                                     產生金鑰
|        .. .=B=|
|         ... =o*|
|       . oo.o Eo|
|        o .o .. |
|       .  S .  .  |
|     ooo.o o      |
|..+.+.o.+        |
|+B.Bo o. .       |
|o+@=o+.          |
+----[SHA256]-----+

tony@tony-ubuntu:~/.ssh$ cp id_rsa.pub authorized_keys2  ◄─── 複製金鑰
```

如此在建立連線之後會直接登入, 不會要求任何密碼:

```
tony@tony-ubuntu:~/.ssh$ ssh localhost
...
tony@tony-ubuntu:~$  ◄─── 直接登入, 不需密碼
```

本機登入確認無誤後, 就可以把 authorized_keys2 這個檔案複製到遠
端的主機了:

```
tony@tony-ubuntu:~/.ssh$ scp authorized_keys2 sunny@server.flag.com 接下行
.tw:/home/sunny/.ssh/ ◄─── 使用 scp 指令將此檔案複製到遠端主機使用者家目錄中的
                           .ssh 目錄 (請注意: 在複製檔案之前, 請先確定遠端主機
                           使用者家目錄下有 .ssh 目錄, 若沒有請先自行建立)
```

→ 接下頁

```
The authenticity of host 'server.flag.com.tw (172.31.80.104)' can't be
established.
ED25519 key fingerprint is SHA256:LqYNJYCozru+cBmvcmjpalHTQOMd9V7Qids4Xu4
4oDc.
This key is not known by any other names
Are you sure you want to continue connecting (yes/no/[fingerprint])?
yes ◀── 若是第一次連線，主機並沒有 server 主機的公開金鑰，故會出現
           以上訊息，請輸入 "yes" 確定建立連線，將該金鑰加入資料庫中

Warning: Permanently added 'server.flag.com.tw' (ED25519) to the list of
known hosts.
sunny@server.flag.com.tw's password:  ◀── 輸入使用者 sunny 的密碼
authorized_keys2                         100%  570    471.0KB/s    00:00
```

接著我們以用戶端主機上的 tony 帳號連線到 server 主機上的 sunny
帳號做測試：

```
tony@tony-ubuntu:~/.ssh$ ssh sunny@server.flag.com.tw
...
Last login: Sat Jul  9 22:19:49 2022 from 127.0.0.1
sunny@server:~$  ◀── 因為筆者設定不含通行密碼的金鑰，因此不需要輸入密碼就可
                      以直接登入了。若您有設定通行密碼，則需先輸入通行密碼
```

以上說明使用 RSA 金鑰的方式認證，您也可以使用 ECDSA 金鑰的
方式來認證。金鑰也是透過 *ssh-keygen* 指令產生：

```
tony@tony-ubuntu:~/.ssh$ ssh-keygen -t ecdsa -N "123456" ◀──
                                              指定產生 ECDSA 金鑰，通行密碼為
                                              "123456"，若不設可用空字串
Generating public/private ecdsa key pair.
Enter file in which to save the key (/home/tony/.ssh/id_ecdsa): ◀──
                                              按 Enter 鍵使用預設值

Your identification has been saved in /home/tony/.ssh/id_ecdsa
Your public key has been saved in /home/tony/.ssh/id_ecdsa.pub
The key fingerprint is:                              → 接下頁
```

```
SHA256:3nwtG8vsineRDu0gfnk9tv9ZYC66AslQTGZRJUGXSyE tony@tony-ubuntu
The key's randomart image is:
+---[ECDSA 256]---+
|    o=+Eo+o      |
|    oo  +o       |
|    .  . .       |
|    .   .        |
|   o .S  ..o     |
|   +..oo ++ .    |
|    o..o*=oo .|   |
|     o.+==*+ o|   |
|     .++**..=+|   |
+----[SHA256]-----+
```

id_ecdsa 為私有金鑰, id_ecdsa.pub 為公開金鑰, 至於使用方式
與前面所介紹的 RSA 金鑰認證方式相同 (將 id_ecdsa.pub 複製為
authorized_keys2, 並上傳到伺服器), 筆者在此就不贅述了。

 TIP 若要使用 ED25519 金鑰的方式認證, 可用 *ssh-keygen -t ed25519 -N*
"123456" 指令產生通行密碼為 123456 的金鑰。

透過代理程式登入

以 SSH 登入遠端主機, 使用者必須以密碼或金鑰的方式認證。若是
採用金鑰認證方式, 還可以使用代理程式 — 也就是用 *ssh-agent* 指令來
來幫我們記憶通行密碼, 讓登入方式更簡便。

 TIP 代理程式不支援密碼認證的方式登入。

如下設定可啟動代理程式:

```
tony@tony-ubuntu:~/.ssh$ ssh-agent /usr/bin/bash ◄───┐
                        啟動代理程式。您可以把代理程式想像為虛擬使用者，
                        也需要 shell。筆者指定慣用的 bash shell

tony@tony-ubuntu:~/.ssh$ ssh-add ◄─── 由於代理程式啟動時並沒有任何金鑰，
                                      因此使用 ssh-add 指令來加入

Enter passphrase for /home/tony/.ssh/id_ecdsa: ◄─── 輸入之前產生金鑰時
                                                   設定的通行密碼，此
                                                   例為 ECDSA 金鑰

tony@tony-ubuntu:~/.ssh$ ssh sunny@server.flag.com.tw ◄─── 登入遠端主機
...
sunny@server:~$       ◄─── 不需要輸入通行密碼就可以登入了
sunny@server:~$ exit  ◄─── 執行 exit 指令離開
```

在上述範例中，您會發現完全不需要輸入通行密碼即可登入遠端主機，用起來非常方便。如果想要結束代理程式，則可執行以下指令：

```
tony@tony-ubuntu:~/.ssh$ ssh-agent -k ◄─── 使用 -k 參數可結束代理程式
unset SSH_AUTH_SOCK;
unset SSH_AGENT_PID;
echo Agent pid 2428 killed;
tony@tony-ubuntu:~/.ssh$ ssh sunny@server.flag.com.tw ◄─── 再次登入遠端主機

Enter passphrase for key '/home/tony/.ssh/id_ecdsa': ◄─── 又需要輸入通行
...                                                        密碼了
sunny@server:~$
```

代理程式在需要通行密碼時很方便，如果當初在產生金鑰時就沒有設定通行密碼，當然也就不需要使用代理程式了。

9-5-3 收集公開金鑰的指令：ssh-keyscan

最後還有一個較少用的 *ssh-keyscan* 指令，這個指令主要是用來收集其他主機的公開金鑰，使用方式很簡單：

```
ssh-keyscan host
          |
     主機位置或名稱
```

操作方式如下：

```
tony@tony-ubuntu:~/.ssh$ ssh-keyscan server.flag.com.tw
# server.flag.com.tw:22 SSH-2.0-OpenSSH_8.9p1 Ubuntu-3
server.flag.com.tw ssh-ed25519 AAAAC3NzaC1lZDI1NTE5AAAAIEK9A8XOZWRr9tK7RU
ctkUeoRWfp/cas+EimOxfSYWst
                    ↑
                           server.flag.com.tw 的
                           ED25519 的公開金鑰

# server.flag.com.tw:22 SSH-2.0-OpenSSH_8.9p1 Ubuntu-3
# server.flag.com.tw:22 SSH-2.0-OpenSSH_8.9p1 Ubuntu-3
server.flag.com.tw ssh-rsa AAAAB3NzaC1yc2EAAAADAQABAA...
                    ↑
                        server.flag.com.tw 的
                        RSA 的公開金鑰

# server.flag.com.tw:22 SSH-2.0-OpenSSH_8.9p1 Ubuntu-3
server.flag.com.tw ecdsa-sha2-nistp256 AAAAE2VjZHNhLXNoYTItbmlzdHAyNTYAAA
AIbml...
                            ↑
                    server.flag.com.tw 的
                    ECDSA 的公開金鑰

# server.flag.com.tw:22 SSH-2.0-OpenSSH_8.9p1 Ubuntu-3
```

9-6 在 Windows 上使用 SSH 連接 Linux 主機

　　前一節我們介紹了在 Linux 上使用 SSH 來連線或傳輸檔案, 而在 Windows 下也可以使用 SSH 來連線 Linux 主機或傳輸檔案。您可到 https://www.putty.org 網址下載 Windows 的 SSH 用戶端程式, 安裝好後按**開始**鈕, 執行『**所有應用程式/PuTTY (64-bit)/PuTTY**』：

1 選擇 SSH

2 此處輸入要登入的帳號
@遠端主機名稱或 IP 位址

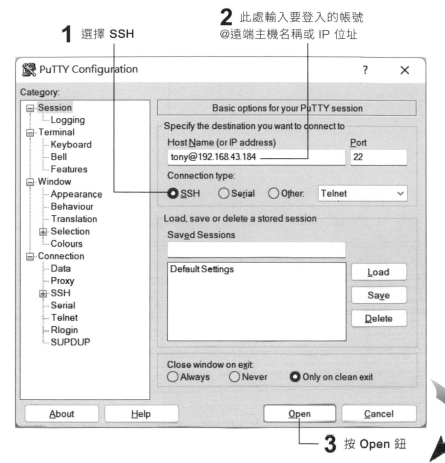

3 按 Open 鈕

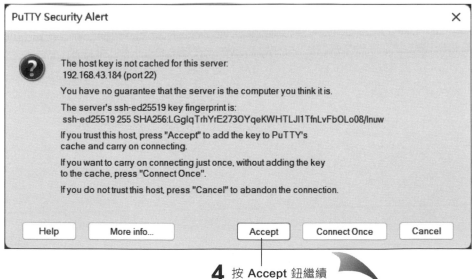

4 按 Accept 鈕繼續

5 輸入您的密碼

成功登入，此
處可輸入指令

　　若您是使用 Windows 10 或 Windows 11 作業系統，也可以使用內建的 SSH 用戶端程式，請按**開始**鈕，搜尋 "CMD" 關鍵字並開啟 CMD 視窗如下操作：

1 連線方式與在 Linux 下完全相同　　　2 輸入 "yes" 繼續

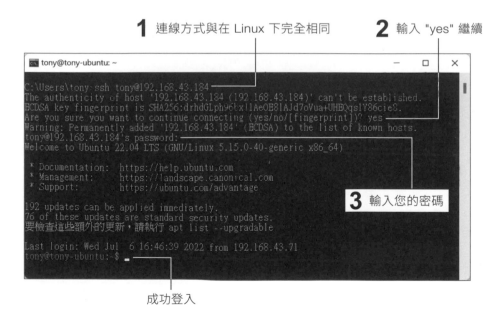
3 輸入您的密碼

成功登入

若要傳輸檔案, 可到 https://winscp.net/eng/download.php 網址下載並安裝 WinSCP 程式, 安裝完畢後按**開始**鈕, 執行『**所有應用程式/ WinSCP**』:

1 選擇 SFTP

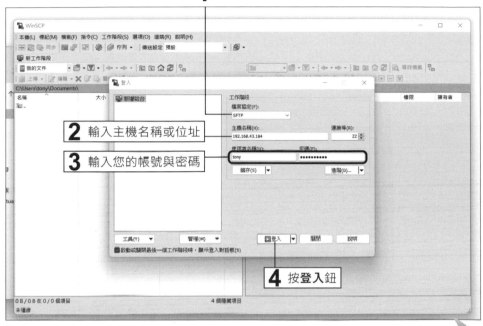

2 輸入主機名稱或位址

3 輸入您的帳號與密碼

4 按登入鈕

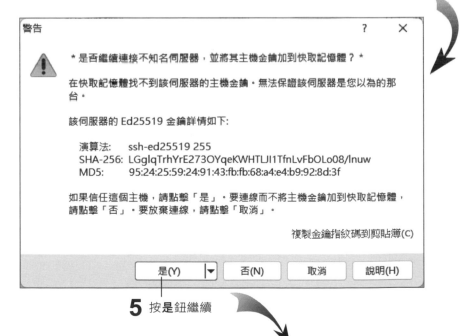

5 按**是**鈕繼續

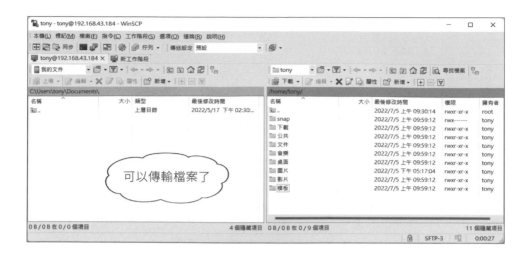

同樣，您也可以使用 Windows 10 或 Windows 11 內建的 SFTP 用戶端程式，請按**開始**鈕，搜尋 "CMD" 關鍵字並開啟 CMD 視窗如下操作：

1 登入指令與在 Linux 下完全相同　　**2** 輸入您的密碼

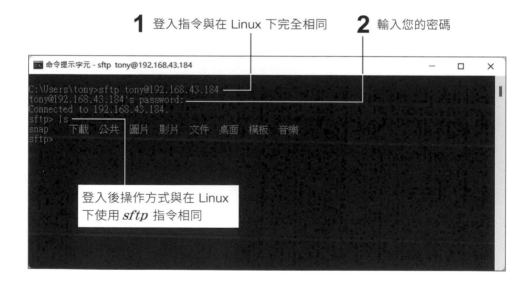

登入後操作方式與在 Linux 下使用 *sftp* 指令相同

Windows 內建的 *ssh* 與 *sftp* 指令是 OpenSSH 的 Windows 版本，您可以完全不用改變在 Linux 下的使用習慣。

10

檢視系統資訊

瞭解每位使用者的一舉一動，對於系統管理者而言是非常重要
的工作。一個管理完善的系統，不但安全性佳且穩定度高，將
資料存放其中也更有保障。

多人使用的環境中, 每個用戶都能執行各種不同的程式。有些使用者在撰寫電子郵件, 而另一些使用者可能正在下載檔案。如果電腦的運作不正常, 或是被使用者亂搞一通, 那可要好好管理才行。

10-1-1 觀察使用者舉動的 w 指令

若想知道使用者的舉止行為, 只需在文字模式下執行 w 指令即可:

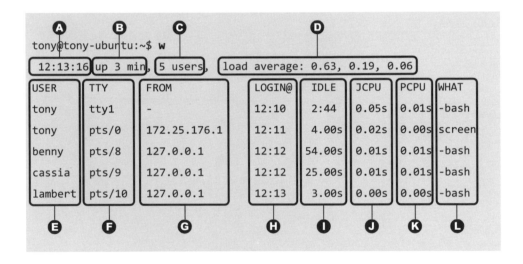

w 指令的訊息意義

現在我們來瞭解一下, w 指令顯示之訊息所代表的意義。第一列由左至右共有四個欄位, 分述其意義如下:

Ⓐ: **系統目前的時間**: "12:13:16" 表示執行 w 指令的時間。

Ⓑ: **系統目前的時間**: "up 3 min" 表示該系統已經啟動 3 分鐘。

Ⓒ: **目前登入此系統的使用者總數**: "5 users" 表示目前共有 5 位使用者

登入此系統。同一個使用者帳號可重複登入, 因而會見到重複的帳號名稱。

Ⓓ：**系統平均負載指示**："load average: 0.63, 0.19, 0.06" 的數值, 分別表示該系統在過去 1、5、15 分鐘內的平均負載程度。其值越接近 0.00 表示系統負載越低, 效能亦會較佳。

以單核心的 CPU 為例, 數值在 1 以下都不用擔心；數值在 1.5 以上表示平均有 1.5 個程序在等待 CPU 回應, 此時須注意數值是否往上升；若在 3 以上, 系統可能會開始變慢, 建議馬上檢查問題。現在的 CPU 都是多核心, 上述評估數值要再乘上核心的數目。以 4 核心的 CPU 為例, 數值在 4 以下都不用擔心。

Ⓔ：USER：顯示登入的使用者帳號名稱。若使用者重複登入系統, 則其帳號名稱也會重複顯現。

Ⓕ：TTY：該使用者登入的終端機代號。依照登入的形式不同, 終端機代號也不盡相同。其中, tty1~tty6 分別代表本機上的 1 到 6 號虛擬主控台 (其中 tty1 與 tty2 只有開機直接進入純文字模式時才可以使用, 可參考 2-1-4 節的說明)。pts/1 之類的標示, 代表此使用者是從遠端登入。

Ⓖ：FROM：顯示使用者從何處登入系統。如果是由本地端登入系統, 則此一欄位將呈現 － 符號。若從遠端登入, 便會顯示遠端主機的 IP 位址或主機名稱。

Ⓗ：LOGIN@：這是 "Login At" 的意思, 表示該使用者登入系統時的時間 (不是登入後經過的時間)。

Ⓘ：IDLE：使用者閒置的時間。這是一個計時器, 只要該使用者開始新工作, 這個計時器就會重新計時。

Ⓙ：JCPU：以終端機之代號來區分, 該終端機所有相關的程序 (process) 執行時, 所消耗的 CPU 時間會顯示在這裡。此處的時間並非不斷累加, 每當工作告一段落就停止計時, 開始新的工作則會重新計時。

Ⓚ：PCPU：CPU 執行程式耗費的時間，該時間就是執行 WHAT 欄內的程式所消耗之時間。

Ⓛ：WHAT：使用者正在做的事。假若正在執行某個程式，這裡會標示出該程式的名稱，如果正在執行一般的文字模式指令，則會顯示使用者環境的名稱。

觀察個別使用者

當登入系統的使用者眾多，執行 *w* 指令列出所有資料，恐怕會讓自己眼花撩亂。假設只需觀察其中某位使用者時，可指定使用者的帳號名稱：

```
tony@tony-ubuntu:~$ w cassia ◀── 只觀察使用者 cassia
 13:13:56 up 27 min,  4 users,  load average: 0.00, 0.01, 0.02
USER      TTY      FROM            LOGIN@  IDLE   JCPU   PCPU WHAT
cassia    tty4     -               12:53   6:42   0.05s  0.01s -bash
```

> **TIP** 指令預設是顯示詳細資料，假使不需如此詳細，在執行指令時加上參數即可，相關資訊請執行 *w --help* 或 *man w* 指令查詢。

10-1-2 查看目前有哪些使用者登入的 who 指令

who 指令可用來查看目前系統有哪些使用者登入：

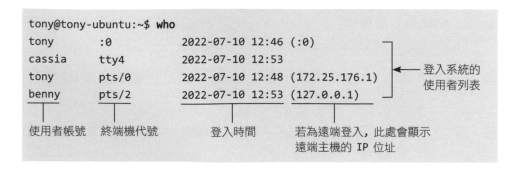

```
tony@tony-ubuntu:~$ who
tony      :0          2022-07-10 12:46 (:0)
cassia    tty4        2022-07-10 12:53
tony      pts/0       2022-07-10 12:48 (172.25.176.1)
benny     pts/2       2022-07-10 12:53 (127.0.0.1)
```
登入系統的使用者列表

使用者帳號　終端機代號　　　登入時間　　　若為遠端登入，此處會顯示遠端主機的 IP 位址

亦可加上參數讓列表更加詳細, 請執行 *who -Hu* 指令:

```
tony@tony-ubuntu:~$ who -Hu
名稱        線路         時間                           空閒                    備註
tony       :0          2022-07-10 12:46    ?         1284      (:0)         參數 -H 會
cassia     tty4        2022-07-10 12:53    00:15     3815                   顯示標題
tony       pts/0       2022-07-10 12:48    .         3191      (172.25.176.1)
benny      pts/2       2022-07-10 12:53    00:14     3368      (127.0.0.1)
```

參數 -u 會顯示閒置時間
及執行中的程序代號

 TIP PID 為程序代號。每個程序都會有一個 PID, 以供系統辨識及處理。

 TIP Ubuntu 無法正常顯示繁體中文的 PID 欄位的標題, 您可執行 *LANG=C;who -Hu* 指令以英文顯示, 就可正常顯示 PID 欄位的標題。

您可以執行 *who --help* 指令獲知參數的相關資訊。

10-1-3 查看曾登入此系統之使用者的 last 指令

想知道最近有哪些使用者曾經登入過系統, 我們可執行 *last* 指令查詢:

```
tony@tony-ubuntu:~$ last
cassia     tty4                          Sun Jul 10 12:53    still logged in
benny      pts/2       127.0.0.1         Sun Jul 10 12:53    still logged in
tony       pts/0       172.25.176.1      Sun Jul 10 12:48    still logged in
tony       :0          :0                Sun Jul 10 12:46    still logged in
reboot     system boot 5.15.0-39-generi  Sun Jul 10 12:46    still running
tony       tty6                          Sun Jul 10 12:42 - down   (00:03)
...
wtmp begins Fri Jun 10 14:04:39 2022     此清單最早的記錄是從
                                         6 月 10 日開始
```

 TIP 如果列出的清單太長, 可以配合 2-3-7 節的 *more* 指令使用。

僅執行 *last* 指令，會列出所有使用者。如果想要查詢某位使用者的登入狀況，只需在指令後面加上該使用者的帳號名稱即可：

```
tony@tony-ubuntu:~$ last benny
benny    pts/2       127.0.0.1        Sun Jul 10 12:53   still logged in
benny    pts/8       127.0.0.1        Sun Jul 10 12:12 - 12:46  (00:33)
benny    pts/7       172.31.81.196    Thu Jul  7 16:00 - 16:00  (00:00)
benny    pts/7       172.31.81.196    Thu Jul  7 15:57 - 15:57  (00:00)
...

wtmp begins Fri Jun 10 14:04:39 2022
```

其他關於 *last* 指令參數的資訊，執行 *last --help* 指令便可獲知。

10-2 管理執行中的程序

在系統中每位使用者都能執行多個程式，每個程式又可能分成數個程序執行。某些程序會佔用大量的系統資源，造成系統負載過重。因此如何做好程序的管理與監督，是一項重要的工作。

10-2-1 監視系統資源的使用狀況

做為一個良好的管理者，我們必須掌握系統中最消耗 CPU 資源的程序，以維持系統之整體效能，因而隨時監看系統的狀態也是管理者的一項重要工作。

top 指令用於監控系統的資源，包括記憶體、交換檔分割區和 CPU 之使用率等等。現在請執行 *top* 指令：

CPU 的使用情形

所有程序的執行情況

此列各欄的意義與 *w* 指令相同

```
top - 13:57:25 up  1:10,   4 users,  load average: 0.00, 0.00, 0.00
Tasks: 228 total,    1 running, 227 sleeping,   0 stopped,   0 zombie
%Cpu(s):  0.7 us,  0.3 sy,  0.0 ni, 98.7 id,  0.3 wa,  0.0 hi,  0.0 si,  0.0 st
MiB Mem :   6305.0 total,   4496.0 free,    957.4 used,    851.6 buff/cache
MiB Swap:    923.2 total,    923.2 free,      0.0 used.   5106.2 avail Mem

    PID USER      PR  NI    VIRT    RES    SHR S  %CPU  %MEM     TIME+ COMMAND
   4490 tony      20   0   21884   3892   3304 R   0.7   0.1   0:00.03 top
    375 systemd+  20   0   14776   6156   5352 S   0.3   0.1   0:07.76 systemd+
   1465 tony      20   0  324044   8200   7192 S   0.3   0.1   0:00.16 gvfs-af+
   4186 root      20   0       0      0      0 I   0.3   0.0   0:03.67 kworker+
      1 root      20   0  167804  13216   8288 S   0.0   0.2   0:01.17 systemd
      2 root      20   0       0      0      0 S   0.0   0.0   0:00.00 kthreadd
      3 root       0 -20       0      0      0 I   0.0   0.0   0:00.00 rcu_gp
      4 root       0 -20       0      0      0 I   0.0   0.0   0:00.00 rcu_par+
      5 root       0 -20       0      0      0 I   0.0   0.0   0:00.00 netns
      7 root       0 -20       0      0      0 I   0.0   0.0   0:00.00 kworker!
     10 root       0 -20       0      0      0 I   0.0   0.0   0:00.00 mm_perc+
     11 root      20   0       0      0      0 S   0.0   0.0   0:00.00 rcu_tas+
     12 root      20   0       0      0      0 S   0.0   0.0   0:00.00 rcu_tas+
     13 root      20   0       0      0      0 S   0.0   0.0   0:00.24 ksoftir+
     14 root      20   0       0      0      0 I   0.0   0.0   0:00.97 rcu_sch+
     15 root      -51  0       0      0      0 S   0.0   0.0   0:00.03 migrati+
     16 root      -51  0       0      0      0 S   0.0   0.0   0:00.00 idle_in+
```

> 按 **q** 鍵可結束

記憶體和交換檔的使用情況, 前面的 "total", 表示
所有的記憶體空間 (是後面 used 與 free 的總合)

　　執行 *top* 指令後, 會周期性地更新內容, 顯示最新的系統狀況。預設
是以 CPU 的負載狀況排序, 您也可以按 **M** 鍵改成以記憶體的使用率, 或
者按 **T** 鍵以執行的時間排序 (按 **P** 鍵可改回預設值)。

 TIP 請注意！在 top 裡的按鍵, 大小寫是不同的。

 殭屍出現了！

　　執行的程序有 sleeping、running、stopped 等狀態, 相信大家都還能
夠理解, 可是這邊居然出現了殭屍 (zombie)？看來 Linux 的世界裡似乎存在
著不少妖魔鬼怪！

→ 接下頁

其實所謂的殭屍, 是指『父母不知道的死孩子』。我們用電腦的語言來解釋會更清楚些, 程式可能分為數個程序執行, 當某個程序又產生另一個程序時, 原先的程序就稱為 **父程序** (parent), 從父程序中產生的新程序, 稱之為 **子程序** (child)。倘若子程序已經當掉 (形同死亡), 而其父程序不知子程序早已死去, 無法將子程序佔用的系統資源回收, 此時這個子程序就變成殭屍。

監視特定使用者

直接執行 *top* 指令時, 它會去監視系統中全部的程序, 所以感覺有些凌亂。假如只想監控某位特定的使用者, 只需按下 Ⓤ 鍵, 然後指定使用者帳號名稱即可:

```
top - 14:28:59 up  1:42,  4 users,  load average: 0.06, 0.02, 0.00
Tasks: 228 total,   1 running, 227 sleeping,   0 stopped,   0 zombie
%Cpu(s):  5.9 us,  5.9 sy,  0.0 ni, 88.2 id,  0.0 wa,  0.0 hi,  0.0 si,  0.0 st
MiB Mem :   6305.0 total,   4496.0 free,    957.1 used,    851.9 buff/cache
MiB Swap:    923.2 total,    923.2 free,      0.0 used.   5106.5 avail Mem
Which user (blank for all) tony
```

──── 輸入該使用者的帳號

```
top - 14:32:41 up  1:46,  4 users,  load average: 0.00, 0.00, 0.00
Tasks: 230 total,   1 running, 229 sleeping,   0 stopped,   0 zombie
%Cpu(s):  0.0 us,  0.7 sy,  0.0 ni, 99.3 id,  0.0 wa,  0.0 hi,  0.0 si,  0.0 st
MiB Mem :   6305.0 total,   4496.0 free,    957.0 used,    852.0 buff/cache
MiB Swap:    923.2 total,    923.2 free,      0.0 used.   5106.5 avail Mem

   PID USER      PR  NI    VIRT    RES    SHR S  %CPU  %MEM     TIME+ COMMAND
  4531 tony      20   0   21884   3928   3328 R   0.3   0.1   0:00.02 top
  1260 tony      20   0   19304  11988   8100 S   0.0   0.2   0:00.49 systemd
  1261 tony      20   0  104100   3924     20 S   0.0   0.1   0:00.00 (sd-pam)
  1268 tony       9 -11   48228   6372   5252 S   0.0   0.1   0:00.01 pipewire
  1269 tony      20   0   32116   6380   5276 S   0.0   0.1   0:00.01 pipewir+
  1270 tony       9 -11 1354812  23096  18796 S   0.0   0.4   0:00.05 pulseau+
```

──── 現在只顯示該使用者的程序, 其舉止行為一目瞭然

結束執行中的程序

假設發覺某個程序佔用太多系統資源, 或使用者執行規定以外的程式, 則可從 top 內直接將其刪除:

```
top - 14:36:06 up  1:49,  4 users,  load average: 0.00, 0.00, 0.00
Tasks: 228 total,   1 running, 227 sleeping,   0 stopped,   0 zombie
%Cpu(s):  0.7 us,  0.3 sy,  0.0 ni, 99.0 id,  0.0 wa,  0.0 hi,  0.0 si,  0.0 st
MiB Mem :   6305.0 total,   4496.0 free,    957.0 used,    852.0 buff/cache
MiB Swap:    923.2 total,    923.2 free,      0.0 used.   5106.5 avail Mem
PID to signal/kill [default pid = 3581] 1268
   PID USER      PR  NI    VIRT    RES    SHR S  %CPU  %MEM     TIME+ COMMAND
  1260 tony      20   0   19304  11988   8100 S   0.0   0.2   0:00.49 systemd
  1261 tony      20   0  104100   3924     20 S   0.0   0.1   0:00.00 (sd-pam)
  1268 tony       9 -11   48228   6372   5252 S   0.0   0.1   0:00.01 pipewire
  1269 tony      20   0   32116   6380   5276 S   0.0   0.1   0:00.01 pipewir+
  1270 tony       9 -11 1354812  23096  18796 S   0.0   0.4   0:00.05 pulseau+
  1277 tony      20   0  323468   7652   6656 S   0.0   0.1   0:00.04 gnome-k+
```

1 請先按 k 鍵, 然後
會出現這個訊息

2 輸入要刪除的 PID (Process ID,
程序識別碼) 後, 按下 Enter 鍵

```
top - 14:36:06 up  1:49,  4 users,  load average: 0.00, 0.00, 0.00
Tasks: 228 total,   1 running, 227 sleeping,   0 stopped,   0 zombie
%Cpu(s):  0.7 us,  0.3 sy,  0.0 ni, 99.0 id,  0.0 wa,  0.0 hi,  0.0 si,  0.0 st
MiB Mem :   6305.0 total,   4496.0 free,    957.0 used,    852.0 buff/cache
MiB Swap:    923.2 total,    923.2 free,      0.0 used.   5106.5 avail Mem
Send pid 1268 signal [15/sigterm]
   PID USER      PR  NI    VIRT    RES    SHR S  %CPU  %MEM     TIME+ COMMAND
  1260 tony      20   0   19304  11988   8100 S   0.0   0.2   0:00.49 systemd
  1261 tony      20   0  104100   3924     20 S   0.0   0.1   0:00.00 (sd-pam)
  1268 tony       9 -11   48228   6372   5252 S   0.0   0.1   0:00.01 pipewire
  1269 tony      20   0   32116   6380   5276 S   0.0   0.1   0:00.01 pipewir+
  1270 tony       9  11 1354812  23096  18796 S   0.0   0.4   0:00.05 pulseau+
  1277 tony      20   0  323468   7652   6656 S   0.0   0.1   0:00.04 gnome-k+
```

輸入訊號 (signal) 代碼, 預設值是 15,
遇到頑抗的程序可輸入 "9" 將其強制刪除

3 直接按 Enter 鍵會送出
訊號代碼 15, 刪除該程序

```
top - 14:41:53 up  1:55,  4 users,  load average: 0.03, 0.02, 0.00
Tasks: 230 total,   4 running, 226 sleeping,   0 stopped,   0 zombie
%Cpu(s):  0.0 us, 14.0 sy, 86.0 ni,  0.0 id,  0.0 wa,  0.0 hi,  0.0 si,  0.0 st
MiB Mem :   6305.0 total,   4247.3 free,    960.5 used,   1097.2 buff/cache
MiB Swap:    923.2 total,    923.2 free,      0.0 used.   5098.0 avail Mem

   PID USER      PR  NI    VIRT     RES     SHR S  %CPU  %MEM     TIME+ COMMAND
  1625 tony      20   0 3729400  347384  141300 S   0.3   5.4   0:13.75 gnome-s+
  1260 tony      20   0   19304   11988    8100 S   0.0   0.2   0:00.49 systemd
  1261 tony      20   0  104100    3924      20 S   0.0   0.1   0:00.00 (sd-pam)
  1270 tony       9 -11 1354812   23096   18796 S   0.0   0.4   0:00.05 pulseau+
  1277 tony      20   0  323468    7652    6656 S   0.0   0.1   0:00.04 gnome-k+
  1284 tony      20   0  171248    6320    5744 S   0.0   0.1   0:00.00 gdm-x-s+
```

PID 編號 1268 的程序已經被刪除了

TIP 除了管理者可刪除任何程序之外, 每個使用者僅能刪除隸屬於自己的程序,
而無法刪除其他使用者的程序。

TIP top 還有其他的功能, 詳細說明請按 h 或 ? 鍵即可得知。

10-2-2 報告執行中的程序

當要查看系統中執行的程序時, *ps* (Process Status) 是經常使用的指令。現在請執行 *ps* 指令, 您會見到執行中的程序列表：

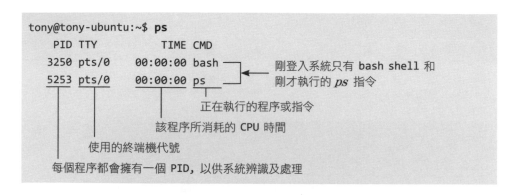

```
tony@tony-ubuntu:~$ ps
    PID TTY          TIME CMD
   3250 pts/0    00:00:00 bash          ┐    剛登入系統只有 bash shell 和
   5253 pts/0    00:00:00 ps            ┘←─  剛才執行的 ps 指令
                          │
                          正在執行的程序或指令
                   該程序所消耗的 CPU 時間
          使用的終端機代號
   每個程序都會擁有一個 PID, 以供系統辨識及處理
```

若加入 "u" 或 "-l" 參數則可觀看較詳細的說明：

```
tony@tony-ubuntu:~$ ps u  ←─ 觀察屬於自己的程序之詳細資訊
USER      PID %CPU %MEM    VSZ   RSS TTY      STAT START   TIME COMMAND
tony     1284  0.0  0.0 171248  6320 tty2     Ssl+ 12:46   0:00 /usr/libexec/
tony     1395  0.0  0.2 231860 15604 tty2     Sl+  12:46   0:00 /usr/libexec/
...
tony@tony-ubuntu:~$ ps -l  ←─ 使用 "-l" 參數, 資訊更豐富
F S   UID    PID   PPID  C PRI  NI ADDR SZ WCHAN  TTY          TIME CMD
0 S  1000   3250   3249  0  80   0 -  4966 do_wai pts/0    00:00:00 bash
0 R  1000   5261   3250  0  80   0 -  5334 -      pts/0    00:00:00 ps
```

10-2-3 觀察其他使用者的程序

若想一併查看其他使用者正在執行的程序, 請執行 *ps -Al* 指令：

```
tony@tony-ubuntu:~$ ps -Al
F S   UID    PID   PPID  C PRI  NI ADDR SZ WCHAN  TTY          TIME CMD
4 S     0      1      0  0  80   0 - 41951 -      ?        00:00:01 systemd
1 S     0      2      0  0  80   0 -     0 -      ?        00:00:00 kthreadd
...
```

→接下頁

```
0 S  1003   3946   3806   0  80   0 - 81010 -      ?       00:00:00 gvfs-afc-v
0 S  1000   4295   3317   0  80   0 -  4949 do_sel pts/3   00:00:00 bash
...
```

由顯示的訊息中，可得知目前系統中有 UID 編號為 1000 與 1003 共
兩位使用者登入，並可看到他們正在執行的程序。

10-2-4　查看背景執行的程序

單純使用 *ps* 指令，所觀察到的程序列表，都是在前景執行的程序。但
實際上，並非所有程序都在前景執行，隱藏在背景裡執行之程序也是不少
的。想觀察系統和每位使用者執行中的全部程序，可加上 "aux" 參數來查
看：

```
tony@tony-ubuntu:~$ ps aux
USER      PID %CPU %MEM    VSZ    RSS TTY    STAT START   TIME COMMAND
root        1  0.0  0.2 167804 13216 ?      Ss   12:46   0:01 /sbin/init sp
...
tony     3004  0.0  0.6 549596 39332 ?      Sl   12:47   0:00 update-notifi
root     3191  0.0  0.1  17412 11072 ?      Ss   12:48   0:00 sshd: tony [p
...
tony     3371  0.0  0.0   7968  5324 ?      S    12:53   0:00 /usr/bin/ssh-
benny    3373  0.0  0.1  17736 10296 ?      Ss   12:53   0:00 /lib/systemd/
benny    3489  0.0  0.4 642236 29796 ?      SNsl 12:53   0:00 /usr/libexec/
...
cassia   3855  0.0  0.1 472112  7532 ?      Ssl  12:53   0:00 /usr/libexec/
cassia   3858  0.0  0.0 244928  5552 ?      Ssl  12:53   0:00 /usr/libexec/
...
cassia   3933  0.0  0.6 570184 39540 ?      Sl   12:53   0:00 /usr/libexec/
cassia   3940  0.0  0.2 347352 15248 ?      Sl   12:53   0:00 /usr/libexec/
tony     4295  0.0  0.0  19796  5180 pts/3  Ss+  13:08   0:00 bash
...
```

10-2-5　替程序清單排序

　　ps 指令有個 "--sort" 參數，可將查詢結果依程序執行的時間、PID、UID...等做排序，再呈現於我們眼前。詳細的使用方法，可執行 *man ps* 指令查詢，在此不一一介紹，僅以下例表示：

```
tony@tony-ubuntu:~$ ps aux --sort user  ◀── 將程式依照使用者名稱字母排序
USER       PID %CPU %MEM    VSZ    RSS TTY    STAT START   TIME COMMAND
avahi      441  0.0  0.0   7624   3536 ?      Ss   12:46   0:00 avahi-daemon:
avahi      504  0.0  0.0   7440    340 ?      S    12:46   0:00 avahi-daemon:
benny     3373  0.0  0.1  17736  10296 ?      Ss   12:53   0:00 /lib/systemd/
benny     3374  0.0  0.0 171104   5276 ?      S    12:53   0:00 (sd-pam)
...
cassia    3806  0.0  0.1  17744  10356 ?      Ss   12:53   0:00 /lib/systemd/
cassia    3807  0.0  0.0 171104   5276 ?      S    12:53   0:00 (sd-pam)
...
tony      1260  0.0  0.1  19304  11988 ?      Ss   12:46   0:00 /lib/systemd/
tony      1261  0.0  0.0 104100   3924 ?      S    12:46   0:00 (sd-pam)
...
```

10-2-6　搭配其他指令查詢特定程序

　　由於 *ps aux* 指令會列出系統中正在執行的所有程序，因此反而不易找到特定的程序。若搭配其他指令使用 (如 *grep* 指令)，則可事半功倍：

```
tony@tony-ubuntu:~$ ps aux | grep "cassia"  ◀── 查詢包含 "cassia"
                                                字串的程序

cassia    3806  0.0  0.1  17744  10356 ?      Ss   12:53   0:00 /lib/systemd/
                                                                systemd --user
cassia    3807  0.0  0.0 171104   5276 ?      S    12:53   0:00 (sd-pam)
cassia    3813  0.0  0.0  48092   6416 ?      S<sl 12:53   0:00 /usr/bin/pipewire
...
```

上面的效果類似搭配 "uU" 參數：

```
tony@tony-ubuntu:~$ ps uU cassia
USER      PID %CPU %MEM    VSZ   RSS TTY    STAT START   TIME COMMAND
cassia   3806  0.0  0.1  17744 10356 ?      Ss   12:53   0:00 /lib/systemd/
cassia   3807  0.0  0.0 171104  5276 ?      S    12:53   0:00 (sd-pam)
cassia   3813  0.0  0.0  48092  6416 ?      S<sl 12:53   0:00 /usr/bin/pipe
cassia   3815  0.0  0.0  19744  5196 tty4   S+   12:53   0:00 -bash
...
```

10-2-7　刪除執行中的程序

要刪除某些程序時，除了使用 *top* 指令的 Ⓚ 鍵功能之外，最簡單的方法就是在文字模式下執行 *kill* 指令將其刪除，通常它會搭配 *ps* 指令使用：

```
tony@tony-ubuntu:~$ ps -u tony  ◀── 顯示 tony 使用者執行中的程序
   PID TTY          TIME CMD
...
  5413 tty3     00:00:00 bash
  5420 tty3     00:00:00 ftp      ◀── 先查看程序的 PID
  5458 tty5     00:00:00 bash
  5466 tty5     00:00:00 vim
...
tony@tony-ubuntu:~$ kill 5420  ◀── 把 PID 為 5420 的程序刪除
```

kill 指令預設是使用參數 "-15"，這個參數會中斷正在執行的程序，所以一般情況下只需使用 *kill* 指令加上欲刪除程序的 PID，便可刪除該程序。若遇到無法順利刪除的程序，就需要再加上其他的參數：

```
tony@tony-ubuntu:~$ kill -9 5420  ◀── 使用 -9 參數，強制刪除
                                      PID 為 5420 的程序
```

如何將目前登入的使用者踢出系統？

　　當您發現有某個使用者佔用了太多的系統資源，或是正在進行非法活動，只要執行以下指令，就可以將其強制驅離，踢出系統。假設現在要將已登入系統的使用者 benny 踢出系統，請先執行 **who** 指令，找出使用者 benny 登入的終端機代號，接著再以 **ps** 指令，找出該終端機正在執行的程序中，程序識別碼 PID 編號最小者：

```
tony@tony-ubuntu:~$ who  ◄─── 查看目前在系統中的使用者
tony     :0              2022-07-10 12:46 (:0)
tony     tty3            2022-07-10 15:19
tony     tty4            2022-07-10 15:21
tony     tty5            2022-07-10 15:19
tony     pts/0           2022-07-10 12:48 (172.25.176.1)
benny    pts/2           2022-07-10 12:53 (127.0.0.1)  ◄─── 找到使用者
tony     pts/7           2022-07-10 15:22 (172.25.176.1)       benny 登入
                                                               的終端機代
          └─────┘                                              號 (此例為
          此欄位為終端機代號                                     pts/2)


tony@tony-ubuntu:~$ ps aux | grep pts/2  ◄─── 查詢 pts/2 終端機正在
     此欄位就是 PID                              執行中的所有程序
                                                          找到 bash 程序 ─┐
          ↓                                                             │
benny   [3448]  0.0  0.0  19732  5152  pts/2  Ss+  12:53  0:00 -bash ◄──┘
tony    [5631]  0.0  0.0  17888  2416  pts/0  S+   15:48  0:00 grep
--color=auto pts/2
```

　　由於使用者登入系統時所執行的第一個程序通常為其工作環境 Shell (請參考第 3-1 節)。因此只要執行 **sudo kill -9** 指令，將此程序強制刪除，即可將使用者踢出系統：

```
tony@tony-ubuntu:~$ sudo kill -9 3448  ◄─── 強制刪除 PID 編號最小的程序
[sudo] tony 的密碼：  ◄─── 輸入您的密碼
```

Shell Script 程式設計

一般人熟悉的 JavaScript、Python 等，都是屬於 script 語言。此種語言的特色是編寫成文字檔後 (即 script), 不需要事先編譯，而在需要執行時才直接解譯每一行程式的內容。而此處要介紹的 shell script, 是指利用使用者環境 shell (例如 bash) 所提供的語法撰寫的 script。

如果您時常用到相同執行順序的操作指令時，便可將這些指令寫成 script 檔，如此往後要做同樣的事情時，只要在指令列輸入該 script 檔名執行即可，省時省力。

shell script 具有接受指令列參數、使用者輸入/輸出及設定變數的能力。其指令可分為 Linux 指令和 shell 指令, 其中 Linux 指令是指 *ls*、*cat*、*rm* 等等我們在先前幾章已經見過的指令。而 shell 指令是指由 shell 直接解譯的指令, 通常用於 script 檔程式流程的控制, 像是分支 (case...)、迴圈 (for..、while...) 或判斷 (if...) 等用途。由於大多數 Linux 發行版預設的 shell 為 bash, 因此本章中的介紹以 bash shell script 為主。

11-1 建立及執行 shell script

本節將以一個簡單的範例, 來介紹如何建立與執行 shell script。該範例會顯示目前的日期時間、執行路徑、使用者帳號及所在的目錄位置。

11-1-1 建立 shell script

請在文書編輯器輸入下列檔案內容, 並存檔為 showinfo:

```
#!/bin/bash      ←── 指定以 bash shell 執行此檔
# This script displays date, time, username
echo -n "Date and time is: "
date                                              ←── 顯示日期與時間
echo "Executable path is: " $PATH                 ←── 顯示執行路徑
echo -e "Your username is: `whoami` \n"           ←── 顯示帳號名稱
echo -e "Your current directory is: \c"
pwd                                               ←── 顯示目錄位置
```

TIP 測試 script 時, 不要將其檔名設為 test, 因為 test 是一個 Linux 指令, 這可能會造成非預期的執行結果。

此檔中開頭的第 2 行以 "#" 作為註解, 在執行時會略過。特別注意其中的第 1 行 "#!/bin/bash" 是用來指定此 script 以 bash 執行, 如果要設定以 tcsh 執行, 則應設成 "#!/usr/bin/tcsh"。要指定執行的 shell 時, 一定要將它寫在第 1 行。如果沒有指定, 則以目前正在執行的 shell 來解譯。

echo 指令用來顯示提示訊息, 其格式為:

```
echo [-neE] [arg...]
```

其中 arg 是要顯示的訊息, 顯示多個訊息時要以空白隔開, 如果是字串則最好以雙引號 (") 括住, 這樣子 shell 才能正確的處理。而參數 -neE 意義如下:

● **-n**: 在顯示訊息時不自動換行 (預設會自動換行)。

● **-e**: 顯示訊息時使用脫逸 (Escape) 字元。反斜線符號 "\" 為脫逸字元, 用來指示其後的字串為格式化選項。當 *echo* 指令使用 -e 參數輸出顯示訊息時, 會根據其後的選項將輸出訊息格式化, 而不會將它當成一般文字輸出。以上例而言 "\n" 會使游標在輸出後移到下一行, 而 "\c" 則使游標不會在顯示訊息後移至下一行。

● **-E**: 顯示訊息時不使用脫逸字元。

例如第 3 行 "echo -n ...", 表示此行輸出後不換行。如此, 下一行的 *date* 指令執行結果就會接在 "Date and time is:" 之後。

第 6 行 `whoami` **字串左右的反引號 (`)** 是用做指令置換, 也就是將它所**括起來的字串視為指令執行**, 並將其輸出字串在原地展開。第 4 行也可以改成和第 6 行類似的寫法: "echo -e Date and time is: `date`", 其意義是一樣的, 只是寫法不同。而第 7、8 行, 則又是效果相同的第 3 種寫法: 第 7 行 "echo -e....\c" 亦表示此行輸出後不換行, 故下一行的 *pwd* 指令執行結果就會接在 "Your current directory is:" 之後。

除了使用反引號外, 還可以使用 $(command) 作為指令置換, 底下兩個用法的功用是相同的, 您可依喜好自行選用:

```
echo "Your username is : `whoami`"
```

```
echo "Your username is: $(whoami)"
```

TIP 您可執行 *man bash | col -b > bash.txt* 指令將 *bash* 的線上說明轉成文字檔印出來閱讀 (約 6418 行), 其中有關於脫逸字元及 *bash* 指令的詳細說明。

11-1-2 執行 shell script

執行 shell script 的方式有 2 種, 一種是執行 shell 程式, 並將該 script 當作參數傳給它, 指令格式如下:

```
bash filename [參數 1 參數 2 ...]
```
◀── 以 bash 當 shell, 後面接
　　　script 檔名及參數

另一種方式是在指令列下直接輸入 script 檔名執行。以這種方式執行時, 必須先將檔案權限更改成可執行的權限, 否則在執行時系統將會回應 "拒絕不符權限的操作" 的訊息。

要設定檔案擁有者本身執行的權限, 可用下面的指令:

```
chmod u+x filename
```

TIP 若要讓所有的使用者都可以執行此 shell script, 則可以執行 *chmod a+x filename* 指令 (見 4-3-2 節)。

　　其中參數 "u" 是代表設定檔案擁有者本身的權限, 而 "+x" 則代表設定具有執行 (eXecute) 的權限。關於設定檔案權限的說明, 請參考 4-3 節。接著我們先修改剛剛建立的 showinfo 檔的權限, 並執行看看其結果為何:

```
tony@tony-ubuntu:~$ chmod u+x showinfo
tony@tony-ubuntu:~$ ./showinfo
Date and time is:西元2022年07月11日 (週一) 10時12分12秒 CST
Executable path is:  /usr/local/sbin:/usr/local/bin:/usr/sbin:/usr/bin:/
sbin:/bin:/usr/games:/usr/local/games:/snap/bin:/etc:/etc
Your username is: tony

Your current directory is: /home/tony
```

 無此指令?

　　直接執行 shell script 時, 比較常出現的問題是找不到指令, 其錯誤訊息類似下面這樣:

```
tony@tony-ubuntu:~$ showinfo  ◀── 若未指定 ./ 則會到 PATH 環境變數
                                   指定的執行路徑中去找這個程式

showinfo:無此指令              ◀── 找不到指令, 因為其所在的 /home/
                                   tony並不在執行路徑中
```

　　出現此訊息的原因多半是沒有正確設定路徑, 請執行 *export PATH=$PATH:.* 指令 (最後面是一個冒號加一個句點), 將目前的工作目錄加入 PATH 環境變數中即可。或者在 ~/.bash_profile 檔 (預設不存在, 您需自行建立) 中增加執行路徑, 例如:

```
PATH=$PATH:.  ◀── 加入此行, 如此下次登入時就會有作用了
```

11-2 設定與取用變數的方法

　　所謂變數, 就是可存放資料的識別符號。例如 x=10, x 是個變數名稱, 10 則為存放的資料。在 shell script 中設定與取用變數的方法有底下幾種, 在本節中將分別說明:

- 直接設定變數值
- 由指令置換取得
- 由指令列參數取得
- 由環境變數取得
- 由使用者輸入

 TIP 要注意在 bash shell 中的變數名稱有區分大小寫。

11-2-1　直接設定變數值

　　設定變數的方法很簡單, 只要直接指定其值即可, 例如我們可以建立一個 filename 變數存放檔名, 建立一個 user_age 變數存放使用者的年齡。底下範例是設定 5000 給 money 這個變數:

```
tony@tony-ubuntu:~$ money=5000 ◀── 注意設定變數時,"="號左右不可以有空白
```

　　要取用變數值的時候, 則應於變數名稱前加上 "$" 符號, 下例將顯示 money 的變數值:

```
tony@tony-ubuntu:~$ echo "money=$money" ◀── 這裡的雙引號可不加
money=5000
```

　　如果想在顯示的數字前加上 "$", 則必須使用脫逸字元, 例如:

```
tony@tony-ubuntu:~$ echo money=\$$money  ◄──── 加上 \$ 表示要顯示 $
money=$5000
```

11-2-2　由指令置換結果取得變數值

　　所謂**指令置換**的方式，簡單的說，就是**把指令執行的結果設定為某一個變數的變數值**。就如先前面我們曾提到的，反引號 (`) 及 $(command) 可用來將指令的輸出視為字串，因此我們可以利用此功能來設定變數值，底下範例設定變數 now 的值為目前系統的時間：

```
tony@tony-ubuntu:~$ now=`date`  ◄──── 將 date 指令的值指定給變數 now
tony@tony-ubuntu:~$ echo $now
西元2022年07月11日 (週一) 10時47分01秒 CST
```

11-2-3　使用指令列參數

　　當我們執行 script 檔時，可以加上一些參數傳入 script 中運算。以下變數即可用以讀取從指令列所輸入的參數：

變數名稱	說明
$0	執行的指令名稱
$n	n 為數字，$1 表示第 1 個指令列參數；$2 表示第 2 個指令列參數，依此類推
$#	指令列參數的總數，不包含指令本身
$?	上一個指令的傳回值
$*	指令列所有參數組成的字串，即 "$1 $2 ..."
$@	同 $* 變數

TIP 當某一個參數包含空白符號時，應將此參數以雙引號括起來。

以下這段程式會顯示所有參數及其總數。筆者用文書編輯軟體 (見第 6 章) 將其存為 showarg 檔：

```
#!/bin/bash
echo "Argument List: $@"      ◄── "$@" 表示顯示所有參數所組成的字串
echo "Argument Number: $#"    ◄── "$#" 表示顯示參數的數量
```

然後執行 *chmod +x showarg* 指令改為可執行, 以下為執行結果：

```
tony@tony-ubuntu:~$ ./showarg Pikachu Hello Kitty
Argument List: Pikachu Hello Kitty
Argument Number: 3
```

11-2-4 使用環境變數

系統中有許多內定的環境變數, 也有許多由其他程式所輸出 (export) 的環境變數, 這些變數也可以在 script 檔中直接取用。底下範例顯示所在的目錄：

```
#!/bin/bash
my_route=$PWD       ◄── 設定 my_route 變數採用 $PWD 環境變數的值
echo $my_route      ◄── 將 my_route 變數的值顯示出來
```

 TIP 關於查詢及修改環境變數，可參考 3-6 節。

11-2-5 由使用者輸入

使用 *read* 指令可以直接讀取使用者的輸入作為變數值, 可以用來撰寫互動式的 shell script。以下範例會先列出要求輸入使用者姓名的字串, 待使用者輸入姓名後, 將輸入的字串讀入並設定為 my_name 變數的值, 使用者輸入完並按下 Enter 鍵後, 顯示 "My name is" 及 my_name 變數的值 (即使用者輸入的字串)：

```
#!/bin/bash
echo -e "Please write your name and press Enter. \n"  ◄── 印出字串要求使用
                                                             者輸入姓名
read my_name    ◄── 讀取使用者輸入的字串作為 my_name 變數的值
echo "My name is" $my_name"."  ◄── 輸出指定的字串及使用者輸入的字串
```

筆者將內容存為 read-input 並修改檔案權限後即可執行，以下為執行結果：

```
tony@tony-ubuntu:~$ ./read-input
Please write your name and press Enter.

Tony            ◄── 依提示輸入姓名並按下 [Enter] 鍵
My name is Tony.  ◄── 輸出結果
```

11-3 建構 shell script

shell script 跟一般程式語言一樣，具有條件測試、流程控制及自訂函數等功能，底下分別說明。

11-3-1 條件測試與運算式

test 指令用來判斷運算式的真假 (True 或 False)，其語法為：

```
test 運算式
```

test 指令還有另外一種表達方式，即是以中括號括住所要判斷的運算式，如 "[運算式]"。使用這種表達方式時，於運算式前不必加上 "test" 識別字。請在指令列執行以下範例 (等號兩邊要有一個空格)：

```
tony@tony-ubuntu:~$ test 1 = 1  ◄── 測試字串 1 等於 1
tony@tony-ubuntu:~$ echo $?     ◄── 顯示傳回值
0                               ◄── 其值為真，傳回 0
tony@tony-ubuntu:~$ test 1 = 2  ◄── 測試字串 1 等於 2
tony@tony-ubuntu:~$ echo $?     ◄── 顯示傳回值
1                               ◄── 其值為假，傳回 1
tony@tony-ubuntu:~$ [ 1 = 1 ]   ◄── 省略 "test"，改用中括號，作用完全一樣
tony@tony-ubuntu:~$ echo $?
0
tony@tony-ubuntu:~$ [ 1 = 2 ]   ◄── 省略 "test"，改用中括號
tony@tony-ubuntu:~$ echo $?
1
```

　　test 指令常用於 if 及 while 敘述等迴圈結束條件的測試，它能測試的運算式可分成『字串』、『數值』、『檔案』與『邏輯』等 4 類。每一類的運算式各有其適用的運算子，以下分項列表說明。

字串運算子

運算子	說明
str1 = str2	若 str1 及 str2 兩值相等，則運算式的值為真
str1 == str2	與上面相同，適用於 bash 2.0 以後的版本
str1 != str2	若 str1 及 str2 兩值不相等，則運算式的值為真
str	若 str 的值不是 null，則運算式的值為真
-n str	若 str 的長度大於 0，則運算式的值為真
-z str	若 str 的長度等於 0，則運算式的值為真

　　字串運算子不可使用萬用字元，同時應注意運算子的左右需留空白。以下為執行範例：

```
tony@tony-ubuntu:~$ [ abc = ABC ]  ◄── 測試字串 abc 是否等於 ABC
tony@tony-ubuntu:~$ echo $?
1                                  ◄── 其值為假，傳回 1（大小寫視為不同）
tony@tony-ubuntu:~$ [ $PWD ]       ◄── 測試環境變數 PWD 是否有值
tony@tony-ubuntu:~$ echo $?
0                                  ◄── 其值為真，傳回 0
```

數值運算子

數值運算子用來判斷數值運算式的真偽。可用的運算子如下表 (其中 int1 及 int2 為整數)：

運算子	說明
int1 -eq int2	若 int1 及 int2 兩值相等, 則運算式的值為真
int1 -ge int2	若 int1 的值大於等於 int2 的值, 則運算式的值為真
int1 -gt int2	若 int1 的值大於 int2 的值, 則運算式的值為真
int1 -le int2	若 int1 的值小於等於 int2 的值, 則運算式的值為真
int1 -lt int2	若 int1 的值小於 int2 的值, 則運算式的值為真
Int1 -ne int2	若 int1 及 int2 兩值不相等, 則運算式的值為真

如果您將數值運算子用於一般字串, 將得到錯誤訊息。以下為執行範例：

```
tony@tony-ubuntu:~$ [ abc -gt def ]    ◀── 測試 "整數" abc 是否大於 def
bash: [: abc: 需要整數表示式           ◀── 資料形態錯誤
tony@tony-ubuntu:~$ [ 123 -gt 456 ]    ◀── 123 大於 456 嗎？
tony@tony-ubuntu:~$ echo $?
1                                      ◀── 其值為假, 傳回 1
```

檔案運算子

檔案運算子用來判斷檔案是否存在, 以及檔案形態和屬性。可用的運算子如下表：

運算子	說明
-d file	若 file 為目錄, 則運算式的值為真
-f file	若 file 為一般檔案, 則運算式的值為真
-s file	若 file 的長度大於 0, 則運算式的值為真
-r file	若 file 可讀取, 則運算式的值為真
-w file	若 file 可寫入, 則運算式的值為真
-x file	若 file 可執行, 則運算式的值為真

以下為執行範例：

```
tony@tony-ubuntu:~$ [ -d /root ]  ◄── /root 是目錄嗎？
tony@tony-ubuntu:~$ echo $?
0                              ◄── 其值為真，傳回 0
tony@tony-ubuntu:~$ [ -w /root ]  ◄── tony 有/root 的寫入權限嗎？
tony@tony-ubuntu:~$ echo $?
1                              ◄── 其值為假，傳回 1，沒有寫入權限
```

邏輯運算子

邏輯運算子用來結合運算式或取得運算式的相反值。可用的運算子如下表：

運算子	說明
!expr	若 expr 的值為假, 則運算式的值為真
expr1 -a expr2	若 expr1 及 expr2 的值皆為真, 則運算式的值為真
expr1 -o expr2	若 expr1 或 expr2 其中之一的值為真, 則運算式的值為真

以下為執行範例：

```
tony@tony-ubuntu:~$ echo 1 > readme  ◄── 建立 readme 檔
tony@tony-ubuntu:~$ [ -f readme -a -w readme ]◄── readme 檔存在且具有
tony@tony-ubuntu:~$ echo $?                    可寫入的權限嗎？
0       ◄── 其值為真
```

11-3-2 程式流程控制

本節將說明 shell script 的程式流程控制。

if 敘述

if 敘述可根據運算式的真偽值, 決定要執行的程式段落。其語法如下:

```
if expression1    ◀── 若 expression1 為真
then
        commands  ◀── 則執行這些指令
elif expression2  ◀── 否則若 expression2 為真
then
        commands  ◀── 則執行這些指令
else              ◀── 若以上的運算式皆不成立
        commands  ◀── 則執行這些指令
fi                ◀── 結束 if 敘述
```

fi 是 if 敘述的結束符號 (剛好是 if 倒過來), 必須與 if 成對出現, 而 elif 及 else 子句則可有可無。elif 是 else if 的意思, 當 if 的運算式不成立時, 才會接著測試 elif 的運算式。如果 if 及 elif 的測試條件皆不成立, 最後才會執行 else 子句內的指令。一個 if 可以有好幾個 elif 子句, 但只能有一個 else 子句。以下範例將可判斷目錄內是否有 readme 檔案:

```
#!/bin/bash
if [ -f readme ]
then
        echo "there is a readme file in current directory."
else
        echo "No readme file in current directory."
fi
```

case 敘述

case 敘述用來從許多的測試條件中選擇第 1 個符合的條件執行, 後面的條件就算符合也不會執行。其語法如下:

```
case string in                    ◄── 測試 string 字串
    str1)                         ◄── 若 string 等於 str1
        commands;;                ◄── 則執行這些指令
    str2)                         ◄── 若 string 等於 str2
.       commands;;                ◄── 則執行這些指令
    *)                            ◄── 若 string 不等於以上的字串
        commands;;                ◄── 則執行這些指令
esac                              ◄── 結束 case 敘述
```

case 敘述適用於字串的比較，其測試條件可用萬用字元。**雙分號 (;;)
為測試條件的結束符號**，在每一個測試條件成立後，一直到雙分號之前的
指令，都會被 shell 所執行。使用萬用字元作為測試條件時，請勿於字串左
右加上雙引號 ("")，因為如此將使字串無法正確匹配。

由於所有字串都可與萬用字元 * 匹配，因此 *) 之後的指令可視為
case 敘述預設的執行指令。底下示範如何利用 shell script 的 case 敘述
寫一個簡單的安裝程式，請將檔名取為 install：

```
#!/bin/bash
case $1 in    ◄── 取得指令列參數
    -i)    ◄── 若指令列參數為 -i 則開始安裝                    顯示開始安裝訊息
        echo "Beginning of installation process..." ◄──┘
        cp bin/* /usr/bin -r -f    ◄── 複製執行檔
        cp doc/* /usr/share/doc -r -f  ◄── 複製說明檔
        echo "Congratulations! Installation finished." ◄──
        ;;                                        顯示結束安裝訊息
    -h)    ◄── 若指令列參數為 -h 則顯示指令用法
        echo "*Benny's installation utility*"
        echo "Use '$0 -i' to install."
        echo "Use '$0 -h' to show this help message."
        ;;
    *)    ◄── 若輸入其他參數或不輸入參數，則提示取得更進一步的操作訊息
        echo "$0: You must specify one of the options."
        echo "Try '$0 -h' for more information."
        ;;
esac
```

由於此安裝程式會將檔案複製到 /usr/bin 及 /usr/share/doc 目錄, 故需要以 root 權限執行, 以下為執行範例：

```
tony@tony-ubuntu:~$ sudo ./install
[sudo] tony 的密碼：  ◀── 輸入您的密碼
./install: You must specify one of the options.
Try './install -h' for more information.
```

迴圈

如果您有一段程式需要重複執行, 複製貼上是一種方法：

```
#!/bin/bash
echo I am $(whoami).
echo I am $(whoami).
echo I am $(whoami).
echo I am $(whoami).
echo I am $(whoami).
```

但顯然這不是很好的方法, bash 提供了**迴圈**的功能, 讓我們可以設定在符合指定的條件下重複執行某段程式。稍後介紹的 for、while 與 until 敘述都可以達到迴圈的功能。

for 敘述

for 敘述可以對串列中的每一個元素執行相同的指令, 其中串列就是由空白符號所分隔的字串, 如：1 2 3 4 5。有 2 種語法：

```
for var in list ─┐
do               ├─◀── 對 list 串列中的每一個
        commands ─┘    元素 var 執行這些動作
done  ◀── 迴圈敘述結束
```

或

```
for var
do
        commands          ◄──── 對每一個指令列參數執行這些動作
done
```

第二種語法是第一種語法的簡寫，亦即當 for 敘述未使用 in 子句時，即代表使用參數列作為預設串列，因此底下兩個敘述的功用是相同的：

```
for var in "$@"
                        這兩種表示法都代表以參數列作為串列，對串列中的每
                  ◄──── 個元素執行 for 迴圈中指定的動作
for var
```

for 敘述的 in 子句與 case 敘述的 in 子句一樣，可使用萬用字元。底下範例程式會顯示目錄中所有 .txt 的文字檔案名稱及內容：

```
#!/bin/bash
for file in *.txt
do
        echo "***********************"
        echo $file
        echo "***********************"
        cat $file
done
```

while 敘述及 until 敘述

while 敘述與 until 敘述的語法結構和用途類似，while 敘述會在測試條件為「真」時重複執行。語法如下：

```
while expression  ◄──── 當 expression 為「真」時
do
     commands     ◄──── 執行這些動作
done
```

而 until 敘述會在其測試條件為「假」時重複執行。其語法如下：

```
until expression    ◄——  當 expression 為「假」時
do
      commands      ◄——  執行這些動作
done
```

break 子句及 continue 子句

在 shell 的 for、while、until 迴圈敘述中也可以使用如 C 語言的 break 及 continue 子句以跳脫現有的迴圈。break 子句用於中斷迴圈的執行，將程式流程移至迴圈敘述結束之後的下一個指令 (也就是 done 的下一行)。而 continue 子句則在忽略子句之後的指令，將程式流程移至迴圈開始的地方 (也就是 do 的下一行)。

break 子句及 continue 子句都可加上數字參數，以指示要跳脫的迴圈數目，例如以下的 continue 子句將跳脫 2 層迴圈：

```
while expressional1   ◄————  跳二層
do
    while expressional2   ◄—— 跳一層
    do
        continue 2    ◄———— 加上數字可指定要跳幾層迴圈，若指定的
    done                    數字大於最大的迴圈層數，會跳至最外一
done                        層迴圈執行。若只跳一層，可不加 1。
```

以下範例程式檔名為 jobcontrol，用來模擬工業上的作業流程控制：

```
#!/bin/bash
for x in a b c d e f g h i  ◄─────────────────────────────────┐
do                                                            │
        for y in 1 2 3 4 5 6 7 8 9  ◄──────────────────────┐  │
        do                                                 │  │
                echo "current job is $x$y"                 │  │
                echo "input 'n' to do next job"            │  │
                echo " 's' to skip the other jobs in current level"
                echo " 'x' to terminate all jobs"          │  │
                read action                                │  │
                if [ $action = n ]                         │  │
                then                                       │  │
                        echo "do next job"                 │  │
                        continue ──────────────────────────┘  │
                elif [ $action = s ]     往前跳 1 層迴圈至箭頭所指處  │
                then                                          │
                        echo "skip the other jobs in current level"
                        continue 2 ───────────────────────────┤
                elif [ $action = x ]     往前跳 2 層迴圈至箭頭所指處  │
                then                                          │
                        echo "terminate all jobs"             │
                        break 2 ──────────────────────────────┤
          ┌───► else              往後跳 2 層迴圈至箭頭所指處     │
          │             clear                                  │
  若不是輸入 │             echo ""                                 │
  'n', 's' 或 'x│           echo "Error input"                     │
  則重新執行程式 │           echo "Only accept 'n', 's' or 'x'."      │
          │             echo ""                                 │
          │             bash jobcontrol                         │
          │             break 2                                 │
                fi                                             │
        done                                                   │
done  ◄────────────────────────────────────────────────────────┘
```

　　修改檔案權限後, 即可於指令列輸入 ***bash jobcontrol*** 指令自行測試。上述範例 if 敘述的部分您也可以使用 case 敘述改寫:

```
#!/bin/bash
for x in a b c d e f g h i
do
        for y in 1 2 3 4 5 6 7 8 9
        do
                echo "current job is $x$y"
                echo "input 'n' to do next job"
                echo " 's' to skip the other jobs in current level"
                echo " 'x' to terminate all jobs"
                read action
                case $action in
                n)
                        echo "do next job"
                        continue
                        ;;
                s)
                        echo "skip the other jobs in current level"
                        continue 2
                        ;;
                x)
                        echo "terminate all jobs"
                        break 2
                        ;;
                *)
                        clear
                        echo ""
                        echo "Error input"
                        echo "Only accept 'n', 's' or 'x'."
                        echo ""
                        bash jobcontrol
                        break 2
                        ;;
                esac
        done
done
```

11-3-3 移動輸入參數

shift 指令用來將指令列參數向左移。假設指令列的 3 個參數如下：

```
$1=-r $2=file1 $3=file2
```

則在執行 *shift* 指令之後，其值會變成：

```
$1=file1 $2=file2
```

shift 指令也可以指定參數向左移的次數，如下例將使指令列參數向左移兩次：

```
shift 2
```

shift 指令常與 while 敘述或 until 敘述合用，底下的範例示範如何將一個檔案中的小寫英文字母全部轉為大寫字母，筆者將其存成 upcase 檔 (此 shell script 將使用 "-i" 參數指定來源檔案，使用 "-o" 參數指定輸出後的目的檔案，因此會讀入 4 個參數字串)：

```
#!/bin/bash
while [ "$1" ]                    ←── 當還有指令列參數時
do
        if [ "$1" = "-i" ]       ←── 若參數值為 -i, if 敘述也可改為 case 敘述
        then
                infile="$2"      ←── 指定輸入檔名
                shift 2          ←── 指令列參數向左移 2 次
        elif [ "$1" = "-o" ]     ←── 若參數值為 -o
        then
                outfile="$2"     ←── 指定輸出檔名
                shift 2          ←── 指定列參數向左移 2 次
        else
                echo "Program $0 does not recognize option $1"
        fi
done
tr a-z A-Z < $infile > $outfile  ←── 轉換小寫字元為大寫字元
```

TIP 若您忘了 "$0"、"$1" 代表什麼, 請翻回 11-2 節複習一下。

上例中的 *tr* 指令會讀取 -i 參數所設定的檔案, 轉換字元後寫到 -O 參數所設的檔案。以下是執行結果:

```
tony@tony-ubuntu:~$ cat my.txt  ◀── 顯示原始檔案
Jeff, if you loved the other one.
this is just amazing.            ◀── 原本的內容有大小寫
tony@tony-ubuntu:~$ bash upcase -i my.txt -o my.out  ◀── 轉換成大寫
tony@tony-ubuntu:~$ cat my.out
JEFF, IF YOU LOVED THE OTHER ONE.
THIS IS JUST AMAZING.            ◀── 全轉換成大寫了
```

11-3-4 定義及使用函式

shell script 也有自訂函式的功能。當 script 檔案變得很大時, 我們可以將 script 檔案中常用的指令程序寫成函式, 如此會使 script 更易於維護並更具結構性。定義函式的語法如下:

```
fname()
{
    commands
    [ return exit _ value ]  ◀── 若未使用 return 指令, 則會以最後一個指令
}                                或函式的傳回值, 作為此函式的傳回值
```

函式的使用方式與外部指令一樣, 只要直接使用函式的名稱即可。在使用函式時, 一樣可以傳入參數。函式處理參數的方式與 script 檔處理指令列參數的方式是一樣的。在函式中, $1 是指傳入函式的第 1 個參數, $2 是指傳入函式的第 2 個參數...。同時也可以使用 *shift* 指令來移動函式參數。底下範例示範如何將指令列輸入的數字傳入函式中, 並顯示最大的數值。筆者將檔名取為 maxvalue:

```
#!/bin/bash
max()                                          ← 定義 max 函式
{
        while [ $1 ]                           ← 當還有指令列參數時
        do                                     ← 執行以下指令
                if [ $maxvalue ]               ← 若最大值已定義
                then
                        if [ $1 -gt $maxvalue ] ← 且目前的參數大於最大值
                        then
                                maxvalue=$1    ← 定義成第 1 個參數
                        fi
                else                           ← 當最大值尚未定義
                        maxvalue=$1            ← 定義成第 1 個參數
                fi
                shift                          ← 左移函式參數
        done
        return $maxvalue                       ← 傳回最大值作為函式的結束狀態
}

max $@                                         ← 由參數列中讀入數值參數
echo "Max value is: " $?                       ← 取得上一個函式或指令的傳回值,
                                                 此處即為 max 函式的傳回值

#echo "Max value is: " $maxvalue               ← 也可將此行前面的註解去掉,取代上一行
                                                 (此 2 行作用相同)
```

在上例中, 筆者為了說明如何取得函式的傳回值而使用了 $? 及 *return* 指令。一個比較常用的作法是直接取用 $maxvalue 的值, 在 scrpit 中變數值並不會因為函式結束而消失。範例執行結果如下:

```
tony@tony-ubuntu:~$ bash maxvalue 103 32 54 7 56 14 119 ← 只能輸入整數
Max value is:  119
```

11-4 輸出環境變數

在 11-2 節中曾提到, 我們可以直接將環境變數作為 script 檔的預設變數使用。其實也可以將 script 檔中的自訂變數輸出成環境變數, 方法是使用 *export* 指令及 *source* 指令。

export 指令能將 script 檔內的變數輸出給其他的指令使用, 其方法如下:

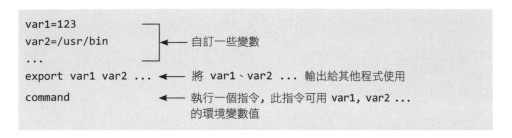

在一般的情況下執行 script 時, 系統會產生一個新的 shell 程式來執行它, 其過程如下圖所示:

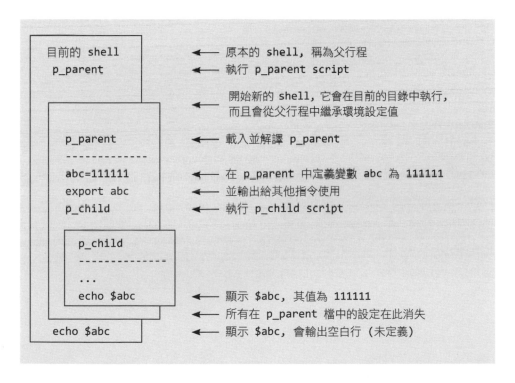

如前圖所示, 就算在 script 檔中有用 *export* 指令輸出環境變數, 也會隨著該 shell 程式的結束而消失。

要使環境變數存留於目前的 shell 中，則必須使用 *source* 指令執行該 script。其語法如下：

```
source script_name
```

以 *source* 指令執行 script 程式時，系統並不會產生新的 shell 程式，而是以目前的 shell 環境來執行：

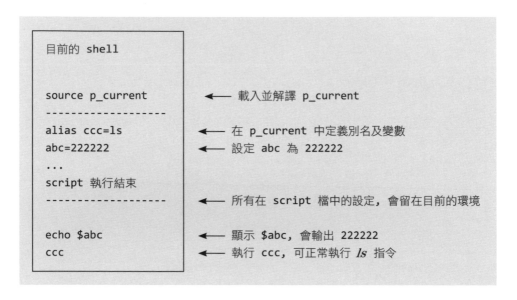

由此可見，以 *source* 指令執行 script 程式，可使該檔中所 export 的變數存留在 shell 中，而成為環境變數。此外，在 bash 中可以使用 . 指令來取代 *source* 指令，以下兩個指令的功能相同：

```
. ~/.bash_profile
```

```
source ~/.bash_profile
```

12

排程工作

電腦有很多程式需要自動啟動或是週期性地被執行，例如清理硬碟中不要的暫存檔、備份系統資料 ... 等。對於這些重複性或是需要指定時間的工作，其實不必感到困擾。您可利用本章所介紹的指令，輕輕鬆鬆完成想要執行的工作。

12-1 排程的 cron 常駐指令

cron 是 Linux 用來定期執行程式的常駐指令。當安裝完成作業系統之後, 預設便會啟動此排程指令。cron 每分鐘會定期檢查是否有要執行的工作, 如果有要執行的工作, 便會自動執行該工作。而 Linux 所排程的工作主要分成以下 2 類:

- **系統執行的工作**: 系統週期性所要執行的工作, 如備份系統資料、清理暫存檔等, 這些工作通常由系統管理者安排。
- **個人執行的工作**: 某個使用者定期想做的工作, 例如每隔 10 分鐘就檢查郵件伺服器是否有新的信, 這些工作可由每個使用者自行設定。

12-2 排程設定檔的寫法

在介紹如何排程前, 讀者需先了解排程設定檔的寫法, 其格式如下:

```
Minute   Hour   Day   Month   DayOfWeek   Command
```

而每個欄位所代表的意義如下表所示:

欄位	所代表的意義	可用的範圍
Minute	每個小時的第幾分鐘執行該程式	0 ~ 59
Hour	每天的第幾小時執行該程式	0 ~ 23
Day	每月的第幾天執行該程式	1 ~ 31
Month	每年的第幾個月執行該程式	1 ~ 12 (亦可使用 jan、feb...等英文的月份表示法)
DayOfWeek	每週的第幾天執行該程式	0 ~ 7 (其中 "0" 和 "7" 都代表星期日, 亦可使用 sun、mon...等英文的星期表示法)
Command	指定要執行的程式	填入要執行的指令, 可加上執行指令時所需的參數

在這些欄位裏, 除了 "Command" 是每次都必須指定的欄位以外, 其他欄位皆可視需求自行決定是否指定。對於不指定的欄位, 請填上 "*" 即可。以下筆者就介紹幾個常用的範例:

● 指定每小時的第 1 分鐘執行 *program -a -b - c* 指令:

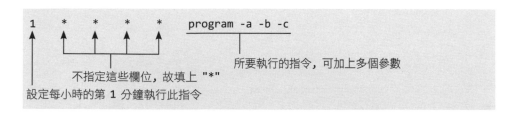

● 指定每天的 4 點 20 分執行 *program* 指令:

```
20    4    *    *    *    program
```

● 指定每月 9 日的 3 點 50 分執行 *program* 指令:

```
50    3    9    *    *    program
```

● 指定每年的 9 月 8 日 0 點 1 分執行 *program* 指令:

```
1    0    8    9    *    program
```
也可以使用 9 月的英文縮寫 "sep"

● 指定每星期日的 4 點 9 分執行 *program* 指令:

```
9    4    *    *    0    program
```
也可以使用星期日的英文縮寫 "sun"

● 如果您要同時指定多個不連續的時間, 則可在時間跟時間之間用 "," 區隔開來。如以下範例指定每月 1 日及 15 日的 2 點 20 分執行 *program* 指令:

```
20    2    1,15    *    *    program
                ↑
```
用 "," 串接多個不連續的時間

● 如果要指定連續的時間, 則可用 "-" 連接兩段時間。例如以下範例指定每天 1 點至 4 點的第 25 分鐘執行 *program* 指令:

```
25    1-4    *    *    *    program
        ↑
```
用 "-" 串接連續的時間

● 若要指定週期性的時間, 則可用 "/" 加上 "時間間隔" 指定。例如以下範例指定每隔 10 分鐘執行一次 *program* 指令:

```
*/10    *    *    *    *    program
  ┬
  └
```
每小時的第 0、10、20、30、40、50 分執行指定的指令

● 指定每月隔 10 天的 5 點 35 分執行一次 *program* 指令:

```
35    5    */10    *    *    program
              ┬
              └
```
每月的 1、11、21、31 日執行指定的指令

12-3 排程的系統工作

/etc/crontab 檔是 Linux 系統工作的排程設定檔, 可如下設定:

```
# /etc/crontab: system-wide crontab
# Unlike any other crontab you don't have to run the `crontab'
# command to install the new version when you edit this file
# and files in /etc/cron.d. These files also have username fields,
# that none of the other crontabs do.
```
↑──── 以 "#" 開頭的行, 表示是註解文字

→ 接下頁

```
SHELL=/bin/sh  ←── 指定執行排程工作時，所使用的 shell
# You can also override PATH, but by default, newer versions inherit it
from the environment
#PATH=/usr/local/sbin:/usr/local/bin:/sbin:/bin:/usr/sbin:/usr/bin ←┐
                                                          指定指令搜尋的路徑
...

# *    *    *    *    * user-name command to be executed
17 *    * * *    root    cd / && run-parts --report /etc/cron.hourly ←┐
          ↑
```

此排程設定檔較 12-4 節使用者個人的排程設定檔，多了這個欄位，此欄位是用來指定以哪個帳號執行此指令	指定執行的指令，其中 *run-parts* 指令會執行隨後目錄中的所有設定檔	每個小時的第 17 分鐘以 root 帳號執行/etc/cron.hourly 目錄中的所有設定檔

```
25 6    * * *    root    test -x /usr/sbin/anacron || ( cd / && run-parts
--report /etc/cron.daily ) ←── 若 /usr/sbin/anacron 不存在或沒有執行權限，
                               每天的 6 點 25 分以 root 帳號執行 /etc/cron.
                               daily 目錄中的所有設定檔

47 6    * * 7    root    test -x /usr/sbin/anacron || ( cd / && run-parts
--report /etc/cron.weekly ) ←── 若 /usr/sbin/anacron 不存在或沒有執行權限，
                                每週日的 6 點 47 分以 root 帳號執行 /etc/
                                cron.weekly 目錄中的所有設定檔

52 6    1 * *    root    test -x /usr/sbin/anacron || ( cd / && run-parts
--report /etc/cron.monthly ) ←── 若 /usr/sbin/anacron 不存在或沒有執行權限，
                                 每月 1 日的 6 點 52 分以 root 帳號執行 /etc/
                                 cron.monthly 目錄中的所有設定檔
```

在上述的系統工作排程設定檔中，crond 排程指令會每小時、每天、每週及每月執行一次 /etc/cron.hourly、/etc/cron.daily、/etc/cron.weekly 及 /etc/cron.monthly 目錄中的所有設定檔。有興趣的讀者可自行瞭解這些目錄下的設定檔，筆者在此就不再說明。

TIP *cron* 還會執行 /etc/cron.d 目錄下的檔案，讀者可自行了解該目錄下的設定檔。

12-4 排程的個人工作

除了上述排程的系統工作以外, 所有使用者則可利用 *crontab* 指令, 自行設定要定期執行的工作。

12-4-1 使用者新增排程工作

每個使用者可執行 *crontab -e* 指令, 編輯自己的排程設定檔, 並在此檔加入要定期執行的工作。以下範例為 tony 使用者編輯自己的排程設定檔:

```
tony@tony-ubuntu:~$ crontab -e
```

執行上述指令後, 會問您要用什麼文書編輯器。建議您選擇較簡單的 nano, 接下來即可自行編輯排程的工作。例如以下範例指每天的 14 點 55 分執行 *tar czvf backup/backup.tar.gz work/** 指令 (有關打包與壓縮的 *tar* 指令, 請參考第 13 章), 將其家目錄中 work 子目錄下的所有檔案, 打包並壓縮後, 備份到其家目錄中 backup 子目錄下:

```
55 14 * * * tar czvf backup/backup.tar.gz work/*
```

而 *cron* 指令在 14 點 55 分執行了 tony 使用者指定的指令之後, 會將執行的結果以 E-mail 寄送給該使用者 (不管成功或失敗)。

TIP 若想收到執行錯誤的信件, 請執行 *sudo apt-get install mailutils* 指令安裝 mailutils 套件。

例如以下為 tony 使用者所收到執行結果錯誤郵件的內容：

```
Return-Path: <tony@tony-ubuntu.flag.com.tw>
X-Original-To: tony
Delivered-To: tony@tony-ubuntu.flag.com.tw
Received: by tony-ubuntu.flag.com.tw (Postfix, from userid 1000)
        id 21857809F2; Thu, 14 Jul 2022 10:50:01 +0800 (CST)
From: root@tony-ubuntu.flag.com.tw (Cron Daemon)  ◄── 寄件者是排程程式
To: tony@tony-ubuntu.flag.com.tw                   ◄── 收件者是 tony 使用者
Subject: Cron <tony@tony-ubuntu> tar czvf backup/backup.tar.gz work/* ◄─┐
MIME-Version: 1.0                                                  郵件主旨
Content-Type: text/plain; charset=UTF-8
Content-Transfer-Encoding: 8bit
X-Cron-Env: <SHELL=/bin/sh>
X-Cron-Env: <HOME=/home/tony>
X-Cron-Env: <LOGNAME=tony>
Message-Id: <20220714025001.21857809F2@tony-ubuntu.flag.com.tw>
Date: Thu, 14 Jul 2022 10:50:01 +0800 (CST)
X-UID: 3
Status: O

tar: work/*：無法 stat：沒有此一檔案或目錄 ─┐
tar: 由於先前錯誤而以失敗狀態離開             ◄── 郵件內容即執行的結果
```

12-4-2 使用者檢視目前排程的工作

要知道目前自己排程的工作，可執行 *crontab -l* 指令查詢：

```
tony@tony-ubuntu:~$ crontab -l
...
55 14 * * * tar czvf backup/backup.tar.gz work/*  ◄── 剛剛指定的工作
```

12-4-3　使用者刪除排程的工作

如果不想再定期執行排程中的工作，則可執行 *crontab -r* 指令刪除所有排程的工作：

```
tony@tony-ubuntu:~$ crontab -r      ◀──  刪除排程中的工作
tony@tony-ubuntu:~$ crontab -l      ◀──  再檢視一次排程中的工作
no crontab for tony                 ◀──  已經沒有任何排程的工作
```

12-4-4　系統管理者可管理所有使用者排程的工作

root 系統管理者除了可執行上述的 *crontab* 指令，設定自己的排程工作外，亦可管理一般使用者的排程工作，例如執行以下指令即可編輯 benny 使用者的排程工作：

```
tony@tony-ubuntu:~$ sudo crontab -e -u benny ◀── 以 "-u" 參數指定要管理
                                                  哪個使用者的排程工作
[sudo] tony 的密碼：  ◀──   輸入您的密碼
```

同理，系統管理者也可執行 *sudo crontab -l -u benny* 指令列出 benny 使用者目前排程的工作；執行 *sudo crontab -r -u benny* 指令刪除 benny 使用者所有排程的工作。

12-4-5　個人排程設定檔擺放的位置

每個使用者排程工作的設定檔會被儲存在 /var/spool/cron/crontabs 目錄下，以帳號名稱為檔名。例如 tony 使用者的排程設定檔即為 /var/spool/cron/crontabs/tony 檔。不過此目錄只允許 root 系統管理者讀寫，一般使用者並沒有權限讀取此排程設定檔。

12-5 排程程式的輸出結果

　　cron 指令預設會將執行的結果, 以 E-mail 的方式寄給要求執行的使用者。您如果不想收到這些郵件, 可加入以下所述的內容, 將執行結果導向到一個記錄檔:

```
1 * * * * program >> /home/tony/cron.log
                  |
     將執行結果導向到 /home/tony/cron.log 記錄檔中
```

　　而下例則會將執行結果及錯誤訊息, 全部導向指定的記錄檔:

```
1 * * * * program >> /home/tony/cron.log 2>&1
                  |
     將執行結果及錯誤訊息全部導向到 /home/tony/cron.log
     記錄檔中, 2>&1" 表示執行結果及錯誤訊息
```

　　而最後這個範例將不會儲存所有執行結果及錯誤訊息:

```
1 * * * * program > /dev/null 2>&1
                  |
       將全部的執行結果及錯誤訊息導向
       /dev/null, 即表示不儲存這些資料
```

12-6 僅執行一次的排程 at 指令

　　除了前面說明的 *crontab* 指令外, Linux 還有一個 *at* 指令可以設定排程, 指定在某一時間進行工作。

TIP 請先執行 *sudo apt-get install at* 指令安裝 at 套件。

12-6-1 設定排程工作

以下我們用指定關機日期的範例, 來介紹 *at* 指令的用法:

```
tony@tony-ubuntu:~$ sudo at 15:55 2022-07-14  ◄──── 指定在 2022 年 7 月 14 日
                                                      的 15 點 55 分執行指令
[sudo] tony 的密碼:  ◄──── 輸入您的密碼
warning: commands will be executed using /bin/sh
at Thu Jul 14 15:55:00 2022
at> shutdown -h +10 "System will shutdown after 10 minutes"
    ───────────────    ─────────────────────────────────────
    執行關機的指令              通知使用者即將關機
at> <EOT>  ◄──── 按 Ctrl + D 鍵結束排程工作設定
job 1 at Thu Jul 14 15:55:00 2022
    ▲
    │
    此工作的編號為 1
```

　　crontab 與 *at* 都可以設定排程, 那麼兩者有什麼不同呢? 一般來說, *crontab* 指令適合需要週期性執行的工作, 如每天進行備份。而如果是僅需執行一次的工作, 例如筆者收到通知, 星期天上午 10 點辦公室會停電, 可是當天不上班, 那麼就可以如上述段落的說明, 使用 *at* 指令配合 *shutdown* 指令設定排程, 讓系統在停電前關機。

12-6-2 查詢及刪除排程工作

　　設定好的排程如果臨時變更, 或想查詢或刪除排程呢? 接著我們就要介紹, 可以查詢 *at* 指令所設定排程的 *atq* 指令, 及可以刪除排程的 *atrm* 指令:

```
tony@tony-ubuntu:~$ sudo atq ←── 因為要查詢管理者 root 的 at 排程，
                                  所以前面加上 sudo 指令。若不加
                                  sudo 指令，則查詢 tony 的排程設定


2           Thu Jul 14 18:00:00 2022 a root ←── 這是筆者另外新增的排程工作
1           Thu Jul 14 15:55:00 2022 a root
↑                     ↑
工作編號            預定執行時間
```

若想刪除排程工作，可以用 *atrm* 指令：

```
tony@tony-ubuntu:~$ sudo atrm 1          ←── 刪除工作編號 1 的排程
tony@tony-ubuntu:~$ sudo atq             ←── 再查詢一次
2           Thu Jul 14 18:00:00 2022 a root ←── 編號 1 的排程已經刪除了
```

atq 及 *atrm* 指令，也可以分別用 *at -l* 及 *at -d* 來代替。詳細的指令用法，您可以用 *man at* 指令來查詢。

12-7 設定開機自動啟動的服務

若您希望 Linux 開機後便自動啟動某些系統服務，例如網頁或郵件伺服器時，可用 root 權限 (單純查詢則不需要) 執行 *systemctl* 指令，來設定您想要自動開啟的服務：

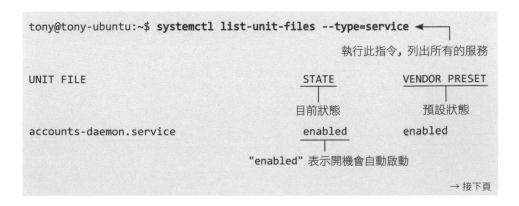

```
tony@tony-ubuntu:~$ systemctl list-unit-files --type=service ←──┐
                                                                 │
                              執行此指令，列出所有的服務

UNIT FILE                               STATE           VENDOR PRESET
                                          │                  │
                                        目前狀態           預設狀態

accounts-daemon.service                 enabled         enabled
                                          │
                          "enabled" 表示開機會自動啟動
```

→ 接下頁

```
acpid.service                                  disabled        enabled
                                                   |
                                        "disabled" 表示開機不會自動啟動

alsa-restore.service                           static          -
alsa-state.service                             static          -
...
colord.service                                 static          -
configure-printer@.service                     static          -
console-getty.service                          disabled        disabled
console-setup.service                          enabled         enabled
...
```

假設筆者想讓 console-getty.service 服務開機時自動啟動, 可如下操作:

```
tony@tony-ubuntu:~$ sudo systemctl enable console-getty.service ◀──
                                                        使用 "enable" 參數設定
                                                        console-getty.service
                                                        開機時自動啟動
[sudo] tony 的密碼: ◀── 輸入您的密碼
Created symlink /etc/systemd/system/getty.target.wants/console-getty.
service → /lib/systemd/system/console-getty.service.
tony@tony-ubuntu:~$ systemctl list-unit-files --type=service
UNIT FILE                                      STATE           VENDOR PRESET
...
brltty.service                                 disabled        enabled
colord.service                                 static          -
configure-printer@.service                     static          -
console-getty.service                          enabled         disabled
                                                   |
                                        開機已經會自動啟動了

console-setup.service                          enabled         enabled
...
```

12-8 指定開機自動執行的程式

如果您希望當 Linux 啟動時, 就能自動執行某些程式, 則請將要執行的程式寫入 /etc/rc.local 檔案。例如我們希望 Linux 啟動時, 便自動執行 *program* 指令, 請以 root 權限用文書編輯器編輯 /etc/rc.local 檔案 (此檔預設不存在)：

```
#!/bin/bash  ◀── 請加入此行
program      ◀── 加上要執行的指令
```

存檔後, 執行 *chmod 755 /etc/rc.local* 指令讓設定生效。

MEMO

13

打包、壓縮與解壓縮

在 Linux 的世界中，大部分的程式都是以壓縮檔的形式散佈。所以我們常常會看到一些以 .tar.gz, .tgz, .gz 或 .bz2 為副檔名的檔案。這些檔案都是使用各種不同壓縮程式所製作出來的壓縮檔，我們從網路上取得這樣的檔案之後，都要先解壓縮才能安裝使用。由於這是每個 Linux 使用者經常會用到的基本功能，因此筆者將在這一章中介紹最常見到的打包、壓縮和解壓縮程式。以後再遇到這些檔案時，就知道該如何處理了。

13-1 打包檔案的 tar 指令

tar 指令位於 /usr/bin/ 目錄中, 它能將使用者所指定的檔案或目錄打包成一個檔案, 不過它並不做壓縮。一般 Linux/Unix 上常用的壓縮方式是先用 *tar* 指令將許多檔案打包成一個檔案, 再以 *gzip* 等壓縮指令壓縮成 xxx.tar.gz (或稱為 xxx.tgz) 檔案。

tar 指令的參數繁多, 您可執行 *tar --help* 指令得到各參數的語法及大致說明。以下列舉常用參數作說明:

- -c:建立一個新的 tar 檔。
- -v:顯示運作過程的資訊。
- -f:指定檔案名稱。
- -z:呼叫 *gzip* 壓縮指令執行壓縮、解壓縮。
- -j:呼叫 *bzip2* 壓縮指令執行壓縮、解壓縮。
- -t:檢視壓縮檔案內容。
- -x:解開 tar 檔。

在此先舉一些最常用的範例:

```
tony@tony-ubuntu:~/data$ tar -cvf data.tar *    ◄── 將目錄下所有檔案包裝
                                                     成 data.tar, 副檔名
                                                     .tar 需自行加上

tony@tony-ubuntu:~/data$ tar -tvf data.tar      ◄── 檢視 data.tar 檔案
                                                     中包括了哪些檔案

tony@tony-ubuntu:~/data$ tar -xvf data.tar      ◄── 將 data.tar 解開
```

以下就其各種功能分別解說。

13-1-1 壓縮與解壓縮

　　tar 指令本身沒有壓縮能力，但是我們可以在產生 tar 檔案後，立即使用其他壓縮指令來壓縮或解壓縮，省去需要輸入兩次指令的麻煩：

● 使用 -z 參數呼叫 *gzip* 或 *gunzip* 指令來解開最常見的 .tar.gz 檔案或建立 .tar.gz 檔案：

```
tony@tony-ubuntu:~/data$ tar -zxvf foo.tar.gz    ←── 將 foo.tar.gz 解開至
                                                      目前目錄下

tony@tony-ubuntu:~/data$ tar -cvzf data.tar.gz *←── 將目錄下所有檔案打包，
                                                      再用 gzip 指令壓縮成
                                                      .tar.gz 檔
```

● 使用 -j 參數解開 tar.bz2 壓縮檔：

```
tony@tony-ubuntu:~/data$ tar -jxvf MyBackup.tar.bz2 ←──┐
                                將 MyBackup.tar.bz2 解開至目前的目錄下
```

● 使用 -Z (大寫) 參數指定以 *compress* 指令壓縮，或以 *uncompress* 指令解壓縮 tar 檔 (需要先執行 *sudo apt-get install ncompress* 指令安裝 ncompress 套件)：

```
tony@tony-ubuntu:~/data$ tar -cZvf picture.tar.Z *.tif ←──┐
                                將該目錄下的所有 .tif 打包，並以
                                compress 指令壓縮成 .tar.Z 檔

tony@tony-ubuntu:~/data$ tar -Zxvf picture.tar.Z  ←── 在當前的目錄下解壓縮
                                                      picture.tar.Z 檔
```

13-1-2 打包與解開

tar 的主要功能在於打包和解開, 讓我們看看其他相關參數的運作:

● 使用 --atime-preserve 參數, 可將解開後的檔案以原來的檔案時間存檔:

```
tony@tony-ubuntu:~/data$ tar --atime-preserve -xvf text.tar
```

● 使用 -h 參數指定打包檔案時, 若遇到符號連結 (symbolic link, 請參考 5-4 節) 時, 要儲存符號連結所連結的檔案, 而不是符號連結本身:

```
tony@tony-ubuntu:~/data$ tar -hcvf myfiles2.tar r*  ◀── 使用 -h 參數,儲存
                                                          實際的檔案內容
```

● 使用 -k 參數解開 tar 檔案時, 不覆蓋已存在的檔案:

```
tony@tony-ubuntu:~/data$ tar -xkvf text.tar
```

● 使用 --totals 參數可在打包完成後, 顯示寫入的 bytes 數:

```
tony@tony-ubuntu:~/data$ tar --totals -cvf text.tar *.txt
...
preface.txt
readme.txt
result.txt
已寫入位元組總數: 378880 (370KiB, 645MiB/s)  ◀── 共寫入了 378880 bytes
```

13-1-3 更新與刪除

瞭解了打包和解開的方法後, 接著看看如何針對部份檔案做更新與刪除的處理, 請看以下範例說明:

● 使用 --delete 參數刪除 .tar 檔中的檔案：

```
tony@tony-ubuntu:~/data$ tar --delete -vf text.tar phone.txt
```

這是打包在 text.tar 檔中的一個檔案，
指定要單獨將它從 .tar 檔中刪除

● 使用 -r 參數將檔案附加到 tar 檔裡面：

```
tony@tony-ubuntu:~/data$ tar -rvf text.tar address.txt
```

這是要附加到 .tar 檔中的檔案

● 使用 --remove-files 參數將檔案移入 tar 檔案中, 並移除原檔案：

```
tony@tony-ubuntu:~/data$ tar --remove-files -cvf text.tar *.txt
```

13-2 壓縮與解壓縮的 zip 和 unzip 指令

在 Linux 中有許多不同的壓縮及解壓縮程式, 接下來介紹的是處理 .zip 檔的 *zip* 和 *unzip* 指令。這 2 個指令位於 /usr/bin 目錄中, 它們和 Windows 的 WinRAR、7-zip 軟體功能一樣, 可將檔案壓縮成 .zip 檔以節省磁碟空間, 而當需要使用的時候, 再將壓縮檔解開。

13-2-1 壓縮 .zip 檔案的 zip 指令

zip 指令可用來壓縮檔案, 如果我們有許多檔案需要做壓縮, *zip* 指令甚至可以將它們一併處理並壓縮成一個檔案。一般 *zip* 指令最常用的方法, 是依序在指令後加上壓縮後的指定檔名, 以及要壓縮的檔案。

若不清楚 *zip* 指令的執行參數, 可直接執行 *zip* 指令, 顯示版權與語法說明：

```
tony@tony-ubuntu:~/data$ zip
...
zip [-options] [-b path] [-t mmddyyyy] [-n suffixes] [zipfile list] [-xi list]
...
```

以下筆者舉幾個常用的範例：

● 壓縮指定的檔案 (可同時指定不同副檔名的檔案)：

```
tony@tony-ubuntu:~/data$ zip myfiles *.txt  ←  將該目錄下所有 .txt 檔
                                               壓縮成 myfiles.zip

tony@tony-ubuntu:~/data$ zip myfiles *.txt *.jpg  ←  將該目錄下所有 .txt
                                                     及 .jpg 檔壓縮成
                                                     myfiles.zip
```

● 使用 -g 參數可壓縮指定的檔案，並加入已存在的壓縮檔中：

```
tony@tony-ubuntu:~/data$ zip -g myfiles.zip data2/*.log  ←
                         將 data2 子目錄下所有 .log 檔壓縮，
                         並加入已存在的 myfiles.zip

tony@tony-ubuntu:~/data$ zip -g myfiles data2/*.log data2/*.new  ←
                         將 data2 子目錄下的所有 .log 及 .new
                         檔壓縮，並加入已存在的 myfiles.zip
```

● 使用 -j 參數壓縮時，只會加入檔案的名稱及內容，不會包含目錄結構：

```
tony@tony-ubuntu:~/data$ zip myfiles data/*.txt
  adding: data/preface.txt (deflated 75%)       沒有 -j 參數時，預設會
  adding: data/readme.txt (stored 0%)           儲存檔案的目錄結構
  adding: data/result.txt (deflated 74%)
tony@tony-ubuntu:~/data$ zip -j myfiles data/*.txt
updating: preface.txt (deflated 75%)
updating: readme.txt (stored 0%)                加上 -j 參數，將只儲存檔案
updating: result.txt (deflated 74%)             的名稱，而不儲存目錄結構
```

● 使用 -r 參數，可在壓縮時包含所有子目錄下的內容：

```
tony@tony-ubuntu:~/data$ zip -r dat.zip *  ←── 將該目錄下的所有檔案及
                                                子目錄都壓縮成 dat.zip
```

13-2-2 解壓縮 .zip 檔的 unzip 指令

unzip 指令用來將 *zip* 指令壓縮產生的檔案解壓縮。您同樣可不加任何參數, 直接執行 *unzip* 指令, 取得參數及使用說明, 接下來讓我們看一些常用的範例:

● 將檔案全部解壓縮:

```
tony@tony-ubuntu:~/data$ unzip myfiles.zip  ←── 將 myfiles.zip 檔
                                                 全部解壓縮
```

● 將檔案解壓縮至某個目錄下:

```
tony@tony-ubuntu:~/data$ unzip myfiles.zip -d mydir  ←── 解壓縮到 mydir 目
                                                          錄, 若目錄不存在,
                                                          則會自行建立目錄
```

● 要解壓縮時, 若原來的檔案已存在目錄中, 就不解壓縮;若不存在, 才解壓縮:

```
tony@tony-ubuntu:~/data$ unzip -u myfiles.zip
```

● 解壓縮時不要依照原來的目錄結構, 而將檔案置於目前目錄:

```
tony@tony-ubuntu:~/data$ unzip -j myfiles.zip
```

雖然文字檔可以在各系統中通用,但在 Windows 下,文字檔的換行符號與 Linux 並不相同。一般文書編輯器與軟體皆可同時接受這兩種格式,不過若是 script/CGI 程式檔,可能會因為格式錯誤無法正常執行。所以若您先在 Windows 下使用 7-zip 等軟體將 script/CGI 程式檔解壓縮,再上傳到 Linux 主機,可能會因為軟體自動將換行符號轉換成 Windows/DOS 格式,而導致無法在 Linux 上執行,故筆者建議您盡量使用 *tar*、*unzip* 等 Linux 程式進行解壓縮。

13-3 壓縮與解壓縮的 gzip 和 gunzip 指令

　　除了 .zip 檔的壓縮格式外,在 Linux 系統下更常見的是 .gz 檔的壓縮格式,這種檔案一般是由 *gzip* 指令所產生。由於 *zip* 指令能將許多檔案壓縮成一個檔案功能,但 *gzip* 不能,所以 *gzip* 一般會和 *tar* 合併使用。目前大部分的壓縮檔大都是用 *tar* 將所有檔案包裝成一個檔案,再用 *gzip* 做壓縮,所以當我們看到副檔名為 .tar.gz 或 .tgz 者,大多就是這類型的檔案。雖然前面已經介紹過用 *tar* 的 -z 參數,搭配 *gzip* 進行壓縮和解壓縮,此處還是簡單說明 *gzip* 單獨使用的情形。

13-3-1 壓縮檔案的 gzip 指令

　　gzip 和 *zip* 同為壓縮指令,有了前面的基礎,要使用 *gzip* 應該事半功倍。使用 *gzip -h* 可得到指令的參數及語法說明,現在讓我們看看一些範例。

● 壓縮及解壓縮：

```
tony@tony-ubuntu:~/data$ gzip data.txt ◄── 壓縮檔案時，不需要加入任何參數
tony@tony-ubuntu:~/data$ ls data.*
data.txt.gz ◄── 產生了壓縮檔，但原檔案就不存在了
tony@tony-ubuntu:~/data$ gzip -d data.txt.gz ◄── 加 -d 參數，將 data.
                                                txt.gz 解壓縮
```

● 解壓縮時，使用 -f 參數，可強迫覆蓋輸出檔案，不要提示詢問訊息：

```
tony@tony-ubuntu:~/data$ gzip -d -f data.txt.gz ◄── 強迫覆蓋舊檔，不會
                                                    有詢問的訊息
```

13-3-2 解壓縮 .gz 檔的 gunzip 指令

gunzip 的用法與 *gzip* 一樣，它們擁有相同的指令列選項。讀者可以把 *gunzip* 視為 *gzip -d* 指令。因此筆者在此就不多作介紹。

13-4 壓縮與解壓縮的 bzip2 和 bunzip2 指令

在網路上還有一種 *.tar.bz2 的壓縮檔，可能有不少人會很疑惑 bz2 是什麼程式壓縮的？答案是 bzip2。這種壓縮檔的壓縮能力較好，通常會拿來壓縮大型專案的原始碼。*.tar.bz2 的解壓縮方法如下：

```
tony@tony-ubuntu:~/data$ tar -jxvf project.tar.bz2
```

bzip2 與 *bunzip2* 在功能、參數的用法上與 *gzip* 幾乎一樣，請您參考上一節來使用這個壓縮程式。

MEMO

軟體的安裝、升級與移除

以前在 Unix/Linux 作業系統要安裝軟體，往往都需要用文字模式的 *make* 指令來編譯程式，安裝過程稍嫌繁雜，而且不易使用。Ubuntu 內附了套件管理程式，提供使用者高度親和力的圖形介面及文字介面的指令，讓安裝 / 移除 / 升級軟體都不再是難事了！

Ubuntu 的軟體管理核心是一個開放原始碼的套件管理系統 DPKG (Debian Package Management System), 它的資料庫記錄了套件安裝、移除、升級的相依性, 此外也提供一個文字介面的套件管理工具 APT (Advanced Package Tools)。本章主要以介紹文字模式工具為主, 最後也會說明如何使用傳統的 *make* 指令編譯與安裝程式。

> **TIP** 另外還有一個常見開放原始碼的套件管理系統 RPM (RPM Package Manager), 使用 RPM 套件管理系統的 Linux 發行版有 Red Hat Linux、Fedora Linux、CentOS、OpenSUSE Linux...等。

14-1 以 apt-get、apt-cache 與 dpkg 指令管理套件

DPKG 套件管理系統最早是用在 Debian Linux 發行版上的套件管理系統, 而 Ubuntu Linux 發行版是由 Debian Linux 發行版改良而來, 因此也繼承了 Debian 的套件管理系統。Ubuntu 上套件的檔案名稱為 xxx.deb, 其中 deb 亦是 Debian 的縮寫。

14-1-1 DPKG 套件管理系統概念說明

為了讓讀者易於區別, 底下我們將整個 DPKG 套件管理系統簡稱為 DPKG, 將管理 DPKG 套件管理系統的程式稱為 apt-get 程式或 *apt-get* 指令, 而將能夠被 apt-get 程式處理的安裝套件稱為 DEB 套件。其關係可用下圖表示:

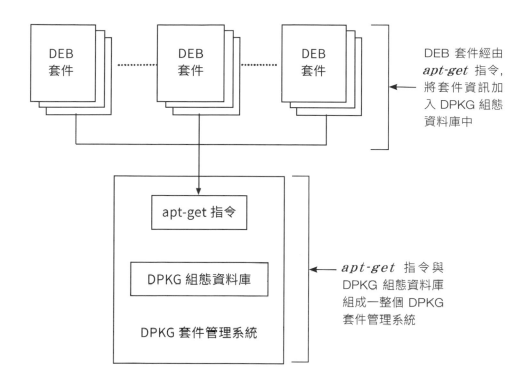

　　使用 DPKG 套件管理系統具有下列優點, 而這也是 DPKG 套件管理系統的設計目標：

1. 易於安裝、升級與移除套件：

安裝傳統 tar.gz 等格式的壓縮套件時, 必須先將其解開壓縮到一個目錄中, 然後再執行安裝的程序。而各套件的安裝方式又有所差異, 有的要再編譯原始碼, 有的要指定安裝的參數, 實在頗為麻煩。DEB 套件則將安裝需要的設定項目準備好, 只要執行 *apt-get* 指令, 就可以安裝、升級套件, 或移除已安裝的套件。

2. 有強大的查詢功能：

透過 DPKG 的組態資料庫, 我們可以查詢系統已安裝的套件；也可以查詢某個檔案是屬於哪個套件, 而此套件又來自何處。

3. **能夠進行套件驗證：**

   DPKG 提供套件驗證的功能, 您可藉以驗證是否誤刪了某個套件中的檔案。而且 DPKG 在安裝時會保留原來的設定檔, 所以即使誤刪檔案, 重新安裝也不必擔心遺失原來的設定。

4. **支援套件以原始碼形式發行：**

   DPKG 支援套件以原始碼的形式發行, 在 DEB 套件中能包含原始程式、更新程式 patch 及完整的建構指令。因此我們在取得一個程式的更新版時, 可以先看看程式的更新部分, 再採取適當的行動。

14-1-2 apt-get、apt-cache 與 dpkg 指令的操作方法

DEB 套件通常以 xxx.deb 的格式命名, 例如 apache2_2.4.52-1ubuntu4.1_amd64.deb。其中包含了套件名稱 (apache2)、版本 (2.4.52)、次版本 (1ubuntu4.1) 及平台 (amd64), 不過並不是所有套件的作者都會根據這個格式來命名。

與套件管理相關的指令很多, 常用的有 *apt-get*、*apt-cache* 與 *dpkg*。*apt-get*、*apt-cache*、*dpkg* 都已內建於系統中。

更新套件儲藏庫

APT 預設使用 Ubuntu 的官方網站為套件的儲藏庫, 當您想要使用 *apt-get* 指令安裝某個套件時, 只要指定套件名稱, APT 就會自動到儲藏庫下載該套件檔, 並且會同時尋找其他需要的檔案一起下載, 然後再進行安裝。

由於 Ubuntu 在全世界都有映射網站, APT 連線時會自動選擇距離您最近的映射站, 增加檔案下載的效率, 同時也能減少官方網站的負荷。

安裝或搜尋套件時, 建議先更新套件的儲藏庫以取得最新的軟體列表:

```
tony@tony-ubuntu:~$ sudo apt-get update     ◄── 更新套件的儲藏庫
[sudo] tony 的密碼:                          ◄── 輸入您的密碼
已有:1 http://tw.archive.ubuntu.com/ubuntu jammy InRelease
...
下載:14 http://security.ubuntu.com/ubuntu jammy-security/universe
amd64 DEP-11 Metadata [608 B]
取得 1,337 kB 用了 2s (628 kB/s)
正在讀取套件清單... 完成                       ◄── 更新完成
```

使用 apt-cache 搜尋套件儲藏庫

使用 *apt-cache* 指令可讓您搜尋想要安裝的套件, 其語法如下:

```
apt-cache search 套件名稱或關鍵字
```

筆者以搜尋 16 進位編輯器為例來說明:

```
tony@tony-ubuntu:~$ apt-cache search hex | more ◄── 搜尋 "hex", 查 16 進位
...                                                  (Hexadecimal) 相關套件
ghex - GNOME Hex editor for files  ◄── 找到的套件
...
```

使用 apt-get 線上安裝套件

當您用 *apt-cache* 指令找到想安裝的套件後, 可用 *apt-get* 指令安裝, 語法如下:

```
apt-get install 套件名稱
```

例如我們剛剛找到 ghex 套件, 您可如下以 root 的權限安裝 (安裝套件需要使用 root 的權限)：

```
tony@tony-ubuntu:~$ sudo apt-get install ghex  ◀── 安裝 ghex 套件
[sudo] tony 的密碼：  ◀── 輸入您的密碼
正在讀取套件清單... 完成
正在重建相依關係... 完成
正在讀取狀態資料... 完成
下列的額外套件將被安裝：
  libgail-3-0 libgtk-3-0 libgtk-3-common libgtkhex-3-0
下列新套件將會被安裝：
  ghex libgail-3-0 libgtkhex-3-0
下列套件將會被升級：
  libgtk-3-0 libgtk-3-common
升級 2 個，新安裝 3 個，移除 0 個，有 145 個未被升級。
需要下載 3,483 kB 的套件檔。
此操作完成之後，會多佔用 993 kB 的磁碟空間。
是否繼續進行 [Y/n]？ [Y/n] y ◀── 輸入 "y" 確定安裝
下載:1 http://tw.archive.ubuntu.com/ubuntu jammy-updates/main amd64
libgtk-3-common all 3.24.33-1ubuntu2 [239 kB]
下載:2 http://tw.archive.ubuntu.com/ubuntu jammy-updates/main amd64
libgtk-3-0 amd64 3.24.33-1ubuntu2 [3,053 kB]
下載:3 http://tw.archive.ubuntu.com/ubuntu jammy-updates/main amd64
libgail-3-0 amd64 3.24.33-1ubuntu2 [24.8 kB]
下載:4 http://tw.archive.ubuntu.com/ubuntu jammy/universe amd64
libgtkhex-3-0 amd64 3.41.1-1 [33.4 kB]
下載:5 http://tw.archive.ubuntu.com/ubuntu jammy/universe amd64
ghex amd64 3.41.1-1 [133 kB]
取得 3,483 kB 用了 2s (2,105 kB/s)
（讀取資料庫 ... 目前共安裝了 211326 個檔案和目錄。）
正在準備解包 .../libgtk-3-common_3.24.33-1ubuntu2_all.deb……
Unpacking libgtk-3-common (3.24.33-1ubuntu2) over (3.24.33-1ubuntu1) ...
...
```

使用 dpkg 安裝下載的 DEB 套件

您安裝軟體的來源除了 Linux 發行版的套件儲藏庫之外, 也有可能是直接從網路上下載 DEB 套件來安裝。使用 *dpkg* 指令加上參數 -i 可以安裝下載的 DEB 套件, 其格式如下:

```
dpkg -i 套件名稱.deb
```

筆者以安裝下載的 Dropbox (https://www.dropbox.com/install-linux) 為例來說明:

```
tony@tony-ubuntu:~$ sudo dpkg -i dropbox_2020.03.04_amd64.deb ◄━━     ┌─ 以 root 權限
[sudo] tony 的密碼Ⅰ     ◄━━ 輸入您的密碼                                 └─ 安裝 DEB 套件
選取了原先未選的套件 dropbox。
（讀取資料庫 ... 目前共安裝了 211451 個檔案和目錄。）
正在準備解包 dropbox_2020.03.04_amd64.deb……
解開 dropbox (2020.03.04) 中...
dpkg: 因相依問題，無法設定 dropbox：
 dropbox 相依於 libpango1.0-0 (>= 1.36.3); 然而：
  套件 libpango1.0-0 未安裝。     ◄━━ 有相依性的套件未安裝

dpkg: error processing package dropbox (--install):
 相依問題 - 保留未設定
執行 mailcap (3.70+nmu1ubuntu1) 的觸發程式……
執行 gnome-menus (3.36.0-1ubuntu3) 的觸發程式……
執行 desktop-file-utils (0.26-1ubuntu3) 的觸發程式……
執行 hicolor-icon-theme (0.17-2) 的觸發程式……
執行 man-db (2.10.2-1) 的觸發程式……
處理時發生錯誤：  ◄━━ 安裝失敗
 dropbox
tony@tony-ubuntu:~$ apt-cache search libpango1     ◄━━ 使用前面介紹過的
libpango1.0-dev - Development files for the Pango      *apt-cache* 指令搜尋
libpango1.0-doc - Documentation files for the Pango   "libpango1" 關鍵字

   ┌── 找到需要的套件
   ▼
libpango1.0-0 - Layout and rendering of internationalized text
(transitional package)
                                                   → 接下頁
```

```
tony@tony-ubuntu:~$ sudo apt-get install libpango1.0-0   ◄──── 安裝需要的套件
正在讀取套件清單... 完成
正在重建相依關係... 完成
正在讀取狀態資料... 完成
建議套件：
   libpangox-1.0-0
下列新套件將會被安裝：
   libpango1.0-0
升級 0 個，新安裝 1 個，移除 0 個，有 145 個未被升級。
1 個沒有完整得安裝或移除。
需要下載 16.5 kB 的套件檔。
此操作完成之後，會多佔用 87.0 kB 的磁碟空間。
...
tony@tony-ubuntu:~$ sudo dpkg -i dropbox_2020.03.04_amd64.deb ◄──┐
（讀取資料庫 ... 目前共安裝了 211481 個檔案和目錄。）          │
正在準備解包 dropbox_2020.03.04_amd64.deb……              再次安裝下載的
Unpacking dropbox (2020.03.04) over (2020.03.04) ...      Dropbox 套件
設定 dropbox (2020.03.04) ...
Please restart all running instances of Nautilus, or you will experience
problems. i.e. nautilus --quit
Dropbox installation successfully completed! You can start Dropbox from
your applications menu.   ◄──── 安裝成功，沒有錯誤訊息
...
```

使用 dpkg 檢視已安裝的套件

    dpkg 指令加上參數 -l 可以列出所有已安裝的套件：

```
tony@tony-ubuntu:~$ dpkg -l | more   ◄──── 查詢所有已安裝的套件
要求=U:未知/I:安裝/R:刪除/P:清除/H:保留
| 狀態=N:未安裝/I:已安裝/C:設定檔/U:已解開/F:半設定/H:半安裝/W:待觸發/T:未觸發
|/ 錯誤?=(無)/R:須重新安裝（狀態，錯誤：大寫=有問題）
||/ 名稱          版本              硬體平台      簡介
+++-==========-============-==========-================================
...
                                                              → 接下頁
```

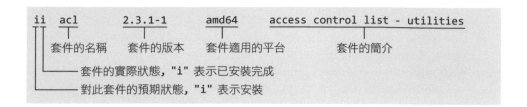

使用 dpkg 檢視已安裝套件的內容

dpkg 指令加上參數 -L 可以列出已安裝套件的內容, 其格式如下:

```
dpkg -L 套件名稱
```

例如筆者檢視前面安裝的 Dropbox 套件安裝了哪些檔案到電腦中:

```
tony@tony-ubuntu:~$ dpkg -l | grep dropbox  ◄── 搜尋是否有安裝 Dropbox 套件
ii  dropbox  2020.03.04  amd64  cloud synchronization engine - CLI
and Nautilus extension ◄── 確定有安裝
tony@tony-ubuntu:~$ dpkg -L dropbox | more  ◄── 看 Dropbox 套件裝了哪些內容
/.
/usr
/usr/lib
/usr/lib/nautilus
/usr/lib/nautilus/extensions-3.0
/usr/lib/nautilus/extensions-3.0/libnautilus-dropbox.so
/usr/lib/nautilus/extensions-2.0
/usr/share
/usr/share/nautilus-dropbox
/usr/share/nautilus-dropbox/emblems
...
```
◄── 套件內所有的內容

使用 apt-get 移除套件

若您想要移除套件, 可用 *apt-get* 指令加上 remove 參數, 以下筆者以移除系統預設安裝的 cups 列印伺服器套件為例來說明:

```
tony@tony-ubuntu:~$ dpkg -L cups | grep conf ◄── 先檢查 cups 套件
/etc/cups/snmp.conf ◄── cups 套件的設定檔          是否有設定檔
/usr/share/man/man5/subscriptions.conf.5.gz
tony@tony-ubuntu:~$ sudo apt-get remove cups ◄── 以 root 的權限
[sudo] tony 的密碼： ◄── 輸入您的密碼          移除 cups 套件
正在讀取套件清單... 完成
正在重建相依關係... 完成
正在讀取狀態資料... 完成
以下套件為自動安裝，並且已經無用：
  cups-browsed cups-core-drivers cups-daemon cups-server-common hplip-data
  libcupsimage2 libhpmud0 libimagequant0 libraqm0 libsane-hpaio
  printer-driver-postscript-hp python3-olefile python3-pil python3-renderpm
  python3-reportlab python3-reportlab-accel
使用 'sudo apt autoremove' 將之移除。
下列套件將會被移除：
  bluez-cups cups hplip printer-driver-hpcups printer-driver-splix ◄──┐
升級 0 個，新安裝 0 個，移除 5 個，有 145 個未被升級。                    │
此操作完成之後，會空出 4,046 kB 的磁碟空間。                      將被移除的套件
是否繼續進行 [Y/n]？ [Y/n] y ◄── 輸入 "y" 移除
...
正在移除 cups (2.4.1op1-1ubuntu4.1)……
執行 dbus (1.12.20-2ubuntu4) 的觸發程式……
執行 man-db (2.10.2-1) 的觸發程式……
```

　　使用 remove 參數移除套件時，若該套件有設定檔，那麼該設定檔將
會被保留下來。這樣的好處是如果您又再裝同樣的套件，那麼該套件就會
依照您以前設定檔的內容運作，您不需要再次依需求修改設定檔。

　　例如檢查剛才移除的 cups 套件的狀態：

```
tony@tony-ubuntu:~$ dpkg -l | grep cups 檢視 cups 套件的狀態

┌── "r" 表示套件已移除
│┌── "c" 表示設定檔保留下來
rc  cups   2.4.1op1-1ubuntu4.1    amd64   Common UNIX Printing
System(tm) - PPD/driver support, web interface
tony@tony-ubuntu:~$ ls -l /etc/cups/snmp.conf ◄── 檢視設定檔
```

→接下頁

```
-rw-r--r-- 1 root root 142  3月 19 07:07 /etc/cups/snmp.conf ◀── 設定檔確
                                                               實還存在
```

　　若您移除套件時想要連設定檔都移除, 那麼可用 purge 參數。例如筆者想移除 cups 套件且不留下來設定檔:

```
tony@tony-ubuntu:~$ sudo apt-get purge cups ◀── 使用 purge 參數移除
[sudo] tony 的密碼: ◀── 輸入您的密碼                套件及設定檔
正在讀取套件清單... 完成
正在重建相依關係... 完成
正在讀取狀態資料... 完成
以下套件為自動安裝,並且已經無用:
  cups-browsed cups-core-drivers cups-daemon cups-server-common hplip-data
  libcupsimage2 libhpmud0 libimagequant0 libraqm0 libsane-hpaio
  printer-driver-postscript-hp python3-olefile python3-pil python3-renderpm
  python3-reportlab python3-reportlab-accel
使用 'sudo apt autoremove' 將之移除。
下列套件將會被移除:
  bluez-cups* cups* hplip* printer-driver-hpcups* printer-driver-splix*
升級 0 個,新安裝 0 個,移除 5 個,有 145 個未被升級。
此操作完成之後,會空出 4,046 kB 的磁碟空間。
是否繼續進行 [Y/n]? [Y/n] y ◀── 輸入 "y" 移除
(讀取資料庫 ... 目前共安裝了 211450 個檔案和目錄。)
正在移除 bluez-cups (5.64-0ubuntu1)……
正在移除 printer-driver-splix (2.0.0+svn315-7fakesync1build3)……
正在移除 hplip (3.21.12+dfsg0-1)……
正在移除 printer-driver-hpcups (3.21.12+dfsg0-1)……
正在移除 cups (2.4.1op1-1ubuntu4.1)……
執行 dbus (1.12.20-2ubuntu4) 的觸發程式……
執行 man-db (2.10.2-1) 的觸發程式……
(讀取資料庫 ... 目前共安裝了 211290 個檔案和目錄。)
正在清除 hplip (3.21.12+dfsg0-1) 的設定檔……
正在清除 cups (2.4.1op1-1ubuntu4.1) 的設定檔……
執行 dbus (1.12.20-2ubuntu4) 的觸發程式……

tony@tony-ubuntu:~$ ls -l /etc/cups/snmp.conf        ◀── 看設定檔是否存在
ls: 無法存取 '/etc/cups/snmp.conf': 沒有此一檔案或目錄 ◀── 設定檔也移除了
```

因此, 當您想完整的移除套件及其設定檔, 可使用如下的格式:

```
apt-get purge 套件名稱
```

使用 dpkg 尋找檔案屬於哪個套件

使用 *apt-get remove* 指令移除套件時, 後面需要接套件的名稱。不過有時候您只知道檔案但不清楚它屬於哪個套件, 這時可用 --search 參數來查詢。查詢格式如下:

```
dpkg --search 套件名稱完整的路徑
```

或是您也可以使用簡寫的 -S (大寫) 參數:

```
dpkg -S 套件名稱完整的路徑
```

例如筆者想知道 *init* 指令是屬於哪個套件, 可如下查詢:

```
tony@tony-ubuntu:~$ which init      ◀── 查詢 init 指令完整的路徑
/usr/sbin/init                      ◀── 找到完整的路徑
tony@tony-ubuntu:~$ ls -l /usr/sbin/init   ◀── 查詢是否為連結
lrwxrwxrwx 1 root root 20  6月  6 14:08 /usr/sbin/init -> /lib/systemd/
systemd   ◀── 連結到 /lib/systemd/systemd
tony@tony-ubuntu:~$ ls -l /lib/systemd/systemd  ◀── 再次查詢是否為連結
-rwxr-xr-x 1 root root 1849992  4月  8 03:28 /lib/systemd/systemd ◀─┐
                                            為實際的檔案
tony@tony-ubuntu:~$ dpkg --search /lib/systemd/systemd ◀── 查詢屬於哪個套件
systemd: /lib/systemd/systemd ◀── /lib/systemd/systemd 來自於 systemd 套件
```

若您直接查詢 /usr/sbin/init 屬於哪個套件, 會得到如下的錯誤訊息:

```
tony@tony-ubuntu:~$ dpkg --search /usr/sbin/init
dpkg-query: 找不到符合 /usr/sbin/init 的路徑
```

使用 apt-get 更新套件

當套件安裝好過一陣子之後，可能會因修正錯誤、新增功能而推出新版。這時您不需要一一去檢查系統中已安裝的套件是否有新的版本，全部交給 apt-get 處理即可。使用 *apt-get* 指令加上 upgrade 參數，例如：

```
tony@tony-ubuntu:~$ sudo apt-get update  ◀── 先使用 root 權限更新套件儲藏庫，
                                              以確定能取得套件的最新資料


[sudo] tony 的密碼：      ◀── 輸入您的密碼
已有:1 http://tw.archive.ubuntu.com/ubuntu jammy InRelease
已有:2 http://tw.archive.ubuntu.com/ubuntu jammy-updates InRelease
已有:3 http://tw.archive.ubuntu.com/ubuntu jammy-backports InRelease
已有:4 http://security.ubuntu.com/ubuntu jammy-security InRelease
正在讀取套件清單... 完成
tony@tony-ubuntu:~$ sudo apt-get upgrade  ◀── 更新所有套件
籌備升級中... 完成
以下套件為自動安裝，並且已經無用：
  cups-browsed cups-core-drivers cups-daemon cups-server-common hplip-data
  libcupsimage2 libhpmud0 libimagequant0 libraqm0 libsane-hpaio
  printer-driver-postscript-hp python3-olefile python3-pil python3-renderpm
  python3-reportlab python3-reportlab-accel
使用 'sudo apt autoremove' 將之移除。
下列套件將會被升級；
 ...
  software-properties-gtk systemd systemd-oomd systemd-sysv systemd-timesyncd
  ubuntu-advantage-desktop-daemon ubuntu-advantage-tools ubuntu-docs
  ubuntu-release-upgrader-core ubuntu-release-upgrader-gtk udev
  uno-libs-private ure wpasupplicant xdg-desktop-portal
  xdg-desktop-portal-gnome xdg-utils zenity zenity-common
                              ▲
                        這些套件會被升級

升級 148 個，新安裝 0 個，移除 0 個，有 0 個未被升級。
需要下載 438 MB 的套件檔。
此操作完成之後，會多佔用 1,752 kB 的磁碟空間。
是否繼續進行 [Y/n]？ [Y/n] y  ◀── 輸入 "y" 更新
 ...
                                            → 接下頁
```

```
設定 gdm3 (42.0-1ubuntu7) ...
設定 gnome-shell-extension-desktop-icons-ng (43-2ubuntu1) ...
執行 initramfs-tools (0.140ubuntu13) 的觸發程式……
update-initramfs: Generating /boot/initrd.img-5.15.0-41-generic
執行 libc-bin (2.35-0ubuntu3) 的觸發程式……
```

您亦可只升級單一的套件，使用與安裝套件相同的 *apt-get install* 指令即可，若之前沒有安裝過該套件則會安裝該套件，若安裝過且有更新版的存在，則會升級：

```
tony@tony-ubuntu:~$ sudo apt-get install base-files  ◀── 安裝或升級單一套件
[sudo] tony 的密碼：      ◀── 輸入您的密碼
正在讀取套件清單... 完成
正在重建相依關係... 完成
正在讀取狀態資料... 完成
下列套件將會被升級：
  base-files    ◀── base-files 套件將會被升級
升級 1 個，新安裝 0 個，移除 0 個，有 147 個未被升級。
需要下載 62.8 kB 的套件檔。
此操作完成之後，會多佔用 0 B 的磁碟空間。
下載:1 http://tw.archive.ubuntu.com/ubuntu jammy-updates/main amd64 接下行
base-files amd64 12ubuntu4.1 [62.8 kB]
取得 62.8 kB 用了 1s (100 kB/s)
（讀取資料庫 ... 目前共安裝了 211451 個檔案和目錄。）
正在準備解包 .../base-files_12ubuntu4.1_amd64.deb……
Unpacking base-files (12ubuntu4.1) over (12ubuntu4) ...
設定 base-files (12ubuntu4.1) ...
motd-news.service is a disabled or a static unit not running, not starting it.
執行 cracklib-runtime (2.9.6-3.4build4) 的觸發程式……
執行 plymouth-theme-ubuntu-text (0.9.5+git20211018-1ubuntu3) 的觸發程式……
update-initramfs: deferring update (trigger activated)
執行 install-info (6.8-4build1) 的觸發程式……
執行 man-db (2.10.2-1) 的觸發程式……
執行 initramfs-tools (0.140ubuntu13) 的觸發程式……
update-initramfs: Generating /boot/initrd.img-5.15.0-41-generic
```

→ 接下頁

```
tony@tony-ubuntu:~$ sudo apt-get install openssh-server ◀
正在讀取套件清單... 完成                                    升級 openssh-server
正在重建相依關係... 完成
正在讀取狀態資料... 完成
openssh-server 已是最新版本 (1:8.9p1-3)。 ◀── openssh-server 已經是最新
                                              的了，故不會做任何動作

升級 0 個，新安裝 0 個，移除 0 個，有 147 個未被升級。
```

使用 apt-get 清除下載過的套件

我們透過套件儲藏庫由網路安裝的套件，會把下載完成的套件儲存在 /var/cache/apt/archives 而尚未完成的套件則存在 /var/cache/apt/archives/partial，等下載完成後會移到 /var/cache/apt/archives 下。這些下載完成的檔案在安裝好後並不會被刪除，所以建議您定期刪除這些檔案以節省硬碟空間。

```
tony@tony-ubuntu:~$ ls /var/cache/apt/archives
apache2_2.4.52-1ubuntu4.1_amd64.deb
apache2-bin_2.4.52-1ubuntu4.1_amd64.deb ◀── 已安裝完成的套件
apache2-data_2.4.52-1ubuntu4.1_all.deb
...
tony@tony-ubuntu:~$ sudo du -sh /var/cache/apt/archives ◀── 查看占用多少
60M     /var/cache/apt/archives ◀── 共占用 60 MB        硬碟空間
```

apt-get 指令加上參數 clean 可以刪除這些已安裝完成的套件：

```
tony@tony-ubuntu:~$ sudo apt-get clean ◀── 以 root 權限刪除安裝完成的檔案
[sudo] tony 的密碼： ◀── 輸入您的密碼
tony@tony-ubuntu:~$ ls /var/cache/apt/archives ◀── 檢視刪除的結果
lock  partial ◀── 下載的檔案都已刪除
tony@tony-ubuntu:~$ sudo du -sh /var/cache/apt/archives ◀── 查看占用多少
24K     /var/cache/apt/archives ◀── 只佔 24 KB          硬碟空間
```

14-2 Linux 軟體下載網站

您常常為了 Linux 上是否有某個功能的軟體而煩惱？本節將介紹何處可下載 Linux 上的應用程式。

當您腦中出現 "在 Linux 上若是有這種軟體該有多好啊！" 的念頭時, 恰巧又會寫程式, 千萬不要捲起袖子就開始寫了。除非您非常有創意, 否則在您想到之前, 可能早就有人想到且開始實做了。因此您不需要重複發明輪胎, 筆者在此介紹 2 個大型的軟體開發專案網站：

- https://sourceforge.net/
- https://osdn.net/

這 2 個網站裡面有許多的開發專案在進行, 您只要輸入想找的關鍵字搜尋, 或是依照分類尋找, 通常都可以找到您想要的軟體, 而且大都不只一個。

 TIP 筆者建議大型程式還是上官方網站下載比較新, 也比較安全。

14-3 如何安裝自行下載的軟體

通常您所下載的軟體多為 Tarball (tar.gz 或 tgz) 或 DEB 格式, 本節將說明如何安裝這些檔案。

若您下載的是 DEB 版本的套件, 請參考 14-1-2 節的方式安裝。若您下載的是 Tarball 格式, 請注意檔案解開之後, 有下列 2 種檔案格式：

- **原始碼格式**：軟體以原始碼方式散播，通常以 C 或 C++ 等程式語言寫成。您需要安裝 gcc 及 make 等套件才可編譯程式。至於編譯及安裝的方式，請參考該程式目錄下的 README 或 INSTALL 說明檔。

- **執行檔格式**：軟體以執行檔 (二進位) 的方式散播，下載時請注意您的作業系統版本及 CPU 種類。以 Apache 軟體為例，除了提供原始碼下載之外，也提供了執行檔下載。執行檔以 CPU 區分成 amd64 (x86 PC 64位元)、i386 (x86 PC 32 位元)。至於安裝的方式，請參考該程式目錄下的說明檔。您可如下檢視 CPU 類型：

```
tony@ubuntu:~$ uname -p
x86_64  ◀──  x86 架構 64 位元 CPU
```

本版 Linux 您可直接搜尋與安裝 "build-essential" 套件，即可安裝好編譯原始碼所需的環境：

```
tony@tony-ubuntu:~$ sudo apt-get install build-essential  ◀── 安裝編譯原始
[sudo] tony 的密碼：  ◀── 輸入您的密碼                            碼所需的套件
正在讀取套件清單... 完成
正在重建相依關係... 完成
正在讀取狀態資料... 完成
下列的額外套件將被安裝：
  dpkg-dev fakeroot g++ g++-11 libalgorithm-diff-perl
  libalgorithm-diff-xs-perl libalgorithm-merge-perl libdpkg-perl libfakeroot
  libfile-fcntllock-perl libstdc++-11-dev lto-disabled-list make
建議套件：
  debian-keyring g++-multilib g++-11-multilib gcc-11-doc git bzr
  libstdc++-11-doc make-doc
下列新套件將會被安裝：
  build-essential dpkg-dev fakeroot g++ g++-11 libalgorithm-diff-perl
  libalgorithm-diff-xs-perl libalgorithm-merge-perl libdpkg-perl libfakeroot
  libfile-fcntllock-perl libstdc++-11-dev lto-disabled-list make
升級 0 個，新安裝 14 個，移除 0 個，有 147 個未被升級。
需要下載 15.0 MB 的套件檔。
此操作完成之後，會多佔用 54.8 MB 的磁碟空間。
是否繼續進行 [Y/n]？ [Y/n] y  ◀── 輸入 "y" 安裝
```

下面筆者以下載 Zeek (一個網路頻寬分析軟體) 的原始碼為例, 來說明如何編譯及安裝。首先請到 https://zeek.org/get-zeek/ 下載程式的原始碼。下載完成之後, 請切換到檔案所在位置如下操作:

```
tony@tony-ubuntu:~$ sudo apt-get install cmake make gcc g++ flex 接下行
bison libpcap-dev libssl-dev python3 python3-dev swig zlib1g-dev ◄
[sudo] tony 的密碼:  ◄── 輸入您的密碼                        先安裝相依性套件
...                                                          才能正常編譯
升級 2 個，新安裝 60 個，移除 0 個，有 184 個未被升級。
需要下載 71.4 MB/88.6 MB 的套件檔。
此操作完成之後，會多佔用 263 MB 的磁碟空間。
是否繼續進行 [Y/n]？ [Y/n] y  ◄── 輸入 "y" 安裝
...
tony@tony-ubuntu:~/下載$ tar zxvf zeek-5.0.1.tar.gz  ◄── 解開壓縮檔
tony@tony-ubuntu:~/下載$ cd zeek-5.0.1
tony@tony-ubuntu:~/下載/zeek-5.0.1$ ls -l
...
-rw-r--r--  1 tony tony    2858  8月 27 01:27 README  ◄── 目錄中有 README
...                                                        說明檔
```

　　瀏覽 README 說明檔之後, 我們得知編譯及安裝步驟分為下列 3 部分 (大致上原始碼的安裝程式都是如此, 但請仍以說明檔為主):

1. **./configure**：執行程式目錄下的指令稿, 偵測目前系統的環境, 及產生編譯程式時所需的相關設定檔。若加上 --prefix 參數可以指定要將程式安裝在何處。

2. **make**：編譯程式。

3. **make install**：安裝編譯好的程式, 需以 root 身份執行。

　　執行以下指令編譯及安裝 Zeek:

```
tony@tony-ubuntu:~/下載/zeek-5.0.1$ ./configure
tony@tony-ubuntu:~/下載/zeek-5.0.1$ make -j 4 ◄── 編譯程式。"-j 4" 參數最
                                                    多會啟用 4 個 job 來編譯,
                                                    您也可以只使用 make 指
                                                    令, 但速度會慢很多

tony@tony-ubuntu:~/下載/zeek-5.0.1$ sudo make install ◄── 安裝編譯好的程式
```

　　Zeek 的功能很多, 其中也有自己的 script 程式。您可建立名為 hello.
zeek 的檔案, 內容如下：

```
event zeek_init()
      {
       print "Hello, World!";
      }
```

　　存檔後如下驗證是否安裝成功：

```
tony@ubuntu:~$ /usr/local/zeek/bin/zeek hello.zeek
Hello, World! ◄── 可以正常執行 Zeek 的 script, 表示安裝成功
```

MEMO

15

版本控制

本章將介紹何謂版本控制，同時以 Git 為例來說明如何進行版本控制。

15-1 什麼是版本控制系統？

　　網站開發、軟體開發都需要寫程式，而各個版本的原始碼管理就是版本控制。若不借助任何軟體，只是將原始碼壓縮成單一的壓縮檔，像是 alpha.zip、beta.zip、v1.0.zip、v1.1.zip...等就算是簡單的版本管理。只是這種做法很難知道每個版本間的差異，像是修改了哪些檔案、新增或刪除了哪些檔案，所以一般都會搭配**版本控制系統 (Version Control System)** 來管理原始碼。而版本控制系統是幫助我們管理原始碼差異的工具軟體，早期比較多人使用的有 CVS (Concurrent Versioning System) 與 SVN (Subversion) 而最近最多人使用的則是 Git。

　　版本控制系統大致可分為兩種類型：主從式管理與分散式管理。前面提到的 CVS 與 SVN 就是屬於主從式管理，它需要有一台伺服器來管理儲存原始碼差異的儲存庫 (repository, 簡稱 repo)，所有的使用者 (用戶端電腦) 須將所做的修改提交到伺服器。當其他人想做修改時，再從伺服器將最新原始碼同步回本機修改：

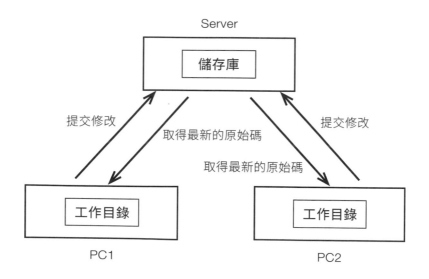

　　而 Git 就屬於分散式管理的版本控制系統, 它沒有一定需要一台伺服器來管理原始碼, 使用者在本機就可以管理原始碼的差異:

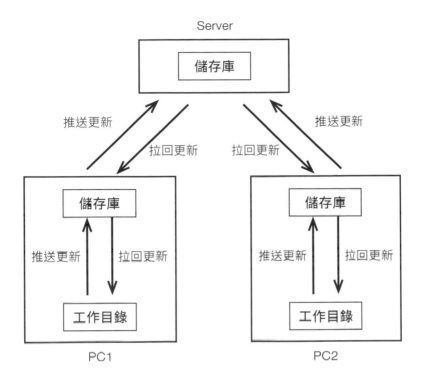

　　Git 是 Linux 的作者 Linus Torvalds 在 2005 年為了維護 Linux 的核心所開發的版本控制系統, 現在幾乎成為程式設計師必須要會的技術。但您可能會說我又不寫程式, 應該用不到版本控制吧!其實只要跟文字相關的工作都可以使用版本控制, 自然也可以使用 Git。像是筆者從事寫作工作, 寫作內容也會經過多次校稿與修改, 這時就可以使用 Git 來進行版本控制。

15-2 使用 Git 進行版本控制的基礎知識

Git 是以目錄為基礎來進行版本控制, 該目錄下的檔案、子目錄都會在版本控管的範圍。若您有多個專案在進行, 可分別在各自的目錄下進行版本控管而不互相影響。使用 Git (包含其他版本控制系統) 的好處是可以讓您將資料還原到任何一個有紀錄的時間點 (您可視之為目錄狀態的備份), 不用擔心將程式或文件內容改壞。在開始之前, 要先說明版本控制的檔案會有 3 種狀態, 像 3 個虛擬的 "區域":

● **工作目錄 (working directory)**:這就是您存放原始碼、圖片或文件的目錄。也就是您在未使用任何版本控制系統之前, 就已經在使用的目錄。

● **暫存區 (staging area)**:這個比較抽象, 第一次接觸到 Git 的人會不容易理解這個概念。您在**工作目錄**所做的修改要先加入**暫存區**, 然後才可以加入**儲存庫**。這些資料會存在工作區的 .git 目錄中, 但這些資料無法用來還原工作區的狀態。

● **儲存庫 (repository)**:**工作目錄**裡所做修改的差異最終就是儲存在**儲存庫**中 (由**暫存區**加入)。儲存庫的資料也是放在**工作目錄**裡的 .git 中, **儲存庫**裡的資料可將**工作目錄**還原到當初紀錄的時間點。

下圖簡單解說這 3 個狀態間的關係:

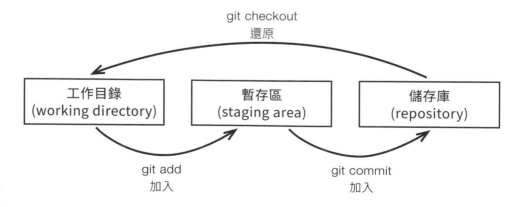

15-2-1 安裝 Git

Ubuntu 預設沒有安裝 Git, 您可如下安裝：

```
tony@tony-ubuntu:~$ sudo apt-get install git ◀── 安裝 Git 套件
[sudo] tony 的密碼：   ◀── 輸入您的密碼
正在讀取套件清單... 完成
正在重建相依關係... 完成
正在讀取狀態資料... 完成
下列的額外套件將被安裝：
  git-man liberror-perl
建議套件：
  git-daemon-run | git-daemon-sysvinit git-doc git-email git-gui gitk
gitweb
  git-cvs git-mediawiki git-svn
下列新套件將會被安裝：
  git git-man liberror-perl
升級 0 個，新安裝 3 個，移除 0 個，有 146 個未被升級。
需要下載 4,110 kB 的套件檔。
此操作完成之後，會多佔用 20.9 MB 的磁碟空間。
是否繼續進行 [Y/n]？ [Y/n] y ◀── 輸入 "y" 安裝
...
```

15-2-2 初始化工作目錄與設定使用者變數

前面提到 Git 是以目錄為基礎來進行版本控制, 您可以建立一個空的目錄來進行版本控制, 也可以在已有內容的目錄下進行版本控制。另外在使用前要設定使用者的 Email 與名字, 否則在提交修改時會出現錯誤訊息。請如下設定：

```
tony@tony-ubuntu:~/poetry$ git config --global user.email flag.接下行
publishing.tony@gmail.com ◀── 設定您的 Email
tony@tony-ubuntu:~/poetry$ git config --global user.name tony ◀──┐
                                                    設定您的名字
```

設定好後請如下初始化您要進行版本控制的目錄，筆者以建立一個空目錄為例來說明：

```
tony@tony-ubuntu:~$ mkdir 9x9  ◄── 建立一個名為 9x9 的目錄
tony@tony-ubuntu:~$ cd 9x9  ◄── 切換到此目錄
tony@tony-ubuntu:~/9x9$ ls -al
總用量 8
drwxrwxr-x  2 tony tony 4096  7月 22 09:05 .
drwxr-x--- 19 tony tony 4096  7月 22 09:05 ..  ◄── 目前沒有任何檔案
tony@tony-ubuntu:~/9x9$ git init  ◄── 初始化
提示：將「master」設定為初始分支的名稱。這個預設分支名稱可以變更。
            └── 預設的分支名稱為 "master"，
                之後可以修改

提示：如果要設定所有新版本庫要使用的初始分支名稱，
提示：請呼叫（會隱藏這個警告）：
提示：
提示：  git config —global init.defaultBranch <name>
提示：
提示：除了 'master' 外，常用的分支名稱有 'main'，'trunk' 以及
提示：'development'。剛建立的分支可以用這個命令重新命名：
提示：
提示：  git branch -m <name>
已初始化空的 Git 版本庫於 /home/tony/9x9/.git/
tony@tony-ubuntu:~/9x9$ ls -al  ◄── 再次檢視目錄內容
總用量 12
drwxrwxr-x  3 tony tony 4096  7月 22 09:05 .
drwxr-x--- 19 tony tony 4096  7月 22 09:05 ..     多了 ".git" 目錄，
drwxrwxr-x  7 tony tony 4096  7月 22 09:05 .git  ◄── 9x9 目錄提交的差異內
                                                    容都會存於此目錄中
```

初始化後在原本的目錄下會建立一個隱藏的 .git 目錄，您之後提交的差異修改或由儲存庫還原的內容都是存於此目錄或由此目錄中取得。您完全不理會 .git 目錄的改變及它底層的運作原理也可以將 Git 用得很好，只要注意不要刪除 .git 這個目錄即可。.git 目錄只要一刪除，現有目錄就失去版本控制的功能，所有的修改紀錄也會消失。您可如下檢視 .git 的目錄架構：

```
tony@tony-ubuntu:~/9x9$ sudo apt-get install tree ◄── 安裝 tree 套件
tony@tony-ubuntu:~/9x9$ tree .git ◄── 使用 tree 指令檢視 .git 目錄架構
.git
├── branches
├── config
├── description
├── HEAD
├── hooks
│   ├── applypatch-msg.sample
│   ├── commit-msg.sample
│   ├── fsmonitor-watchman.sample
│   ├── post-update.sample
│   ├── pre-applypatch.sample
│   ├── pre-commit.sample
│   ├── pre-merge-commit.sample
│   ├── prepare-commit-msg.sample
│   ├── pre-push.sample
│   ├── pre-rebase.sample
│   ├── pre-receive.sample
│   ├── push-to-checkout.sample
│   └── update.sample
├── info
│   └── exclude
├── objects
│   ├── info
│   └── pack
└── refs
    ├── heads
    └── tags

9 directories, 17 files
```

目前的 .git 目錄架構是工作目錄為空時的狀態, 一旦您在工作目錄增加資料或是提交修改, .git 目錄的內容就會改變, 若有興趣可自行使用 *tree* 指令觀察。

15-2-3 提交修改相關的 git status、git add、git commit 與 git log 指令

開始使用 Git 版本控制系統後, 有 4 個 Git 相關的指令是您會一直重複使用的:

- git status：告訴您自從上一次提交修改後, 您**工作目錄** (working directory) 下有做過新增、刪除與修改的檔案。

- git add：將**工作目錄** (working directory) 中做過新增、刪除與修改的檔案加入**暫存區** (staging area), 以便之後可以加入**儲存庫** (repository) 中, 一般可以使用 *git add --all* 指令將所有修改過的檔案全加入暫存區中。您也可以使用 *git add 檔案名稱 檔案名稱 ...* 指令指定要加入的檔案, 因為不是所有的檔案都適合或需要進行版本追蹤, 像是暫存檔案或是存有密碼的檔案。

> **TIP** 您也可以將不想追蹤的檔案或目錄寫入工作目錄下的 .gitignore 檔中 (預設不存在), 相關的說明可參考 https://git-scm.com/docs/gitignore。

- git commit：將交到**暫存區** (staging area) 中的檔案寫到**儲存庫** (repository) 中。

- git log：查詢工作目錄所有提交過的修改。

接著筆者示範如何使用這 4 個常用的指令, 請如下操作:

```
tony@tony-ubuntu:~/9x9$ touch 1x1=1.txt ◀── 使用 touch 指令新增一個
                                             名為 1x1=1.txt 的空文件

tony@tony-ubuntu:~/9x9$ git status ◀── 查詢工作目錄的狀態
位於分支 master ◀── 目前位於 "master" 分支, 所謂的分支是 Git
                    用來記錄提交紀錄的樹狀架構。

尚無提交

未追蹤的檔案:
  (使用 "git add <檔案>..." 以包含要提交的內容)
        1x1=1.txt  ◀── 有一個未追蹤的檔案, 這是我們剛才新增的 1x1=1.txt

提交為空, 但是存在尚未追蹤的檔案 (使用 "git add" 建立追蹤)

tony@tony-ubuntu:~/9x9$ git add 1x1=1.txt ◀── 將 1x1=1.txt 加入暫存區
```

→ 接下頁

```
tony@tony-ubuntu:~/9x9$ git status  ◀── 再次檢視工作目錄狀態
位於分支 master

尚無提交

要提交的變更：
  （使用 "git rm --cached <檔案>..." 以取消暫存）
        新檔案：   1x1=1.txt  ◀── 1x1=1.txt 已經加入暫存區，但尚未提交修改

tony@tony-ubuntu:~/9x9$ git commit  ◀── 提交修改
```

這時系統預設會開啟 nano 文字編輯器：

號為註解，不會寫入提交的紀錄中

1 請輸入提交修改紀錄的說明，此處輸入的文字會出現在使用 *git log* 指令查詢的結果

```
GNU nano 6.2            /home/tony/9x9/.git/COMMIT EDITMSG *

位於分支 master

初始提交

要提交的變更：
        新檔案：     1x1=1.txt

新增1x1=1.txt空檔案

^G 說明    ^O 儲存    ^W 搜尋    ^K 剪下    ^T 執行    ^C 位置
^X 離開    ^R 讀取    ^\ 取代    ^U 貼上    ^J 對齊    ^/ 跳列
```

2 按 [Ctrl] + [X]，並依指示使用預設值存檔即可

存檔後就完成我們的第一筆 Git 提交修改了，接著如下查詢提交紀錄：

```
tony@tony-ubuntu:~/9x9$ git status  ◀── 檢視工作目錄狀態
位於分支 master
沒有要提交的檔案，工作區為乾淨狀態  ◀── 沒有需要提交的檔案
                                                    → 接下頁
```

```
tony@tony-ubuntu:~/9x9$ git log ◀── 查詢提交紀錄
commit e8f7be6666fa53622d1a78821acb8a5ad47dd5c6 (HEAD -> master)
```

這是 Git 產生的 SHA 值，表示檔案差異是記錄在
.git/objects/e8 目錄下的 f7be6666fa53622d1
a78821acb8a5ad47dd5c6 檔案中，您的可能會跟
筆者不同，可自行用 *tree* 指令查詢；之後若要還
原到此狀態，就會需要用到此 SHA 值

"HEAD" 為指標，它會
指向目前的分支

```
Author: tony <flag.publishing.tony@gmail.com>
Date:   Fri Jul 22 09:10:38 2022 +0800
```

　　新增1x1=1.txt空檔案 ◀── 此為我們輸入的提交紀錄

```
tony@tony-ubuntu:~/9x9$ git log --oneline ◀──
e8f7be6 (HEAD -> master) 新增1x1=1.txt空檔案
```

預設 *git log* 指令會輸出詳細的
資訊，加上 "--oneline" 參數
可輸出單行的濃縮資訊

SHA 只會顯示前面 7 個字元，您也
可以使用此簡寫值來還原狀態

15-2-4　更改分支名稱

　　Git 的第一個分支會以 "master" 命名，原則上不需要更改。(分支的使用方式會在 15-2-9 說明。) 若您想改成容易理解的名稱，可如下操作：

```
tony@tony-ubuntu:~/9x9$ git branch -m 9x9 ◀── 筆者將分支名稱改為 "9x9"
tony@tony-ubuntu:~/9x9$ git status ◀── 檢視狀態
位於分支 9x9 ◀── 分支名稱已經變為 "9x9" 了
沒有要提交的檔案，工作區為乾淨狀態
```

15-2-5　提交時直接寫入提交紀錄

　　前面我們使用 *git commit* 指令提交修改時，系統預設會開啟 nano 文字編輯器讓您輸入修改紀錄。您也可以在提交紀錄時使用 "-m" 參數

直接輸入提交紀錄，筆者先增加一些內容後再示範提交時直接加入修改紀錄：

```
tony@tony-ubuntu:~/9x9$ ls -l
總用量 0
-rw-rw-r-- 1 tony tony 0  7月 22 09:09 '1x1=1.txt'    ◀── 內容為空，因為檔案
                                                           大小為 0

tony@tony-ubuntu:~/9x9$ echo 1x1=1 > 1x1=1.txt    ◀── 新增 "1x1=1" 的內容到
                                                       1x1=1.txt 中

tony@tony-ubuntu:~/9x9$ more 1x1=1.txt        ◀── 檢視檔案內容
1x1=1                                         ◀── 檔案的內容
tony@tony-ubuntu:~/9x9$ git status            ◀── 檢視工作目錄狀態
位於分支 9x9
尚未暫存以備提交的變更：
  （使用 "git add <檔案>..." 更新要提交的內容）
  （使用 "git restore <檔案>..." 捨棄工作區的改動）
        修改：      1x1=1.txt                 ◀── 修改過的檔案


修改尚未加入提交（使用 "git add" 和/或 "git commit -a"）
tony@tony-ubuntu:~/9x9$ git add --all         ◀── 使用 "--all" 參數將所有
                                                  修改過的檔案加入暫存區
tony@tony-ubuntu:~/9x9$ git status            ◀── 檢視工作目錄狀態
位於分支 9x9
要提交的變更：
  （使用 "git restore --staged <檔案>..." 以取消暫存）
        修改：      1x1=1.txt    ◀── 1x1=1.txt 已加入暫存區


tony@tony-ubuntu:~/9x9$ git commit -m "增加1x1=1.txt的內容" ◀──┐
[9x9 021a35c] 增加1x1=1.txt的內容                 使用 "-m" 參數直接
 1 file changed, 1 insertion(+)                 輸入提交紀錄
tony@tony-ubuntu:~/9x9$ git log --oneline  ◀── 檢視提交紀錄
021a35c (HEAD -> 9x9) 增加1x1=1.txt的內容    ┐
e8f7be6 新增1x1=1.txt空檔案                  ┘◀── 最新的提交紀錄會顯示在最上面
```

請再依下列的說明跟著練習，部分內容我們之後在還原提交紀錄時會用到：

```
tony@tony-ubuntu:~/9x9$ echo 1x2=2 > 1x2=2.txt          ◄── 筆者依序加入 1x2=2.
tony@tony-ubuntu:~/9x9$ echo 1x3=3 > 1x3=3.txt              txt ~ 1x9=9.txt 的
...                                                          內容
tony@tony-ubuntu:~/9x9$ ls
'1x1=1.txt'  '1x3=3.txt'  '1x5=5.txt'  '1x7=7.txt'  '1x9=9.txt'
'1x2=2.txt'  '1x4=4.txt'  '1x6=6.txt'  '1x8=8.txt'
tony@tony-ubuntu:~/9x9$ git status     ◄── 檢視狀態
位於分支 9x9
未追蹤的檔案:
   (使用 "git add <檔案>..." 以包含要提交的內容)
            1x2=2.txt
            1x3=3.txt
            1x4=4.txt
            1x5=5.txt
            1x6=6.txt     ◄── 這些是新增的檔案
            1x7=7.txt
            1x8=8.txt
            1x9=9.txt


提交為空,但是存在尚未追蹤的檔案(使用 "git add" 建立追蹤)
tony@tony-ubuntu:~/9x9$ git add --all     ◄── 將新增的檔案加入暫存區
tony@tony-ubuntu:~/9x9$ git commit -m "增加 1x2=2.txt ~ 1x9=9.txt" ◄
[9x9 2b46d95] 增加 1x2=2.txt ~ 1x9=9.txt                          │
 8 files changed, 8 insertions(+)                    將提交寫入儲存庫
 create mode 100644 1x2=2.txt
 create mode 100644 1x3=3.txt
 create mode 100644 1x4=4.txt
 create mode 100644 1x5=5.txt
 create mode 100644 1x6=6.txt
 create mode 100644 1x7=7.txt
 create mode 100644 1x8=8.txt
 create mode 100644 1x9=9.txt


tony@tony-ubuntu:~/9x9$ git log --oneline     ◄── 檢視提交紀錄
2b46d95 (HEAD -> 9x9) 增加 1x2=2.txt ~ 1x9=9.txt   ◄── 最新的提交紀錄
021a35c 增加1x1=1.txt的內容
e8f7be6 新增1x1=1.txt空檔案
```

15-2-6 讓提交時的中文檔名正常顯示

您若有使用中文檔名, 在提交修改時可能會發現部分訊息出現亂碼 (檔名的部分):

```
tony@tony-ubuntu:~/9x9$ echo 9x9乘法表 > 9x9乘法表.txt  ◀── 建立含中文檔
                                                            名的檔案
tony@tony-ubuntu:~/9x9$ git add "9x9乘法表.txt"  ◀── 加入暫存區
tony@tony-ubuntu:~/9x9$ git commit -m "測試中文檔名 9x9乘法表.txt" ◀─┐
[9x9 0116ac0] 測試中文檔名 9x9乘法表.txt                          │
 1 file changed, 1 insertion(+)                        提交修改
 create mode 100644 "9x9\344\271\230\346\263\225\350\241\250.txt" ◀─┐
tony@tony-ubuntu:~/9x9$ git log --oneline          檔名的部分顯示亂碼
0116ac0 (HEAD -> 9x9) 測試中文檔名 9x9乘法表.txt
2b46d95 增加 1x2=2.txt ~ 1x9=9.txt
021a35c 增加1x1=1.txt的內容
e8f7be6 新增1x1=1.txt空檔案
```

您可如下修改環境變數, 解決亂碼的問題:

```
tony@tony-ubuntu:~/9x9$ git config --global core.quotepath false ◀─┐
                                                    設定此環境變數
tony@tony-ubuntu:~/9x9$ touch 中文檔名.txt  ◀── 再建立一個中文檔名
tony@tony-ubuntu:~/9x9$ git add --all   ◀── 加入暫存區
tony@tony-ubuntu:~/9x9$ git commit -m "增加中文檔名.txt"  ◀── 提交修改
[9x9 31708db] 增加中文檔名.txt  ◀── 已經可以正常顯示中文了
 1 file changed, 0 insertions(+), 0 deletions(-)
 create mode 100644 中文檔名.txt
```

接著筆者刪除這兩個測試用的中文檔名:

```
tony@tony-ubuntu:~/9x9$ rm -f 9x9乘法表.txt 中文檔名.txt  ◀── 刪除檔案
tony@tony-ubuntu:~/9x9$ git status  ◀── 檢視工作目錄的狀態
位於分支 9x9
尚未暫存以備提交的變更:
  (使用 "git add/rm <檔案>..." 更新要提交的內容)
```
→ 接下頁

（使用 "git restore <檔案>..." 捨棄工作區的改動）
```
        刪除：      9x9乘法表.txt  ──────◄── 已經刪除的檔案
        刪除：      中文檔名.txt    ──────┘
```

修改尚未加入提交（使用 "git add" 和/或 "git commit -a"）
```
tony@tony-ubuntu:~/9x9$ git add --all   ◄── 加入暫存區
tony@tony-ubuntu:~/9x9$ git commit -m "刪除 2 個測試用的中文檔名檔案"  ◄──
[9x9 1eea3f4] 刪除 2 個測試用的中文檔名檔案                              提交修改
 2 files changed, 1 deletion(-)
 delete mode 100644 9x9乘法表.txt
 delete mode 100644 中文檔名.txt
tony@tony-ubuntu:~/9x9$ git log --oneline
1eea3f4 (HEAD -> 9x9) 刪除 2 個測試用的中文檔名檔案  ◄── 最新的提交紀錄
31708db 增加中文檔名.txt
0116ac0 測試中文檔名 9x9乘法表.txt
2b46d95 增加 1x2=2.txt ~ 1x9=9.txt
021a35c 增加1x1=1.txt的內容
e8f7be6 新增1x1=1.txt空檔案
```

15-2-7 將工作目錄還原到特定時間點的 git checkout 指令

在工作一段時間之後，您可能會累積了多個提交紀錄（也就是多個版本）。若想讓工作目錄的內容回到某個時間點的版本，可如下操作：

```
tony@tony-ubuntu:~/9x9$ ls   ◄── 檢視還原前工作目錄的內容
'1x1=1.txt'  '1x3=3.txt'  '1x5=5.txt'  '1x7=7.txt'  '1x9=9.txt'
'1x2=2.txt'  '1x4=4.txt'  '1x6=6.txt'  '1x8=8.txt'
tony@tony-ubuntu:~/9x9$ git log --oneline   ◄── 檢視提交紀錄
1eea3f4 (HEAD -> 9x9) 刪除 2 個測試用的中文檔名檔案 ─┐
31708db 增加中文檔名.txt                              │
0116ac0 測試中文檔名 9x9乘法表.txt                    │
2b46d95 增加 1x2=2.txt ~ 1x9=9.txt                   ◄── 由上到下為新到
021a35c 增加1x1=1.txt的內容                           │    舊的提交紀錄
e8f7be6 新增1x1=1.txt空檔案                          ─┘
```

→ 接下頁

```
tony@tony-ubuntu:~/9x9$ git checkout e8f7be6  ◄—— 筆者將工作目錄的內容還
注意：正在切換到 'e8f7be6'。                          原到最舊的 e8f7be6 紀
                                                錄，您也可以使用完整的
...                                             SHA 值 e8f7be6666fa536
                                                22d1a78821acb8a5ad47d
HEAD 目前位於 e8f7be6 新增1x1=1.txt空檔案            d5c6

tony@tony-ubuntu:~/9x9$ ls -l  ◄—— 檢視還原後工作目錄的內容
總用量 0
-rw-rw-r-- 1 tony tony 0  7月 22 09:31 '1x1=1.txt'  ◄—— 只剩一個內容
                                                        為空的檔案
```

此時檢視提交紀錄，會發現回到最原始的狀態了：

```
tony@tony-ubuntu:~/9x9$ git log --oneline  ◄—— 檢視提交紀錄
e8f7be6 (HEAD) 新增1x1=1.txt空檔案           ◄—— 只剩一筆提交紀錄
```

目前看起來好像之前的提交紀錄都不見了，其實這些提交紀錄都還存
在 .git 目錄中：

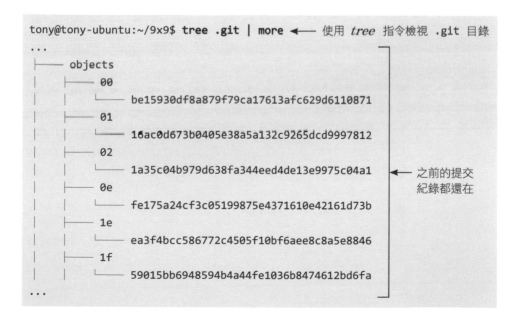

```
tony@tony-ubuntu:~/9x9$ tree .git | more  ◄—— 使用 tree 指令檢視 .git 目錄
...
├── objects
│   ├── 00
│   │   └── be15930df8a879f79ca17613afc629d6110871
│   ├── 01
│   │   └── 16ac0d673b0405e38a5a132c9265dcd9997812
│   ├── 02
│   │   └── 1a35c04b979d638fa344eed4de13e9975c04a1
│   ├── 0e
│   │   └── fe175a24cf3c05199875e4371610e42161d73b
│   ├── 1e
│   │   └── ea3f4bcc586772c4505f10bf6aee8c8a5e8846
│   ├── 1f
│   │   └── 59015bb6948594b4a44fe1036b8474612bd6fa
...
```
◄—— 之前的提交紀錄都還在

若您有記下提交紀錄的 SHA 值, 可使用 *git checkout SHA 值*指令還原到任一個時間點 (若沒有記錄, 筆者稍後再說明):

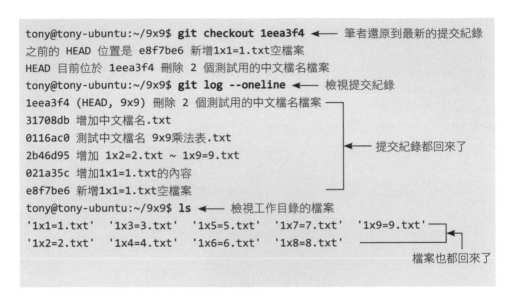

一般人不會特地去記下提交紀錄的 SHA 值, 您可以使用 *git checkout 分支名稱*指令將工作目錄還原到最新的提交紀錄:

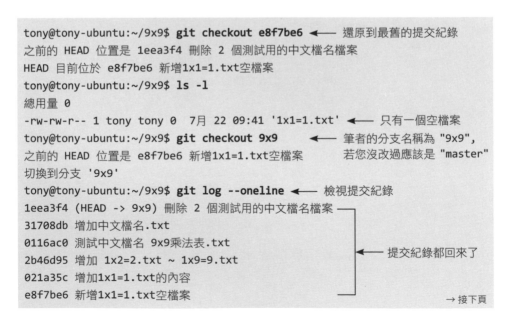

```
tony@tony-ubuntu:~/9x9$ ls
'1x1=1.txt'   '1x3=3.txt'   '1x5=5.txt'   '1x7=7.txt'   '1x9=9.txt'
'1x2=2.txt'   '1x4=4.txt'   '1x6=6.txt'   '1x8=8.txt'
```
檔案也還原了

 TIP 您也可以使用 *git checkout* - 指令來還原最新的提交紀錄。

15-2-8 從某個提交紀錄還原單一檔案

有時只是將某個檔案改壞了，您知道某個提交紀錄有該檔案的原始版本，但是您不想還原該提交紀錄的所有檔案。這時您可以如下還原單一檔案：

```
tony@tony-ubuntu:~/9x9$ rm 1x6=6.txt          ◀── 筆者刪除 1x6=6.txt 檔案
tony@tony-ubuntu:~/9x9$ git log --oneline  ◀── 查詢提交紀錄
1eea3f4 (HEAD -> 9x9) 刪除 2 個測試用的中文檔名檔案
31708db 增加中文檔名.txt
0116ac0 測試中文檔名 9x9乘法表.txt
2b46d95 增加 1x2=2.txt ~ 1x9=9.txt          ◀── 先前輸入的提交紀錄說明有
021a35c 增加1x1=1.txt的內容                         1x6=6.txt
e8f7be6 新增1x1=1.txt空檔案
tony@tony-ubuntu:~/9x9$ git diff-tree --no-commit-id --name-only -r 接下行
2b46d95     ◀── 先檢視 "2b46d95" 提交紀錄的檔案
1x2=2.txt
1x3=3.txt
1x4=4.txt
1x5=5.txt
1x6=6.txt   ◀── 確認有 1x6=6.txt 檔案
1x7=7.txt
1x8=8.txt
1x9=9.txt

tony@tony-ubuntu:~/9x9$ git status     ◀── 檢視工作目錄的狀態
開頭指標分離於 fe92bab
尚未暫存以備提交的變更：
    （使用 "git add/rm <檔案>..." 更新要提交的內容）
```
→ 接下頁

```
     （使用 "git restore <檔案>..." 捨棄工作區的改動）
          刪除：      1x6=6.txt    ◀── 刪除了 1x6=6.txt 檔

修改尚未加入提交（使用 "git add" 和/或 "git commit -a"）
tony@tony-ubuntu:~/9x9$ git checkout 2b46d95 1x6=6.txt ◀─┐
從 ee59d5d 更新了 1 個路徑                                  │
                                                    從 2b46d95 提交紀錄
tony@tony-ubuntu:~/9x9$ git status                  還原 1x6=6.txt 檔
位於分支 9x9
沒有要提交的檔案，工作區為乾淨狀態 ◀── 工作目錄狀態還原成未修改的狀態
tony@tony-ubuntu:~/9x9$ ls
'1x1=1.txt'  '1x3=3.txt'  '1x5=5.txt'  '1x7=7.txt'  '1x9=9.txt'
'1x2=2.txt'  '1x4=4.txt'  '1x6=6.txt'  '1x8=8.txt'
                         ───────────
                          檔案還原了
```

15-2-9　建立分支的 git branch 指令

　　一般增加新功能或進行測試時，會建立新的分支，這樣就不會影響原本分支的內容。您可如下建立新的分支：

```
tony@tony-ubuntu:~/9x9$ ls ◀── 原本分支的內容
'1x1=1.txt'  '1x3=3.txt'  '1x5=5.txt'  '1x7=7.txt'  '1x9=9.txt'
'1x2=2.txt'  '1x4=4.txt'  '1x6=6.txt'  '1x8=8.txt'
tony@tony-ubuntu:~/9x9$ git branch ◀── 單純使用 git branch
* 9x9 ◀── 目前只有一個 "9x9" 的分支    指令會列出所有的分支
tony@tony-ubuntu:~/9x9$ git branch 99x99 ◀── 使用 git branch 新的分支名稱
                                          指令可以建立新的分支，筆者建
                                          立名為 "99x99" 的分支

tony@tony-ubuntu:~/9x9$ git branch ◀── 列出所有的分支
  99x99 ◀── 新增的分支
* 9x9
┃
┗── 前面的 "*" 表示目前正在此分支下

tony@tony-ubuntu:~/9x9$ git checkout 99x99 ◀── 切換到新建立的 "99x99" 分支
切換到分支 '99x99'
```

這時我們就可以在原本分支的基礎上新增功能，而不會影響原本的分支：

```
tony@tony-ubuntu:~/9x9$ ls
'1x1=1.txt'  '1x3=3.txt'  '1x5=5.txt'  '1x7=7.txt'  '1x9=9.txt'
'1x2=2.txt'  '1x4=4.txt'  '1x6=6.txt'  '1x8=8.txt'
                                                        原本分支的檔案

tony@tony-ubuntu:~/9x9$ echo 1x91=91 > 1x91=91.txt
tony@tony-ubuntu:~/9x9$ echo 1x92=92 > 1x92=92.txt       筆者新增
...                                                      1x91=91.txt ~
tony@tony-ubuntu:~/9x9$ git status      檢視工作目錄狀態   1x99=99.txt 檔案
位於分支 99x99      目前所在的分支
未追蹤的檔案:
    (使用 "git add <檔案>..." 以包含要提交的內容)
        1x91=91.txt
        1x92=92.txt
        1x93=93.txt
        1x94=94.txt
        1x95=95.txt
        1x96=96.txt
        1x97=97.txt
        1x98=98.txt
        1x99=99.txt

提交為空，但是存在尚未追蹤的檔案（使用 "git add" 建立追蹤）

tony@tony-ubuntu:~/9x9$ git add --all      新增到暫存區
tony@tony-ubuntu:~/9x9$ git commit -m "增加 1x91=91.txt ~ 1x99=99.txt"
[99x99 f6b9e8d] 增加 1x91=91.txt ~ 1x99=99.txt           提交修改
 9 files changed, 9 insertions(+)
 create mode 100644 1x91=91.txt
 create mode 100644 1x92=92.txt
 create mode 100644 1x93=93.txt
 create mode 100644 1x94=94.txt
 create mode 100644 1x95=95.txt
 create mode 100644 1x96=96.txt
 create mode 100644 1x97=97.txt
 create mode 100644 1x98=98.txt
 create mode 100644 1x99=99.txt
                                                        → 接下頁
```

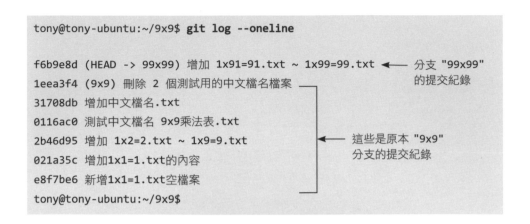

```
tony@tony-ubuntu:~/9x9$ git log --oneline

f6b9e8d (HEAD -> 99x99) 增加 1x91=91.txt ~ 1x99=99.txt  ◀━━━ 分支 "99x99"
1eea3f4 (9x9) 刪除 2 個測試用的中文檔名檔案                      的提交紀錄
31708db 增加中文檔名.txt
0116ac0 測試中文檔名 9x9乘法表.txt
2b46d95 增加 1x2=2.txt ~ 1x9=9.txt                    ◀━━━ 這些是原本 "9x9"
021a35c 增加1x1=1.txt的內容                                分支的提交紀錄
e8f7be6 新增1x1=1.txt空檔案
tony@tony-ubuntu:~/9x9$
```

15-2-10　不同分支間的切換

若您要在不同的分支間切換, 一樣是使用 *git checkout 分支名稱*指令即可:

```
tony@tony-ubuntu:~/9x9$ git branch  ◀━━━ 查詢目前所在的分支
* 99x99   ◀━━━ 目前在 "99x99" 分支
  9x9
tony@tony-ubuntu:~/9x9$ ls
'1x1=1.txt'  '1x5=5.txt'  '1x91=91.txt'  '1x95=95.txt'  '1x99=99.txt'
'1x2=2.txt'  '1x6=6.txt'  '1x92=92.txt'  '1x96=96.txt'  '1x9=9.txt'
'1x3=3.txt'  '1x7=7.txt'  '1x93=93.txt'  '1x97=97.txt'
'1x4=4.txt'  '1x8=8.txt'  '1x94=94.txt'  '1x98=98.txt'
                                                    工作目錄的檔案

tony@tony-ubuntu:~/9x9$ git checkout 9x9  ◀━━━ 切換到 "9x9" 分支
切換到分支 '9x9'
tony@tony-ubuntu:~/9x9$ ls
'1x1=1.txt'  '1x3=3.txt'  '1x5=5.txt'  '1x7=7.txt'  '1x9=9.txt'
'1x2=2.txt'  '1x4=4.txt'  '1x6=6.txt'  '1x8=8.txt'
tony@tony-ubuntu:~/9x9$ git branch  ◀━━━ 檢視分支              檔案變回 "9x9"
  99x99                                                  分支的檔案了
* 9x9   ◀━━━ 目前位於 "9x9" 分支
```

15-3 與遠端儲存庫 repo 同步

GitHub (https://github.com/) 是有名的線上 Git 服務, 它可以讓您將儲存庫放到網路上, 在 2018 年時被微軟收購。使用 GitHub 的好處除了可以將您的資料存放在雲端之外, 也可以多人共同維護這份資料或原始碼。即使您不需要多人維護, 也可以在多台電腦間同步您的資料或原始碼。

> **TIP** GitLab 是另一個與 GitHub 類似的線上 Git 服務, 您可參考 https://about.gitlab.com/ 的說明。

15-3-1 在 GitHub 上建立儲存庫

您可先申請 GitHub 帳號, 然後如下建立儲存庫, 我們可以將本機的 Git 提交紀錄同步到 GitHub 上 (此處以 Windows 畫面示範):

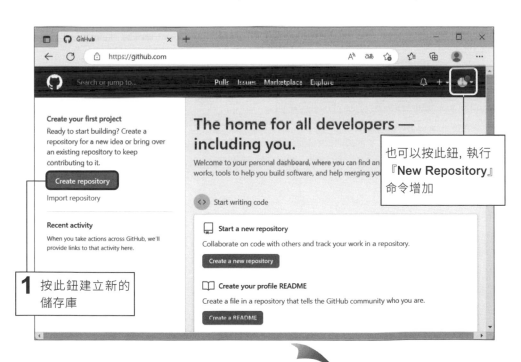

也可以按此鈕, 執行『**New Repository**』命令增加

1 按此鈕建立新的儲存庫

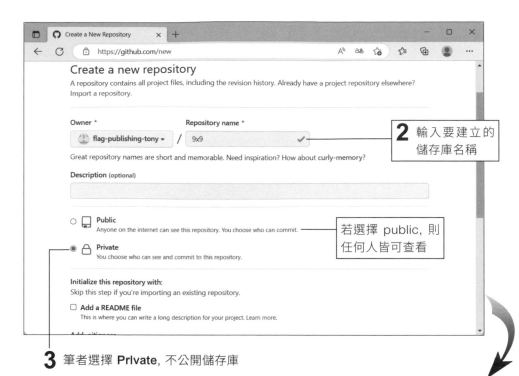

2 輸入要建立的儲存庫名稱

3 筆者選擇 **Private**, 不公開儲存庫

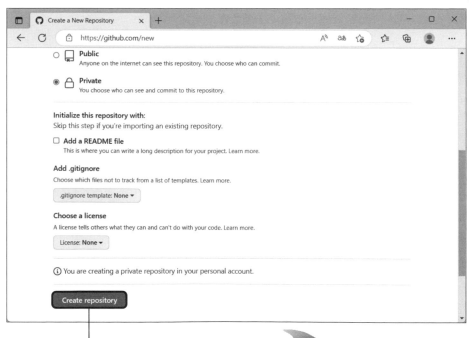

4 按 **Create repository** 鈕

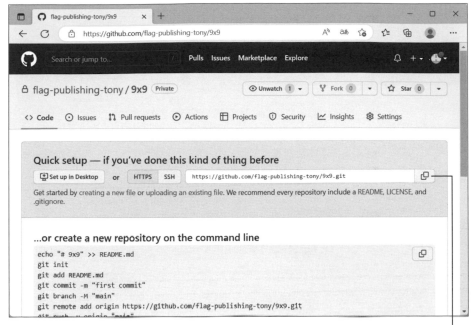

5 按此鈕可複製您的儲存庫網址

　　以筆者為例, https://github.com/flag-publishing-tony/9x9.git 就是剛才在 GitHub 上新增的儲存庫網址。您可先記好您建立的 GitHub 儲存庫網址, 稍後會用到。

15-3-2 建立個人訪問令牌

　　GitHub 公告 https://github.blog/2020-12-15-token-authentication-requirements-for-git-operations/ 自從 2021 年 8 月 13 日起取消使用密碼從文字模式下存取 Github, 使用者須使用令牌認證方式才能正常存取。我們將在 GitHub 上建立**個人訪問令牌** (personal access token), 您可將個人訪問令牌想像為較安全的密碼。同時可設定多組個人訪問令牌, 每組有不同的存取權限。請登入 GitHub 後如下設定:

1 按此鈕

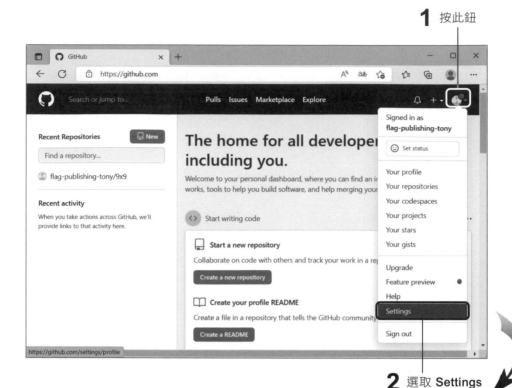

2 選取 Settings

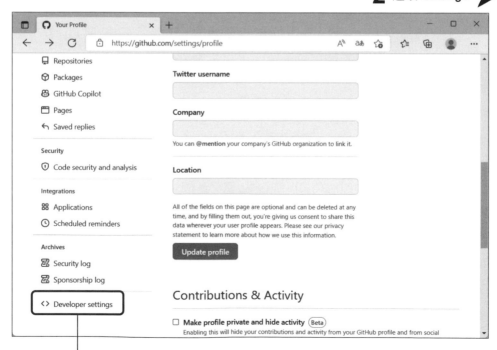

3 按 Developer settings

Settings / Developer settings

Personal access tokens

Generate new token

Need an API token for scripts or testing? Generate a personal access token for quick access to the GitHub API.

Personal access tokens function like ordinary OAuth access tokens. They can be used instead of a password for Git over HTTPS, or can be used to authenticate to the API over Basic Authentication.

- 88 GitHub Apps
- A OAuth Apps
- 🔑 Personal access tokens

Terms Privacy Security Status Docs Contact GitHub Pricing API Training Blog About

© 2022 GitHub, Inc.

4 按 Personal access tokens

5 為此存取令牌命名

Note

Tony

What's this token for?

Expiration *

No expiration ▾   The token will never expire!

6 選擇令牌的時效,
筆者選擇 **No
expiration** 設定
不會過期,您可
依需求設定

GitHub strongly recommends that you set an expiration date for your token to help keep your information secure. Learn more

Select scopes

Scopes define the access for personal tokens. Read more about OAuth scopes.

- ☑ **repo**   Full control of private repositories
  - ☑ repo:status   Access commit status
  - ☑ repo_deployment   Access deployment status
  - ☑ public_repo   Access public repositories

7 選擇存取權限,最少要選擇
repo,剩下的可依需求選取

8 按此鈕建立令牌

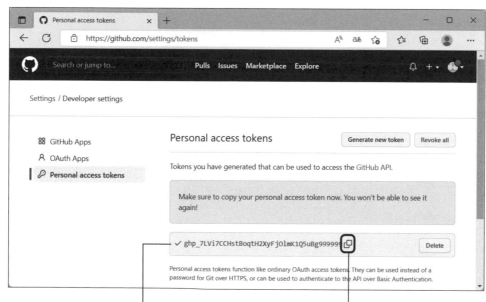

此處為筆者建立的令牌, 您可依需求
建立其他存取權限不同的令牌

9 按此鈕可複製令牌,
未來回到此頁面將
無法看到或複製

接著我們要設定如何將本機的儲存庫推送到 GitHub 上，首先需增加遠端的節點：

```
tony@tony-ubuntu:~/9x9$ git remote add origin https://github.com/flag-
publishing-tony/9x9.git ◄── 增加遠端的儲存庫
                                            │
                                    這是筆者在 GitHub 上
                                    建立的儲存庫網址
```

增加好遠端節點後，就可以將本機的儲存庫推送到 GitHub 上了：

```
tony@tony-ubuntu:~/9x9$ git push -u origin "9x9" ◄── 推送 "9x9" 分支
                                                      的儲存庫

Username for 'https://github.com': flag-publishing-tony ◄── 輸入您在 GitHub
                                                            上的帳號

Password for 'https://flag-publishing-tony@github.com': ◄── 此處請輸入您
枚舉物件: 22, 完成.                                          在 GitHub 上
物件計數中: 100% (22/22), 完成.                              設定的個人存
壓縮物件中: 100% (9/9), 完成.                                取令牌密碼

寫入物件中: 100% (22/22), 1.68 KiB | 572.00 KiB/s, 完成. ◄── 推送成功
總共 22 (差異 3)，復用 0 (差異 0)，重用包 0
remote: Resolving deltas: 100% (3/3), done.
To https://github.com/flag-publishing-tony/9x9.git
 * [new branch]      9x9 -> 9x9
分支 '9x9' 設定為追蹤來自 'origin' 的遠端分支 '9x9'。
```

推送成功後，您可在 GitHub 上看到新增的檔案：

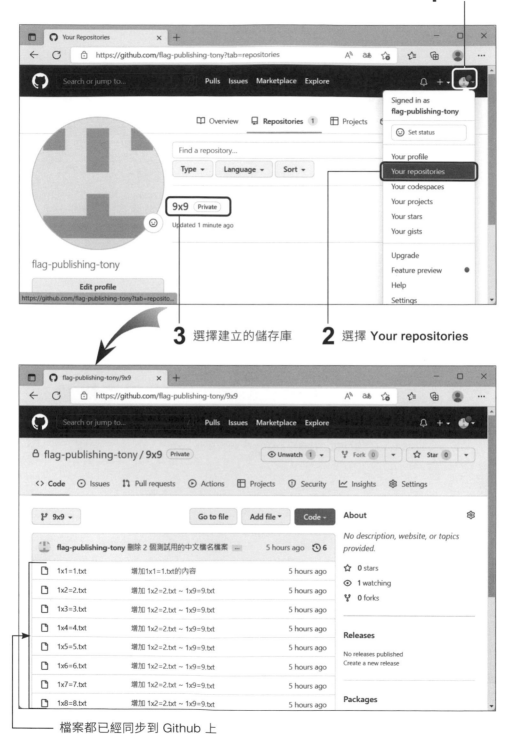

1 按此鈕

3 選擇建立的儲存庫　　**2** 選擇 Your repositories

檔案都已經同步到 Github 上

其實同步到 GitHub 上的是工作目錄 (以筆者為例是 /home/
tony/9x9/) 中所有的分支 (以筆者為例是 9x9 及 99x99 兩個分支) 及分
支中所有的提交紀錄與工作目錄中的檔案, 您可自行在 GitHub 網站中檢
視。

15-3-3 複製 GitHub 儲存庫的 git clone 指令

假設有其他人想要和您共同維護 GitHub 的資料, 或是您的其他電
腦尚未有全部的資料, 這時就可以使用 *git clone* 指令直接由 GitHub
複製全部的資料。若您在 15-3-1 節建立 GitHub 儲存庫時將權限設為
Public, 所有人都不需要帳號密碼就可以查看儲存庫內容, 但預設沒有人
可以提交修改。若您想允許特定的使用者提交修改, 請如下設定 (若設為
Private 可略過此步驟):

1 按 Settings 連結

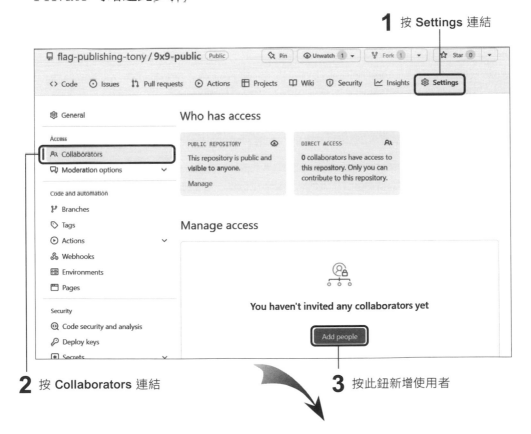

2 按 Collaborators 連結

3 按此鈕新增使用者

4 輸入該使用者註冊 Github 時所用的
Email, 此處輸入 Sunny 的 Email

5 選擇要分享的儲存庫　　　**6** 按此鈕分享

Sunny 登入 Github 後會收到通知, 允許後就可提交修改：

1 按通知的圖示

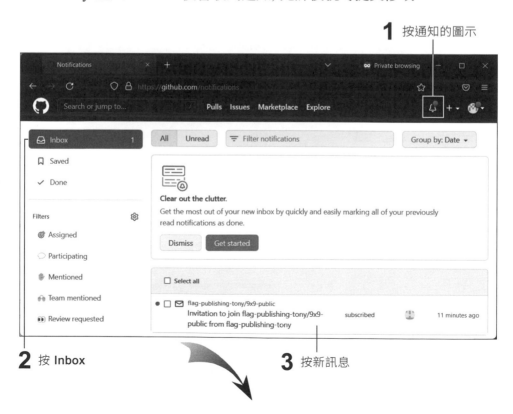

2 按 Inbox　　　**3** 按新訊息

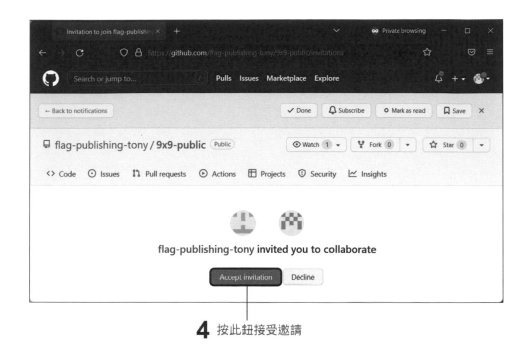

4 按此鈕接受邀請

接著以 Sunny 為例來說明：

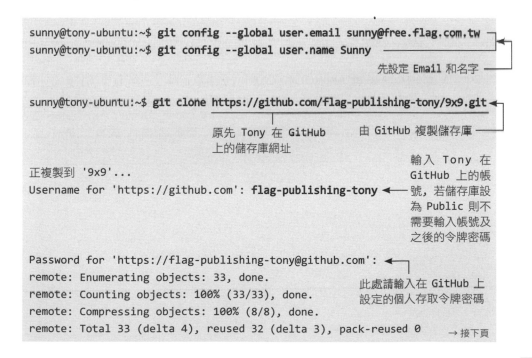

```
sunny@tony-ubuntu:~$ git config --global user.email sunny@free.flag.com.tw
sunny@tony-ubuntu:~$ git config --global user.name Sunny
```
先設定 Email 和名字

```
sunny@tony-ubuntu:~$ git clone https://github.com/flag-publishing-tony/9x9.git
```
原先 Tony 在 GitHub
上的儲存庫網址　　　　由 GitHub 複製儲存庫

輸入 Tony 在
GitHub 上的帳
號，若儲存庫設
為 Public 則不
需要輸入帳號及
之後的令牌密碼

```
正複製到 '9x9'...
Username for 'https://github.com': flag-publishing-tony
```

```
Password for 'https://flag-publishing-tony@github.com':
remote: Enumerating objects: 33, done.
remote: Counting objects: 100% (33/33), done.
remote: Compressing objects: 100% (8/8), done.
remote: Total 33 (delta 4), reused 32 (delta 3), pack-reused 0
```
此處請輸入在 GitHub 上
設定的個人存取令牌密碼

→ 接下頁

```
接收物件中: 100% (33/33), 完成.
處理 delta 中: 100% (4/4), 完成.  ◀── 複製完成了
sunny@tony-ubuntu:~$ ls
9x9  ◀── 將工作目錄複製到本機了
sunny@tony-ubuntu:~$ cd 9x9
sunny@tony-ubuntu:~/9x9$ ls
'1x1=1.txt'  '1x3=3.txt'  '1x5=5.txt'  '1x7=7.txt'  '1x9=9.txt'⌐
'1x2=2.txt'  '1x4=4.txt'  '1x6=6.txt'  '1x8=8.txt'            │◀──
                                                  檔案為最新的版本
sunny@tony-ubuntu:~/9x9$ git log --oneline
1eea3f4 (HEAD -> 9x9, origin/HEAD, origin/9x9) 刪除 2 個測試用的中文檔名檔案 ◀──
31708db 增加中文檔名.txt                                          最新的提交
0116ac0 測試中文檔名 9x9乘法表.txt
2b46d95 增加 1x2=2.txt ~ 1x9=9.txt
021a35c 增加1x1=1.txt的內容
e8f7be6 新增1x1=1.txt空檔案
```

這時我們試著新增一個檔案, 並在提交修改後將它推送到 GitHub 上:

```
sunny@tony-ubuntu:~/9x9$ echo 2x1=2 > 2x1=2.txt  ◀── 新增 2x1=2.txt 檔案
sunny@tony-ubuntu:~/9x9$ git status  ◀── 檢視工作目錄狀態
位於分支 9x9
您的分支與上游分支 'origin/9x9' 一致。

未追蹤的檔案:
  (使用 "git add <檔案>..." 以包含要提交的內容)
        2x1=2.txt  ◀── 未追蹤的檔案

提交為空,但是存在尚未追蹤的檔案 (使用 "git add" 建立追蹤)
sunny@tony-ubuntu:~/9x9$ git add --all  ◀── 將檔案加入暫存區
sunny@tony-ubuntu:~/9x9$ git commit -m "新增2x1=2.txt"  ◀── 提交修改
[9x9 8486d4a] 新增2x1=2.txt
 1 file changed, 1 insertion(+)
 create mode 100644 2x1=2.txt
sunny@tony-ubuntu:~/9x9$ git log --oneline  ◀── 檢視提交紀錄
8486d4a (HEAD -> 9x9) 新增2x1=2.txt  ◀── 最新的提交
1eea3f4 (origin/HEAD, origin/9x9) 刪除 2 個測試用的中文檔名檔案
31708db 增加中文檔名.txt
0116ac0 測試中文檔名 9x9乘法表.txt
```

```
2b46d95 增加 1x2=2.txt ~ 1x9=9.txt
021a35c 增加1x1=1.txt的內容
e8f7be6 新增1x1=1.txt空檔案
sunny@tony-ubuntu:~/9x9$ git push  ◄── 將提交推送到 GitHub 上
Username for 'https://github.com': flag-publishing-tony ◄
```

輸入 GitHub 上的帳號，如為 Public 的儲
存庫，則輸入 Sunny 在 Github 上的帳號

```
Password for 'https://flag-publishing-tony@github.com': ◄── 此處請輸入您在
枚舉物件: 4, 完成.                                          GitHub 上設定
物件計數中: 100% (4/4), 完成.                               的個人存取令牌
壓縮物件中: 100% (2/2), 完成.                               密碼
寫入物件中: 100% (3/3), 288 位元組 | 288.00 KiB/s, 完成.
總共 3 (差異 1)，復用 0 (差異 0)，重用包 0
remote: Resolving deltas: 100% (1/1), completed with 1 local object. ◄─┐
To https://github.com/flag-publishing-tony/9x9.git                     │
   1eea3f4..8486d4a  9x9 -> 9x9                              推送完成
```

這時您在 GitHub 上可以看到新的推送：

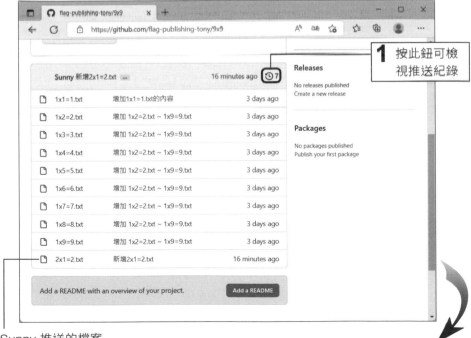

Sunny 推送的檔案

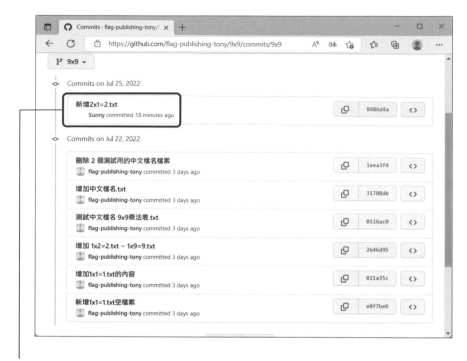

2 這裡顯示是 Sunny 的推送紀錄

15-3-4 將新資料由 GitHub 拉回的 git pull 指令

　　使用者 Sunny 推送新的修改紀錄到 GitHub 上, 而 Tony 如何將這些資料跟本機的資料同步呢？使用 *git pull* 指令可將 GitHub 上新增的資料拉回到本機上：

```
tony@tony-ubuntu:~$ cd 9x9 ←── 切換到工作目錄
tony@tony-ubuntu:~/9x9$ ls
'1x1=1.txt'   '1x3=3.txt'   '1x5=5.txt'   '1x7=7.txt'   '1x9=9.txt'
'1x2=2.txt'   '1x4=4.txt'   '1x6=6.txt'   '1x8=8.txt'
tony@tony-ubuntu:~/9x9$ git pull ←── 將資料拉回到本機
Username for 'https://github.com': flag-publishing-tony ←── 輸入 GitHub
                                                            上的帳號
```

→ 接下頁

```
Password for 'https://flag-publishing-tony@github.com':    ◄───
remote: Enumerating objects: 4, done.
remote: Counting objects: 100% (4/4), done.
remote: Compressing objects: 100% (1/1), done.
remote: Total 3 (delta 1), reused 3 (delta 1), pack-reused 0
展開物件中: 100% (3/3), 268 位元組 | 268.00 KiB/s, 完成.
來自 https://github.com/flag-publishing-tony/9x9
 * [新分支]             9x9           -> origin/9x9   ◄───
```

輸入在 GitHub 上設定的
個人存取令牌密碼

已將 GitHub 上的 9x9
分支拉回到本機

```
目前分支沒有追蹤訊息。   ◄───  這裡說明目前的分支沒有追蹤遠端的分支
請指定您要合併哪一個分支。
詳見 git-pull(1)。


    git pull <遠端> <分支>


如果您想要為此分支建立追蹤訊息,您可以執行:


    git branch --set-upstream-to=origin/<分支> 9x9   ◄───  這裡說明如何設定
                                                           追蹤遠端分支

tony@tony-ubuntu:~/9x9$ git log --oneline   ◄───  檢視提交紀錄
1eea3f4 (HEAD -> 9x9) 刪除 2 個測試用的中文檔名檔案 ◄───  因目前的分支尚未追
31708db 增加中文檔名.txt                                 蹤遠端的分支,所以
0116ac0 測試中文檔名 9x9乘法表.txt                       看不到 GitHub 上的
2b46d95 增加 1x2=2.txt ~ 1x9=9.txt                       提交紀錄
021a35c 增加1x1=1.txt的內容
e8f7be6 新增1x1=1.txt空檔案
tony@tony-ubuntu:~/9x9$ git branch
  99x99
* 9x9   ◄───  目前所在的分支                       同樣沒有 Sunny 新增的檔案
tony@tony-ubuntu:~/9x9$ ls
'1x1=1.txt'  '1x3=3.txt'  '1x5=5.txt'  '1x7=7.txt'  '1x9=9.txt' ┐
'1x2=2.txt'  '1x4=4.txt'  '1x6=6.txt'  '1x8=8.txt'              │ ◄──


tony@tony-ubuntu:~/9x9$ git branch --set-upstream-to=origin/9x9 9x9 ◄──
```

這裡指的是 GitHub 上的 "9x9" 分支

這裡是本機的分支

設定追蹤遠端的分
支,只需設定一次

→ 接下頁

分支 '9x9' 設定為追蹤來自 'origin' 的遠端分支 '9x9'。
tony@tony-ubuntu:~/9x9$ **git pull** ◄── 再次將資料拉回到本機
Username for 'https://github.com': **flag-publishing-tony** ◄── 輸入 GitHub
上的帳號

Password for 'https://flag-publishing-tony@github.com': ◄──┐
更新 1eea3f4..8486d4a   輸入您在 GitHub 上設定
Fast-forward   的個人存取令牌密碼
 2x1=2.txt | 1 +
 1 file changed, 1 insertion(+)
 create mode 100644 2x1=2.txt
tony@tony-ubuntu:~/9x9$ **ls**
'1x1=1.txt' '1x3=3.txt' '1x5=5.txt' '1x7=7.txt' '1x9=9.txt'
'1x2=2.txt' '1x4=4.txt' '1x6=6.txt' '1x8=8.txt' 2x1=2.txt
                                                      │
                                         Sunny 新增的檔案

tony@tony-ubuntu:~/9x9$ **git log --oneline** ◄── 檢視提交的更新紀錄
8486d4a (HEAD -> 9x9, origin/9x9) 新增2x1=2.txt ◄── Sunny 提交的更新紀錄
1eea3f4 刪除 2 個測試用的中文檔名檔案
31708db 增加中文檔名.txt
0116ac0 測試中文檔名 9x9乘法表.txt
2b46d95 增加 1x2=2.txt ~ 1x9=9.txt
021a35c 增加1x1=1.txt的內容
e8f7be6 新增1x1=1.txt空檔案
tony@tony-ubuntu:~/9x9$ **git log** ◄── 顯示詳細提交紀錄   → 接下頁
commit 8486d4adea040e156ee7e46e7fe93e78c64cbe10 (HEAD -> 9x9, origin/9x9)
Author: Sunny <sunny@free.flag.com.tw> ◄── 可以看出是 Sunny 提交的更新紀錄
Date: Mon Jul 25 10:29:01 2022 +0800

    新增2x1=2.txt
...

　　以上示範如何透過 GitHub 來進行專案合作。進階的 Git 使用, 您可
參考 https://git-scm.com/doc 網站, 部分的內容有翻譯成中文。

16

Python 虛擬環境

開發 Python 程式時，許多人會遇到第三方套件的版本需求問
題：同樣的程式碼在不同電腦會有不同執行結果、不同的程式
需要不同版本的套件 ... 等。在 Linux, 您可以為 Python 設定虛
擬環境，大大減少開發的困擾。

Python 是目前熱門的程式語言之一，在科學運算、機器學習、網頁框架...等領域都有很多人使用。再加上 Python 有很多現成的第三方套件，也讓寫程式更加快速與方便。第三方套件雖然方便，但也容易造成套件版本相依性的問題。您可能寫了一個 Python 程式，在自己的開發環境執行得很順利，但拿到別台電腦執行時卻會發生問題。執行有問題的電腦可能所需的第三方套件都有安裝，但只是部分套件版本不同就會造成程式無法正常執行。

Python 本身提供了虛擬環境的功能，讓使用者可以建立多個虛擬環境，在不同的虛擬環境裡您可以安裝不同的 Python 版本與不同的套件。不同的虛擬環境間不會互相影響，同時也不會影響系統上已安裝的套件。虛擬環境可讓開發環境與執行環境單純化，本章將介紹如何使用 Python 的虛擬環境功能。

16-1 安裝 Python 虛擬環境套件

Ubuntu 安裝時預設會安裝 Python3，您可如下檢視：

```
tony@tony-ubuntu:~$ which python3
/usr/bin/python3
tony@tony-ubuntu:~$ ls -l /usr/bin/python3
lrwxrwxrwx 1 root root 10  6月  6 14:07 /usr/bin/python3 -> python3.10
                                python3 是連結到 python3.10 的程式
```

雖然有安裝 Python3，但是並沒有安裝所需的虛擬環境套件 python3-venv，請如下安裝：

```
tony@tony-ubuntu:~$ sudo apt-get install python3-venv   ← 安裝 python3-
[sudo] tony 的密碼： ← 輸入您的密碼                          venv 虛擬環境
正在讀取套件清單... 完成                                    套件
正在重建相依關係... 完成
正在讀取狀態資料... 完成
下列的額外套件將被安裝：
  python3-distutils python3-pip-whl python3-setuptools-whl python3.10-venv
下列新套件將會被安裝：
  python3-distutils python3-pip-whl python3-setuptools-whl python3-venv 接下行
  python3.10-venv
升級 0 個，新安裝 5 個，移除 0 個，有 148 個未被升級。
需要下載 2,612 kB 的套件檔。
此操作完成之後，會多佔用 3,579 kB 的磁碟空間。
是否繼續進行 [Y/n] [Y/n] y   ← 輸入 "y" 安裝
下載:1 http://tw.archive.ubuntu.com/ubuntu jammy/main amd64 python3-
distutils all 3.10.4-0ubuntu1 [138 kB]
下載:2 http://tw.archive.ubuntu.com/ubuntu jammy/universe amd64 python3-
pip-whl all 22.0.2+dfsg-1 [1,679 kB]
下載:3 http://tw.archive.ubuntu.com/ubuntu jammy/universe amd64 python3-
setuptools-whl all 59.6.0-1.2 [788 kB]
...
```

16-2 設定 Python 虛擬環境

安裝好 python3-venv 虛擬環境套件後，您可以建立程式所需的虛擬環境 (可依需求建立多個虛擬環境) 與安裝第三方套件。筆者以安裝 ffn 第三方套件為例來說明，ffn 是一個可以從 Yahoo! Finance 抓取各國股票資訊的第三方套件。

16-2-1 建立 Python 虛擬環境目錄

假設要建立一個名為 python-venv-ffn 的目錄，並將執行 Python 所需的模組、函式庫...等檔案複製到此目錄。請如下操作：

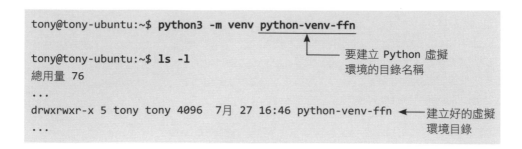

您可用 *tree* 指令 (需額外使用 *sudo apt-get install tree* 安裝) 檢視剛才建好的 python-venv-ffn 目錄架構:

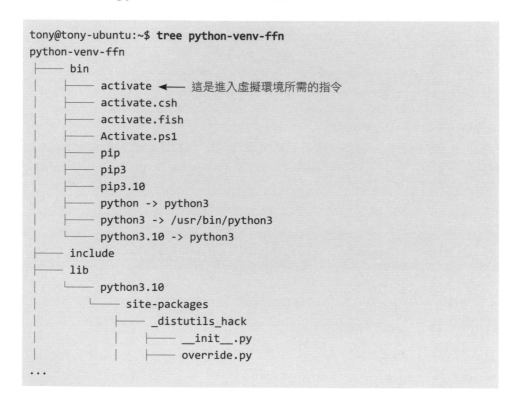

16-2-2 啟動與關閉 Python 虛擬環境

建立好 Python 虛擬環境目錄後, 您需要啟動 Python 虛擬環境才能在裡面安裝第三方套件、升級套件、移除套件或是執行 Python 程式。請如下操作:

```
tony@tony-ubuntu:~$ cd python-venv-ffn   ◄── 切換到 Python 虛擬環境目錄
tony@tony-ubuntu:~/python-venv-ffn$ source bin/activate ◄─┐
(python-venv-ffn) tony@tony-ubuntu:~/python-venv-ffn$     │
          ▲                                               │
          │                                          執行虛擬環境目錄中 bin
  虛擬環境啟動後，命令提示字元前會顯示虛擬        目錄下的 activate 指令
  環境的目錄名稱，提醒您目前正在虛擬環境中        可啟動虛擬環境

(python-venv-ffn) tony@tony-ubuntu:~/python-venv-ffn$ deactivate ◄─┐
deactivate                                                         │
                                                        在虛擬環境下執行指令
                                                        可關閉虛擬環境

tony@tony-ubuntu:~/python-venv-ffn$  ◄── 命令提示字元恢復正常了
```

您也可以直接使用指定路徑的方式啟動 Python 虛擬環境，而不用先切換到虛擬環境目錄。例如使用絕對路徑的方式 *source /home/tony/python-venv-ffn/bin/activate* 或是相對路徑的方式 *source python-venv-ffn/bin/activate*。

16-2-3 在 Python 虛擬環境安裝第三方套件

學會啟動與關閉 Python 虛擬環境後，我們將在虛擬環境中使用 *pip* 指令安裝 ffn 套件 (pip 是 Python 中管理套件的工具)。請如下設定：

```
tony@tony-ubuntu:~/python-venv-ffn$ source bin/activate ◄── 啟動 Python
                                                           虛擬環境
(python-venv-ffn) tony@tony-ubuntu:~/python-venv-ffn$ pip list ◄─┐
Package      Version                                             │
                                                        檢視虛擬環境下
---------- -------                                      已安裝的套件
pip        22.0.2 ─┐
setuptools 59.6.0 ─┴── 這是預設的基本套件
(python-venv-ffn) tony@tony-ubuntu:~/python-venv-ffn$ pip install ffn ◄─┐
Collecting ffn                                                          │
  Downloading ffn-0.3.6-py2.py3-none-any.whl (25 kB)         安裝 ffn 套件
Collecting tabulate>=0.7.5
  Downloading tabulate-0.8.10-py3-none-any.whl (29 kB)
Collecting numpy>=1.5
                                                          → 接下頁
```

```
   Downloading numpy-1.23.1-cp310-cp310-manylinux_2_17_x86_64.
manylinux2014_x86_64.whl (17.0 MB)
      17.0/17.0 MB 2.4 MB/s eta 0:00:00
Collecting scipy>=0.15
   Downloading scipy-1.8.1-cp310-cp310-manylinux_2_17_x86_64.
manylinux2014_x86_64.whl (42.2 MB)
      2.1/42.2 MB 2.5 MB/s eta 0:00:16
...
(python-venv-ffn) sunny@server:~$ pip list     ← 檢視安裝的 ffn 套件
                                                  及相依性的套件


Package              Version
------------------   ---------
certifi              2022.6.15  ─┐
charset-normalizer   2.1.0       │
cycler               0.11.0      │
decorator            5.1.1       │
ffn                  0.3.6       ├← 您可發現除了 ffn 套件
fonttools            4.34.4      │   之外, 還安裝了約 20 幾
future               0.18.2      │   個相依性的套件
idna                 3.3         │
joblib               1.1.0      ─┘
...
```

　　設定好 Python 虛擬環境後, 我們寫個簡單的 Python 程式來測試環境是否生效。一般為了方便管理您的程式, 我們不會將程式放在 Python 虛擬環境目錄中。當然這不是硬性規定, 您若將程式放在 Python 虛擬環境目錄裡也是可以正常執行。筆者在家目錄下建立一個 stocks.py 檔:

```
(python-venv-ffn) tony@tony-ubuntu:~/python-venv-ffn$ cd   ← 切換到家目錄
(python-venv-ffn) tony@tony-ubuntu:~$ pwd
/home/tony
(python-venv-ffn) tony@tony-ubuntu:~$ cat stocks.py   ← 顯示筆者建立
                                                        Python 程式的內容
```

stocks.py 檔的內容如下, 其中 "#" 起始的行數為註解：

```
# 匯入 ffn 模組
import ffn
# 匯入 pandas 模組
import pandas as pd

# 設定中文欄位對齊
pd.set_option('display.unicode.ambiguous_as_wide', True)
pd.set_option('display.unicode.east_asian_width', True)

# 取得美股 Intel (股票代號 INTC) 2022 年 6 月份交易日的開盤價、收盤價、當日高
點與當日低點
DataIntc = ffn.get('INTC:Open,INTC:High,INTC:Low,INTC:Close',
start='2022-06-01', end='2022-06-30')
DataIntc.rename(columns = {'intcopen':'Intel 開盤', 'intchigh':'Intel 高點
', 'intclow':'Intel 低點', 'intcclose':'Intel 收盤'}, inplace = True)
print(DataIntc)

print("")
print("=====================")
print("")

# 取得台股台積電 (股票代號 2330.tw) 2022 年 6 月份交易日的開盤價、收盤價、當日
高點與當日低點
Data2330 = ffn.get('2330.tw:Open,2330.tw:High,2330.tw:Low,2330.tw:Close',
start='2022-06-01', end='2022-06-30')
Data2330.rename(columns = {'2330twopen':'台積電開盤', '2330twhigh':'台積
電高點', '2330twlow':'台積電低點', '2330twclose':'台積電收盤'}, inplace =
True)
print(Data2330)
```

Python 程式寫好之後, 執行的結果如下：

```
(python-venv-ffn) tony@tony-ubuntu:~$ python3 stocks.py ◀── 執行 Python
                                                              程式
```
→ 接下頁

```
             Intel 開盤    Intel 高點    Intel 低點    Intel 收盤
Date
2022-05-31    44.250000    44.750000    43.650002    44.419998
2022-06-01    44.770000    44.930000    43.529999    44.110001
2022-06-02    44.189999    44.880001    43.939999    44.840000
2022-06-03    44.110001    44.250000    43.340000    43.389999
2022-06-06    43.810001    44.040001    43.080002    43.340000
2022-06-07    43.060001    43.590000    42.660000    43.529999
2022-06-08    42.250000    42.259998    41.029999    41.230000
2022-06-09    41.009998    41.349998    40.009998    40.009998
2022-06-10    39.849998    40.080002    39.180000    39.180000
2022-06-13    38.549999    38.810001    37.669998    37.770000
2022-06-14    38.009998    38.200001    37.540001    37.930000
2022-06-15    38.560001    39.169998    37.919998    38.650002
...
=====================
             台積電開盤     台積電高點     台積電低點     台積電收盤
Date
2022-06-01    550.0        555.0        548.0        549.0
2022-06-02    544.0        545.0        540.0        540.0
2022-06-06    541.0        544.0        538.0        540.0
2022-06-07    535.0        538.0        532.0        535.0
2022-06-08    539.0        545.0        538.0        544.0
2022-06-09    538.0        542.0        537.0        541.0
2022-06-10    530.0        533.0        529.0        530.0
2022-06-13    518.0        519.0        515.0        516.0
2022-06-14    507.0        514.0        507.0        513.0
2022-06-15    508.0        515.0        508.0        509.0
...
```

由上面的結果可得知, 我們寫的 Python 程式確實可在虛擬環境中執行。接著筆者示範在非虛擬環境中執行 stocks.py 會出現什麼結果：

```
(python-venv-ffn) tony@tony-ubuntu:~$ deactivate  ◄── 關閉虛擬環境
tony@tony-ubuntu:~$ python3 stocks.py  ◄── 執行 stocks.py
Traceback (most recent call last):
  File "/home/tony/stocks.py", line 2, in <module>
    import ffn
ModuleNotFoundError: No module named 'ffn'  ◄── 找不到 "ffn" 模組, 我們的 ffn
                                               套件是安裝在虛擬環境中, 實際
                                               的系統裡並沒有安裝 ffn 套件
```

16-3 在別的電腦的虛擬環境執行 Python 程式

Python 虛擬環境的好處除了可以讓我們建立多個虛擬環境, 讓不同虛擬環境間的套件及套件版本不會互相影響之外, 也可以讓其他人在執行我們的 Python 程式時建立起和我們完全一樣的虛擬環境。我們可將虛擬環境中所使用的套件和版本匯出成文字檔, 將此匯出的文字檔及 Python 程式交給其他人, 他們就可以使用 Python 的 *pip* 指令, 在虛擬環境中安裝與我們相同的套件與版本, 以確保虛擬環境完全一樣。

我們先將虛擬環境裡的套件匯出:

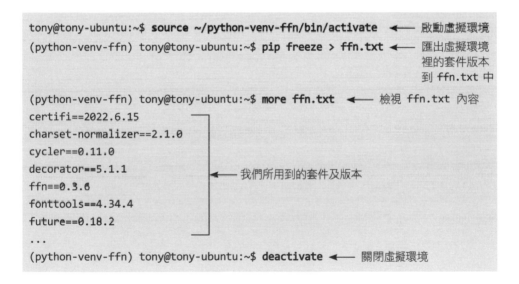

```
tony@tony-ubuntu:~$ source ~/python-venv-ffn/bin/activate  ←── 啟動虛擬環境
(python-venv-ffn) tony@tony-ubuntu:~$ pip freeze > ffn.txt  ←── 匯出虛擬環境
                                                                裡的套件版本
                                                                到 ffn.txt 中

(python-venv-ffn) tony@tony-ubuntu:~$ more ffn.txt  ←── 檢視 ffn.txt 內容
certifi==2022.6.15
charset-normalizer==2.1.0
cycler==0.11.0
decorator==5.1.1              ←── 我們所用到的套件及版本
ffn==0.3.6
fonttools==4.34.4
future==0.18.2
...
(python-venv-ffn) tony@tony-ubuntu:~$ deactivate  ←── 關閉虛擬環境
```

下面以使用者 Sunny 為例, 當他拿到 ffn.txt 與 stocks.py 後可如下建立 Python 虛擬環境 (假設已安裝 python3-venv 套件, 若未安裝請參考 16-1 節安裝):

```
sunny@server:~$ python3 -m venv myenv          ←── 建立名為 "myenv"
                                                    的虛擬環境目錄

sunny@server:~$ source ~/myenv/bin/activate    ←── 啟動虛擬環境
(myenv) sunny@server:~$ pip list               ←── 檢視安裝的 Python 套件
Package    Version
---------- -------
                                                    使用 pip 指令安
pip        22.0.2 ─┐                                裝 ffn.txt 裡指
setuptools 59.6.0 ─┴── 只有預設的套件                定的套件版本

(myenv) sunny@server:~$ pip install -r /home/sunny/ffn.txt ←──┘

Collecting certifi==2022.6.15
  Downloading certifi-2022.6.15-py3-none-any.whl (160 kB)
     160.2/160.2 KB 759.1 kB/s eta 0:00:00
Collecting charset-normalizer==2.1.0
  Downloading charset_normalizer-2.1.0-py3-none-any.whl (39 kB)
Collecting cycler==0.11.0
  Downloading cycler-0.11.0-py3-none-any.whl (6.4 kB)
Collecting decorator==5.1.1
  Downloading decorator-5.1.1-py3-none-any.whl (9.1 kB)
Collecting ffn==0.3.6
...
```

　　安裝成功後 Sunny 虛擬環境的套件版本會跟 Tony 的完全一樣, 不
會因為安裝時間比較晚而造成某些套件的版本比較新。因為 Sunny 的
Python 環境與 Tony 一樣, Python 程式的執行結果自然也會一樣:

```
(myenv) sunny@server:~$ python3 stocks.py ←── 在虛擬環境中執行 stocks.py
            Intel 開盤    Intel 高點    Intel 低點    Intel 收盤
Date
2022-05-31   44.250000    44.750000    43.650002    44.419998
2022-06-01   44.770000    44.930000    43.529999    44.110001
2022-06-02   44.189999    44.880001    43.939999    44.840000
2022-06-03   44.110001    44.250000    43.340000    43.389999
2022-06-06   43.810001    44.040001    43.080002    43.340000
2022-06-07   43.060001    43.590000    42.660000    43.529999

...

=====================
                                                      → 接下頁
```

```
                台積電開盤      台積電高點      台積電低點      台積電收盤
Date
2022-06-01       550.0          555.0          548.0          549.0
2022-06-02       544.0          545.0          540.0          540.0
2022-06-06       541.0          544.0          538.0          540.0
2022-06-07       535.0          538.0          532.0          535.0
2022-06-08       539.0          545.0          538.0          544.0
2022-06-09       538.0          542.0          537.0          541.0
...
(myenv) sunny@server:~$ deactivate  ◀——  關閉虛擬環境
```

　　您可使用 Python 虛擬環境將開發程式與執行程式的變數降到最低，避免花很多時間除錯結果發現是某個套件更新版本所造成的。

MEMO

17

Docker－輕量級的虛擬化技術

Docker 最近這幾年在虛擬化的話題裡一直很熱門，它與附錄 A 介紹的虛擬機器有些許的不同。虛擬機器上必須再安裝一個作業系統才能使用，因此若同時開啟多個虛擬機器，CPU、記憶體等資源很快就會被用完，同時安裝多個作業系統也會占用較多的硬碟空間。而 Docker 不是再安裝一個作業系統，它是準備應用程式執行時所需的環境（映像檔），剩下的硬體需求則是直接由原本的作業系統來分配。因為 Docker 是使用映像檔，所以所需的硬碟空間很小。同時 Docker 因為是直接使用硬體資源，不是透過虛擬機器模擬，因此它的效能會比安裝在虛擬機器上的作業系統好。

下圖分別為虛擬機器與 Docker 在系統上的示意圖：

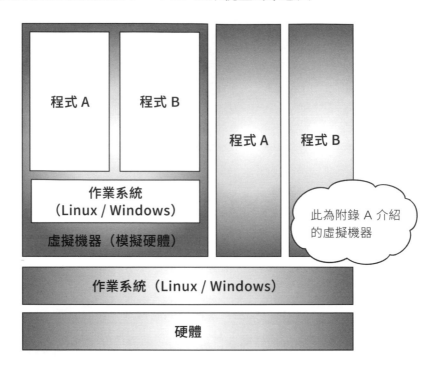

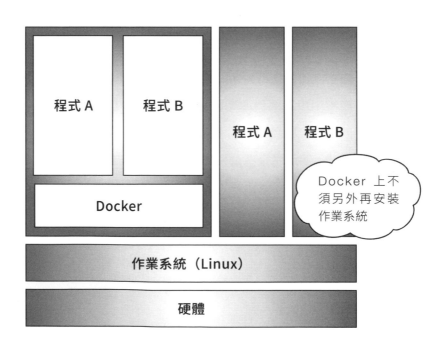

17-1 安裝相關的 Docker 套件

本節將說明如何安裝 Docker 及其相關套件, 首先我們先安裝 curl 套件, 它可讓我們由 Docker 的網站下載 Docker 並自動安裝。請如下操作:

```
tony@tony-ubuntu:~$ sudo apt-get install curl        ← 先安裝 curl 套件
[sudo] tony 的密碼：                                   ← 輸入您的密碼
正在讀取套件清單... 完成
正在重建相依關係... 完成
正在讀取狀態資料... 完成
下列新套件將會被安裝：
  curl
升級 0 個，新安裝 1 個，移除 0 個，有 148 個未被升級。
需要下載 194 kB 的套件檔。
此操作完成之後，會多佔用 453 kB 的磁碟空間。
下載:1 http://tw.archive.ubuntu.com/ubuntu jammy-updates/main amd64 接下行
curl amd64 7.81.0-1ubuntu1.3 [194 kB]
取得 194 kB 用了 1s (307 kB/s)
選取了原先未選的套件 curl。
（讀取資料庫 ... 目前共安裝了 205238 個檔案和目錄。）
正在準備解包 .../curl_7.81.0-1ubuntu1.3_amd64.deb……
解開 curl (7.81.0-1ubuntu1.3) 中...
設定 curl (7.81.0-1ubuntu1.3) ...
執行 man-db (2.10.2-1) 的觸發程式……
```

17-1-1 線上安裝 Docker

安裝好所需的套件後, 接著如下安裝 Docker：

```
tony@tony-ubuntu:~$ sudo curl -sSL https://get.docker.com/ | sudo sh  ←
                              直接由 Docker 網站下載並安裝

# Executing docker install script, commit: b2e29ef7a9a89840d2333637f7d190
0a83e7153f
...                                                        → 接下頁
```

```
Client: Docker Engine - Community
 Version:           20.10.17
 API version:       1.41
 ...

Server: Docker Engine - Community
 Engine:
  Version:          20.10.17
  API version:      1.41 (minimum version 1.12)
 ...


========================================================================

To run Docker as a non-privileged user, consider setting up the
Docker daemon in rootless mode for your user:

    dockerd-rootless-setuptool.sh install

Visit https://docs.docker.com/go/rootless/ to learn about rootless mode.


To run the Docker daemon as a fully privileged service, but granting non-root
users access, refer to https://docs.docker.com/go/daemon-access/ ◄──┐

                                            我們將採用此方法將使用者
                                            加入 "docker" 群組

WARNING: Access to the remote API on a privileged Docker daemon is equivalent
         to root access on the host. Refer to the 'Docker daemon attack surface'
         documentation for details: https://docs.docker.com/go/attack-surface/


========================================================================
```

17-1-2 將使用者帳號加入 Docker 群組

　　請如下將您的帳號加入 "docker" 群組, 這樣您的帳號在執行 Docker 時, 將會擁有 root 的權限:

```
tony@tony-ubuntu:~$ sudo usermod -aG docker tony    ◄─── 將您的帳號加入
                                                          "docker" 群組
[sudo] tony 的密碼：                                 ◄─── 輸入您的密碼
tony@tony-ubuntu:~$ sudo systemctl start docker     ◄─── 啟動 Docker
```

17-1-3 測試 Docker 是否安裝正確

Docker 啟動後，請如下測試 Docker 是否安裝正確：

```
tony@tony-ubuntu:~$ sudo docker run hello-world     ◄─── 安裝 Docker
                                                         的測試映像檔
Unable to find image 'hello-world:latest' locally   ◄─── 本機端沒發現 hello-
                                                         world 測試映像檔
latest: Pulling from library/hello-world            ◄─── 由網路下載
2db29710123e: Pull complete
Digest: sha256:53f1bbee2f52c39e41682ee1d388285290c5c8a76cc92b42687eecf38e
0af3f0
Status: Downloaded newer image for hello-world:latest

Hello from Docker!
This message shows that your installation appears to be working correctly.
                          出現此字串表示 Docker 安裝與設定正確
...
```

Docker 安裝正確後，下一節將說明如何在 Docker 上執行應用程式。

17-2 在 Docker 上執行應用程式

前面提到使用 Docker 不需要另外再安裝一個作業系統，它使用的是應用程式執行時所需的環境 (映像檔)，所以 Docker 大多是使用在雲端、網頁伺服器等環境。主要是因為這類的網路應用程式通常會有函式庫的相依性，工程師在開發網頁的時候一般都是在自己的電腦上測試無誤後才上傳到雲端服務上，若兩邊的環境不一樣，程式上傳後可能會有不同的執行結果。現在前幾大的雲端服務商像是亞馬遜的 AWS、微軟的 Azure、Google 的 Google Cloud...等都支援 Docker，所以比較好的解決方式就是工程師的開發環境與雲端伺服器都使用 Docker，這樣不只可以維持兩邊的環境一樣，同時在程式的部署方面也會很便利。

17-2-1 下載 Docker 映像檔

Docker 的網站已經有許多現成的映像檔可以使用，若您有需求，一樣可以自行製作 Docker 的映像檔。不過因為自行製作的步驟比較複雜，因此筆者建議初學者可先使用 Docker 網站上的映像檔來修改，待熟悉 Docker 的使用後再自行從無到有製作映像檔。

您可開啟瀏覽器連上 https://hub.docker.com/search 檢視有哪些映像檔可以下載：

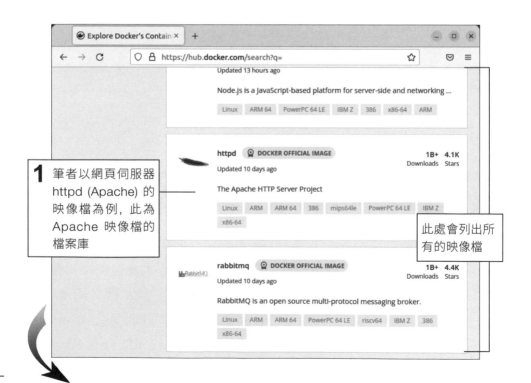

2 以 2.4.54 版為例, 其後的標籤指的
都是同一個映像檔 (稍後會用到)

此處會列出 Apache 映像
檔的標籤 (tag) 名稱

TIP 現在很多軟體套件會以 Docker 映像檔的形式發佈, 同樣也可以下面介
紹的方式安裝執行。

找到要安裝的映像檔後, 筆者以 httpd (Apache) 2.4.54 版為例說明
如何下載：

```
tony@tony-ubuntu:~$ sudo docker pull httpd:2.4.54
```

指定映像檔的檔案庫名稱　　　指定要下載的映像檔標籤

```
[sudo] tony 的密碼：  ←── 輸入您的密碼
2.4.54: Pulling from library/httpd
461246efe0a7: Pull complete
d6bc17b4451a: Pull complete
72dcd3e40e39: Pull complete
c332ae8365a7: Pull complete
97f4b88189d8: Pull complete
Digest: sha256:75d370e19ec2a456b6c80110fe30694ffcd98fc85151a578e14334a51eb94578
Status: Downloaded newer image for httpd:2.4.54  ←── 下載完成
docker.io/library/httpd:2.4.54
tony@tony-ubuntu:~$ sudo docker images  ←── 檢視下載過的 Docker 映像檔
```

→ 接下頁

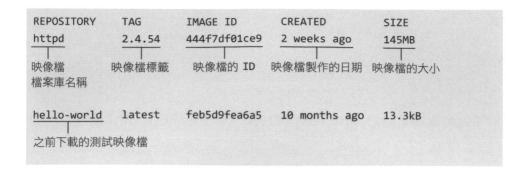

17-2-2 檢視 Docker 映像檔內容

下載好後, 我們可如下檢視此映像檔的內容:

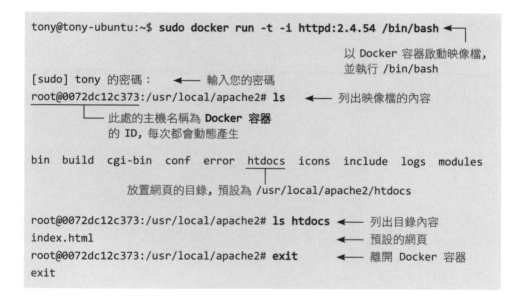

17-2-3 以 Docker 容器執行 Docker 映像檔

請在您的家目錄下建立一個 index.html 檔, 內容如下:

```
<html>
	<body>
		<h2>
				This is Tony's Docker demo page.
		</h2>
	</body>
</html>
```

筆者將它放在家目錄下的 public_html 目錄, 接著如下啟動與使用 httpd Docker 映像檔, 映像檔會以 **Docker 容器**的方式啟動：

設定 Docker
容器的名稱 ——→

將 Docker 容器內部的 80 port
對應到本機的 80 port

```
tony@tony-ubuntu:~$ sudo docker run -d --name Tony-demo-web -p 80:80 接下行
-v /home/tony/public_html:/usr/local/apache2/htdocs/ httpd:2.4.54
```

將本機的 /home/tony/public _ html
目錄對應到 Docker 容器內的 /usr/
local/apache2/htdocs/ 目錄

開啟 httpd 映像檔檔案
庫裡標籤名稱為 2.4.54
的映像檔

```
[sudo] tony 的密碼： ←—— 輸入您的密碼
75946d398c46cf92342d3ffb69d62fb34ed0196de494b8fdc6239a11733f4e4e
tony@tony-ubuntu:~$ sudo docker ps -a ←—— 檢視啟動過的 Docker 容器
CONTAINER ID   IMAGE          COMMAND            CREATED          STATUS
               PORTS                NAMES
75946d398c46   httpd:2.4.54   "httpd-foreground" 47 seconds ago  Up 46
seconds        0.0.0.0:80->80...    Tony-demo-web ←—— 我們啟動的
                                                        Docker 容器

0072dc12c373   httpd:2.4.54   "/bin/bash"        20 minutes ago   Exited (0)
19 minutes ago                      amazing_johnson
57dfc9a875b4   hello-world    "/hello"           2 hours ago      Exited (0)
2 hours ago                         gifted_mirzakhani
```

各欄位代表意義說明如下：
CONTAINER ID: Docker 容器的 ID, 每次啟動時都會動態產生
IMAGE: 映像檔的名稱
COMMAND: 執行的指令
CREATED、STATUS、PORTS: Docker 容器執行的狀態
NAMES: Docker 容器的名稱, 若不指定, 系統會隨機產生一個名稱

您可在本機開啟瀏覽器來確認 httpd 網頁伺服器的 Docker 容器是否正常執行：

在本機可以看到執行的結果後，請在其他的電腦測試：

17-2-4　管理 Docker 容器與映像檔

您可以上述的方法同時執行多個 Docker 容器，就算是以同一個映像檔執行，啟動後的每個容器也都是獨立運作的。在執行多個 Docker 容器後，您可如下管理 Docker 容器，筆者以刪除前述 ID 為 57dfc9a875b4 的 Docker 容器 (hello-world) 為例來說明：

```
tony@tony-ubuntu:~$ sudo docker container rm 57dfc9a875b4 ←
                              刪除 ID 為 57dfc9a875b4 的 Docker 容器
57dfc9a875b4
```

→ 接下頁

```
tony@tony-ubuntu:~$ sudo docker ps -a  ◄── 列出所有的容器, 您可發現該 Docker
                                            容器已經被刪除了

CONTAINER ID   IMAGE           COMMAND            CREATED         STATUS
PORTS          NAMES
75946d398c46   httpd:2.4.54    "httpd-foreground" 8 minutes ago   Up 8 minutes
0.0.0.0:80...  Tony-demo-web
                                                            已持續執行了 8 分鐘

0072dc12c373   httpd:2.4.54    "/bin/bash"        28 minutes ago  Exited (0)
26 minutes ago                 amazing_johnson
                                                            已停止執行
```

　　若要刪除正在執行的 Docker 容器, 建議您先將它正常停止以避免未儲存的資料遺失 :

```
tony@tony-ubuntu:~$ sudo docker container stop 75946d398c46 ◄──
                                                      將 ID 為 75946d398c46
75946d398c46                                          的 Docker 容器停止
tony@tony-ubuntu:~$ sudo docker ps -a ◄── 列出所有的容器
CONTAINER ID   IMAGE           COMMAND            CREATED         STATUS
PORTS NAMES
75946d398c46   httpd:2.4.54    "httpd-foreground" 9 minutes ago   Exited (0)
11 seconds ago                 Tony-demo-web
                                                      ID 為 75946d398c46
                                                      的 Docker 容器已停止

0072dc12c373   httpd:2.4.54    "/bin/bash"        29 minutes ago  Exited (0)
28 minutes ago                 amazing_johnson
```

　　Docker 的映像檔雖然都不大, 但若下載很多時也會造成管理的困難。這時您可以如下檢視系統中已下載的 Docker 映像檔 :

```
tony@tony-ubuntu:~$ sudo docker images ◄── 列出目前所有的印象檔
REPOSITORY    TAG      IMAGE ID       CREATED        SIZE
httpd         2.4.54   444f7df01ce9   2 weeks ago    145MB
hello-world   latest   feb5d9fea6a5   10 months ago  13.3kB

  稍後將刪除此映像檔                                    目前有 2 個映像檔
```

17-2-5 Docker 相關指令說明

　　Docker 相關的指令很多, 本書也無法一一解說, 不過 Docker 本身有提供詳細的指令說明。以下筆者就以刪除 Docker 映像檔為例來說明如何查詢 Docker 指令的使用方式, 這樣當您遇到其他的需求時就可以自己查詢。請如下操作:

```
tony@tony-ubuntu:~$ docker --help | more  ◄── 執行此指令可列出 Docker
...                                           所有可用指令的說明


Management Commands:
  app*         Docker App (Docker Inc., v0.9.1-beta3)
  builder      Manage builds
  buildx*      Docker Buildx (Docker Inc., v0.8.2-docker)
  compose*     Docker Compose (Docker Inc., v2.6.0)
  config       Manage Docker configs
  container    Manage containers
  context      Manage contexts
  image        Manage images  ◄── 得知 "image" 參數可用來管理映像檔
  manifest     Manage Docker image manifests and manifest lists
  network      Manage networks
...
tony@tony-ubuntu:~$ docker image --help | more ◄── 使用 "image" 參數可
                                                    進一步查詢使用方式
Usage:  docker image COMMAND


Manage images


Commands:
...
  push         Push an image or a repository to a registry
  rm           Remove one or more images ◄── 此處得知 "rm" 參數可以刪除
...                                            一個(或以上)的映像檔
tony@tony-ubuntu:~$ docker image rm --help ◄── 進一步使用 "rm" 參數來查詢


Usage:  docker image rm [OPTIONS] IMAGE [IMAGE...] ◄── 刪除 Docker 映像
                                                       檔的指令使用方式
Remove one or more images
```
→ 接下頁

```
...
tony@tony-ubuntu:~$ sudo docker image rm hello-world:latest ◄───┐
                                                            刪除前面下載過
                                                            的測試映像檔
Untagged: hello-world:latest
Untagged: hello-world@sha256:53f1bbee2f52c39e41682ee1d388285290c5c8a76cc92b42687e
ecf38e0af3f0
Deleted: sha256:feb5d9fea6a5e9606aa995e879d862b825965ba48de054caab5ef356dc6b3412
Deleted: sha256:e07ee1baac5fae6a26f30cabfe54a36d3402f96afda318fe0a96cec4ca393359

tony@tony-ubuntu:~$ sudo docker images ◄─── 檢視目前的映像檔
REPOSITORY    TAG        IMAGE ID      CREATED       SIZE
httpd         2.4.54     444f7df01ce9  2 weeks ago   145MB ◄─── 只剩一個映像檔
```

17-2-6 修改 Docker 映像檔

Docker 映像檔是唯讀的，您在上面所做的修改若在刪除 Docker 容器前沒有儲存，那麼所做的修改都會消失。以下筆者將說明如何修改 Docker 映像檔，並將修改的設定儲存為另一個 Docker 映像檔。

筆者以之前下載的 httpd:2.4.54 映像檔為例來說明，此映像檔裡面沒有安裝文字編輯器 (如 vim 或 nano)，我們將在此映像檔裡安裝 vim 與 nano 文字編輯器，同時修改映像檔裡預設的網頁內容，這樣可以驗證設定是否生效。請如下操作修改：

```
tony@tony-ubuntu:~$ sudo docker run -t -i httpd:2.4.54 /bin/bash ◄───┐
                                            以 Docker 容器啟動映像檔，並執行 /bin/bash

root@df7cbe538a32:/usr/local/apache2# apt-get update ◄─── 更新套件儲藏庫
        └── 已進入 Docker 容器，其 ID 為 df7cbe538a32
Get:1 http://deb.debian.org/debian bullseye InRelease [116 kB]
Get:2 http://deb.debian.org/debian-security bullseye-security InRelease
[48.4 kB]
Get:3 http://deb.debian.org/debian bullseye-updates InRelease [44.1 kB]
...
```

→ 接下頁

```
Reading package lists... Done
root@df7cbe538a32:/usr/local/apache2# apt-get install vim nano  ←
Reading package lists... Done                                        安裝 vim 與 nano
Building dependency tree... Done                                     文字編輯器
Reading state information... Done
The following additional packages will be installed:
  libgpm2 libncursesw6 vim-common vim-runtime xxd
Suggested packages:
  gpm hunspell ctags vim-doc vim-scripts
The following NEW packages will be installed:
  libgpm2 libncursesw6 nano vim vim-common vim-runtime xxd
0 upgraded, 7 newly installed, 0 to remove and 0 not upgraded.
Need to get 8963 kB of archives.
After this operation, 40.0 MB of additional disk space will be used.
Do you want to continue? [Y/n] y  ←── 輸入 "y" 安裝
...
```

接著請用剛才安裝的 vim 或 nano 文字編輯器開啟 /usr/local/
apache2/htdocs/index.html 檔如下修改：

```
<html><body><h1>This is Tony's demo page in Docker container.</h1></body></html>

                          將原本的內容改為此
```

存檔後如下將映像檔另外存檔：

```
root@df7cbe538a32:/usr/local/apache2# exit
exit
tony@tony-ubuntu:~$ sudo docker commit df7cbe538a32 httpd:vim  ←
                          將 ID 為 df7cbe538a32 的 Docker 容器另存於
                          "httpd" 映像檔檔案庫中，並將其標籤設為 "vim"
sha256:7102039e430af77db5706ed559ac74fcbc55a9de67b6857cdf471e724030d5da
tony@tony-ubuntu:~$ sudo docker images  ←── 列出映像檔
REPOSITORY    TAG      IMAGE ID        CREATED          SIZE
httpd         vim      7102039e430a    30 seconds ago   200MB  ←
httpd         2.4.54   444f7df01ce9    2 weeks ago      145MB

                          剛才另存的 Docker 映像檔，
                          您可發現檔案大小已經變大
```

接著我們以 Docker 容器來開啟剛才修改過的映像檔：

```
tony@tony-ubuntu:~$ sudo docker run -d --name Tony-demo-in-container  接下行
 -p 80:80 httpd:vim httpd-foreground  ←  此處不指定將本機的網頁目錄對應
         |            |                   到 Docker 容器內的網頁目錄
    開啟此映像檔    映像檔要執行的命令

d8258041fbda1d624c9827ddde87999284403840d405ae6396ab339ef68a2189
tony@tony-ubuntu:~$ sudo docker ps -a
CONTAINER ID   IMAGE         COMMAND          CREATED         STATUS
                            PORTS            NAMES
d8258041fbda   httpd:vim     "httpd-foreground"  40 seconds ago  Up 39
seconds                     0.0.0.0:80->80... Tony-demo-in-container  ←
                                                        容器已啟動


df7cbe538a32   httpd:2.4.54  "/bin/bash"        7 minutes ago   Exited
(0) 2 minutes ago                  flamboyant_khorana
75946d398c46   httpd:2.4.54  "httpd-foreground"  23 minutes ago  Exited
(0) 14 minutes ago                 Tony-demo-web
0072dc12c373   httpd:2.4.54  "/bin/bash"        44 minutes ago  Exited
(0) 42 minutes ago                 amazing_johnson
```

Docker 容器啟動後, 請開啟瀏覽器測試：

以上是本章對於 Docker 簡單的介紹, 若您對 Docker 有興趣, 進一步的文件可參考 https://docs.docker.com/ 網站。

MEMO

18

設定機器學習
開發環境

最近這幾年機器學習 (Machine learning) 很熱門，它可以用在日常生活的許多地方，像是自動駕駛、影像辨識、手寫辨識、語音自動轉文字 ... 等。本章將以由 Google 公司開發的 TensorFlow 與 Meta 公司開發的 PyTorch 兩套 Framework 為例，說明如何設定開發環境。另外因為機器學習大多會使用到 GPU 的運算能力，因此本章也會說明如何安裝 Nvidia 顯示卡的驅動程式及設定 CUDA 開發環境。

若您的機器沒有 Nvidia 的顯示卡，仍然可以設定機器學習開發環境使用 CPU 來運算，請直接由 18-2 節開始閱讀即可。

本章的部分程式需要圖形介面和網路瀏覽器，因此建議以 2-1-2 節介紹的方式，從圖形介面開啟 terminal 程式。

18-1　安裝 Nvidia 顯示卡驅動程式、CUDA 開發套件與 cuDNN 函式庫

因為 GPU 在機器學習領域的計算功能會優於 CPU，所以很多的機器學習 Framework 都會支援 GPU 運算。本節將說明如何安裝 Nvidia 顯示卡的驅動程式、CUDA 開發套件與 cuDNN 深度神經網路函式庫 (CUDA Deep Neural Network library)。CUDA（Compute Unified Device Architecture, 統一計算架構）是 Nvidia 公司的技術，而 CUDA 開發套件可以讓一般使用者開發程式使用 GPU 用於圖形以外的計算。cuDNN 主要用於深度學習 (Deep Learning)，它是機器學習的延伸，一般會和 CUDA 開發套件一起安裝。

> **TIP** 因為在虛擬機器上無法發揮 Nvidia 顯示卡的完整功能，請將 Linux 安裝在實體機器上，參見附錄 B。

18-1-1　安裝 Nvidia 驅動程式

Ubuntu 已經將 Nvidia 官方顯示卡的驅動程式打包成方便安裝的 deb 套件，我們只要增加顯示卡驅動程式的套件儲藏庫即可。請如下新增套件儲藏庫：

```
tony@ubuntu:~$ sudo add-apt-repository ppa:graphics-drivers/ppa  ◀━
                                          增加顯示卡驅動程式的套件儲藏庫
[sudo] tony 的密碼：  ◀━ 輸入您的密碼
PPA publishes dbgsym, you may need to include 'main/debug' component
```

→ 接下頁

```
Repository: 'deb https://ppa.launchpadcontent.net/graphics-drivers/ppa/
ubuntu/ jammy main'
Description:
Fresh drivers from upstream, currently shipping Nvidia.

## Current Status

Current long-lived branch release: `nvidia-430` (430.40)
Dropped support for Fermi series (https://nvidia.custhelp.com/app/
answers/detail/a_id/4656)
...
http://www.ubuntu.com/download/desktop/contribute
More info: https://launchpad.net/~graphics-drivers/+archive/ubuntu/ppa
Adding repository.
Press [ENTER] to continue or Ctrl-c to cancel.  ←── 按 [Enter] 鍵繼續
...
已有:4 http://security.ubuntu.com/ubuntu jammy-security InRelease
下載:5 https://ppa.launchpadcontent.net/graphics-drivers/ppa/ubuntu jammy
InRelease [24.3 kB]
下載:6 https://ppa.launchpadcontent.net/graphics-drivers/ppa/ubuntu
jammy/main amd64 Packages [19.7 kB]
下載:7 https://ppa.launchpadcontent.net/graphics-drivers/ppa/ubuntu
jammy/main i386 Packages [10.3 kB]
下載:8 https://ppa.launchpadcontent.net/graphics-drivers/ppa/ubuntu
jammy/main Translation-en [5,200 B]
取得 59.6 kB 用了 6s (9,857 B/s)
正在讀取套件清單... 完成
```

增加顯示卡驅動程式的套件儲藏庫後, 我們就可以找到 Nvidia 的官方驅動程式了:

```
tony@ubuntu:~$ apt-cache search nvidia-driver | grep ^nvidia-driver ←──┐
                                                    搜尋以 "nvidia-driver"
                                                    開始的套件名稱
nvidia-driver-390 - NVIDIA driver metapackage
nvidia-driver-418 - Transitional package for nvidia-driver-430
nvidia-driver-418-server - NVIDIA Server Driver metapackage
...
nvidia-driver-510 - NVIDIA driver metapackage
nvidia-driver-510-server - NVIDIA Server Driver metapackage
```

→接下頁

```
nvidia-driver-515 - NVIDIA driver metapackage   ◄── 此為目前可以找到的
                                                      Nvidia 最新版驅動程式
nvidia-driver-515-server - NVIDIA Server Driver metapackage
nvidia-driver-495 - Transitional package for nvidia-driver-515
```

找到要安裝的驅動程式版本後, 請如下安裝:

```
tony@ubuntu:~$ sudo apt-get install nvidia-driver-515  ◄── 安裝 515 版
正在讀取套件清單... 完成                                    的驅動程式
正在重建相依關係... 完成
正在讀取狀態資料... 完成
下列的額外套件將被安裝:
...
升級 13 個,新安裝 135 個,移除 0 個,有 258 個未被升級。
需要下載 502 MB/529 MB 的套件檔。
此操作完成之後,會多佔用 1,397 MB 的磁碟空間。
是否繼續進行 [Y/n]? [Y/n] y  ◄── 輸入 "y" 繼續
...
tony@ubuntu:~$ sudo reboot  ◄── 安裝好後, 請重新開機讓系統使用新版的驅動程式
```

登入系統後, 您可執行 ***nvidia-settings*** 指令檢查是否正確安裝驅動
程式:

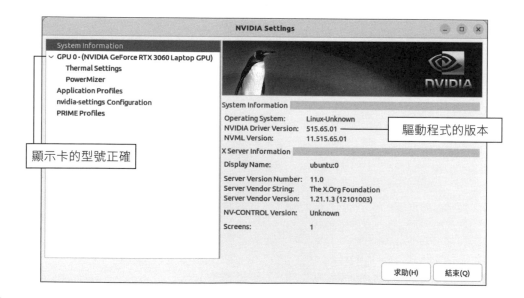

18-1-2　安裝 CUDA 開發套件

安裝好 Nvidia 顯示卡的驅動程式後, 接著我們要安裝 CUDA 開發套件。請到 https://developer.nvidia.com/cuda-downloads 下載：

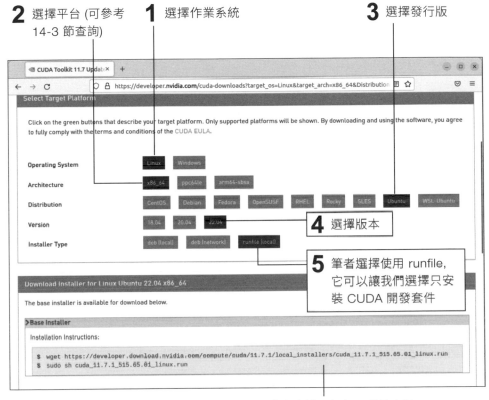

請依提示下載 CUDA 開發套件：

```
tony@ubuntu:~$ wget -c https://developer.download.nvidia.com/compute/ 接下行
cuda/11.7.1/local_installers/cuda_11.7.1_515.65.01_linux.run
```

下載好後, 在安裝前我們要先安裝一些會用到的套件。請如下操作, 我們將安裝 freeglut3-dev、libxi-dev 與 libxmu-dev 三個執行 CUDA 測試程式時所需的相依性套件：

```
tony@ubuntu:~$ sudo apt-get install freeglut3-dev libxi-dev libxmu-dev ←
[sudo] tony 的密碼：                                              安裝所需的套件
正在讀取套件清單... 完成
正在重建相依關係... 完成
正在讀取狀態資料... 完成
下列的額外套件將被安裝：
  freeglut3 libegl-dev libgl-dev libgl1-mesa-dev libgles-dev libgles1
libglu1-mesa-dev libglvnd-core-dev libglvnd-dev libglx-dev libice-
dev libopengl-dev libpthread-stubs0-dev libsm-dev libx11-dev libxau-dev
libxcb1-dev libxdmcp-dev
  libxext-dev libxfixes-dev libxmu-headers libxt-dev x11proto-dev xorg-
sgml-doctools xtrans-dev
建議套件：
  libice-doc libsm-doc libx11-doc libxcb-doc libxext-doc libxt-doc
下列新套件將會被安裝：
  freeglut3 freeglut3-dev libegl-dev libgl-dev libgl1-mesa-dev libgles-
dev libgles1 libglu1-mesa-dev libglvnd-core-dev libglvnd-dev libglx-
dev libice-dev libopengl-dev libpthread-stubs0-dev libsm-dev libx11-dev
libxau-dev
  libxcb1-dev libxdmcp-dev libxext-dev libxfixes-dev libxi-dev libxmu-dev
libxmu-headers libxt-dev x11proto-dev xorg-sgml-doctools xtrans-dev
升級 0 個，新安裝 28 個，移除 0 個，有 258 個未被升級。
需要下載 3,072 kB 的套件檔。
此操作完成之後，會多佔用 13.5 MB 的磁碟空間。
是否繼續進行 [Y/n]？ [Y/n] y ←── 輸入 "y" 繼續
...
```

相依性套件安裝好後, 請如下安裝 CUDA 開發套件：

```
tony@ubuntu:~$ chmod a+x cuda_11.7.1_515.65.01_linux.run ←── 設定可執行
tony@ubuntu:~$ sudo ./cuda_11.7.1_515.65.01_linux.run  ←── 執行安裝程式
[sudo] tony 的密碼：   ←── 輸入您的密碼
```

輸入完密碼後請稍待一會, 因為檔案有 3GB 以上, 解壓縮需要一些時間。接著您會看到如下的畫面：

此處偵測到
我們已經安
裝了顯示卡
的驅動程式

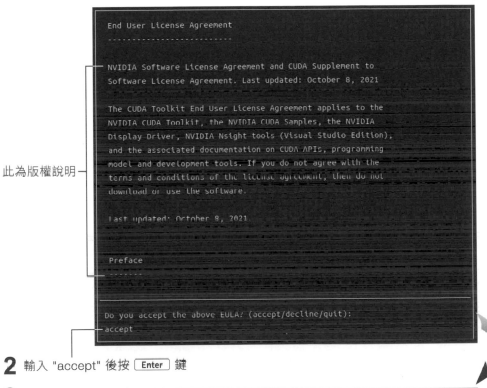

```
Existing package manager installation of the driver found. It is strongly
recommended that you remove this before continuing.
Abort
Continue


Up/Down: Move | 'Enter': Select
```

1 按 ⬆️、⬇️ 鍵移到此處, 並按 Enter 鍵

```
End User License Agreement
---------------------------



NVIDIA Software License Agreement and CUDA Supplement to
Software License Agreement. Last updated: October 8, 2021

The CUDA Toolkit End User License Agreement applies to the
NVIDIA CUDA Toolkit, the NVIDIA CUDA Samples, the NVIDIA
Display Driver, NVIDIA Nsight tools (Visual Studio Edition),
and the associated documentation on CUDA APIs, programming
model and development tools. If you do not agree with the
terms and conditions of the license agreement, then do not
download or use the software.


Last updated: October 8, 2021



Preface
-------


Do you accept the above EULA? (accept/decline/quit):
accept
```

此為版權說明

2 輸入 "accept" 後按 Enter 鍵

3 因先前已
安裝, 此
處請取消
安裝驅動
程式

4 將光棒移
到此處後,
按 Enter
鍵安裝

```
CUDA Installer
- [ ] Driver
     [ ] 515.65.01
+ [X] CUDA Toolkit 11.7
  [X] CUDA Demo Suite 11.7
  [X] CUDA Documentation 11.7
- [ ] Kernel Objects
     [ ] nvidia-fs
  Options
  Install

Up/Down: Move | Left/Right: Expand | 'Enter': Select | 'A': Advanced options
```

安裝完後會出現下面的總結，裡面提醒您還有些環境變數設定需手動操作：

```
...
===========
= Summary =
===========

Driver:    Not Selected
Toolkit:   Installed in /usr/local/cuda-11.7/

Please make sure that
 -   PATH includes /usr/local/cuda-11.7/bin
 -   LD_LIBRARY_PATH includes /usr/local/cuda-11.7/lib64, or, add /usr/
     local/cuda-11.7/lib64
     to /etc/ld.so.conf and run ldconfig as root
...
```

需要手動設定環境變數

請如下設定環境變數：

請修改成您的版本，以下亦同

```
tony@ubuntu:~$ export PATH=/usr/local/cuda-11.7/bin:$PATH
tony@ubuntu:~$ export LD_LIBRARY_PATH=/usr/local/cuda-11.7/lib64:接下行
$LD_LIBRARY_PATH
```

設定好後，請輸入 *sudo vi /etc/profile* 或 *sudo nano /etc/profile* 指令編輯 /etc/profile 設定檔讓環境變數在開機時自動生效：

```
...
export PATH=/usr/local/cuda-11.7/bin:$PATH
export LD_LIBRARY_PATH=/usr/local/cuda-11.7/lib64:$LD_LIBRARY_PATH
```

加在檔案的最後

接著輸入 *sudo vi /etc/ld.so.conf* 或 *sudo nano /etc/ld.so.conf* 指令，加入如下內容：

```
include /etc/ld.so.conf.d/*.conf
/usr/local/cuda-11.7/lib64  ◀── 在檔案最後加入此行
```

修改完 /etc/ld.so.conf 設定檔後, 需執行 ***sudo ldconfig*** 指令更新函式庫的連結與快取資訊。更新好後, 您可以執行 CUDA 的測試程式確認所有的設定是否正確:

```
tony@ubuntu:~$ sudo ldconfig  ◀── 更新函式庫的連結與快取資訊
tony@ubuntu:~$ __NV_PRIME_RENDER_OFFLOAD=1 __GLX_VENDOR_LIBRARY_ 接下行
NAME=nvidia /usr/local/cuda/extras/demo_suite/nbody ◀──┐
                                            執行 CUDA 的測試程式
```

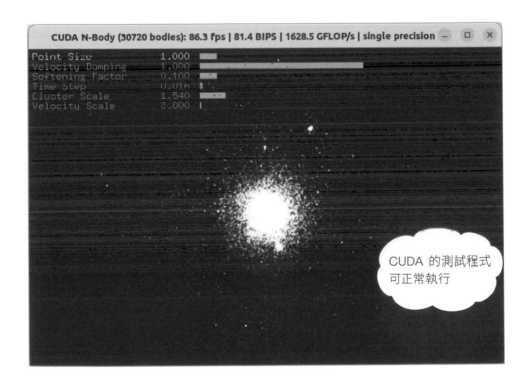

Nvidia 提供了 ***nvidia-smi*** 指令讓您可以監看有哪些程式使用了 GPU 的資源:

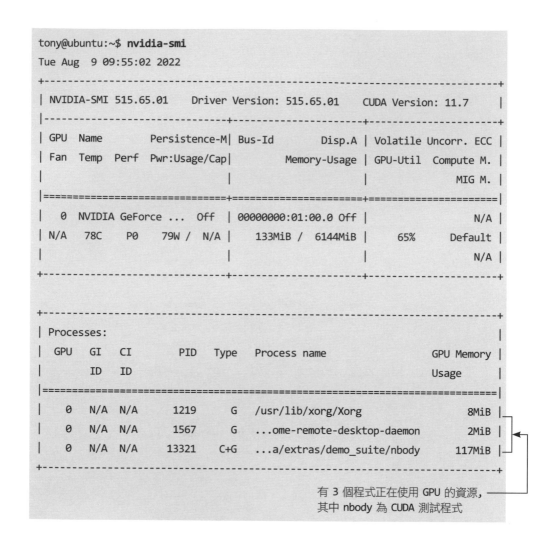

```
tony@ubuntu:~$ nvidia-smi
Tue Aug  9 09:55:02 2022
+-----------------------------------------------------------------------------+
| NVIDIA-SMI 515.65.01    Driver Version: 515.65.01    CUDA Version: 11.7     |
|-------------------------------+----------------------+----------------------+
| GPU  Name        Persistence-M| Bus-Id        Disp.A | Volatile Uncorr. ECC |
| Fan  Temp  Perf  Pwr:Usage/Cap|         Memory-Usage | GPU-Util  Compute M. |
|                               |                      |               MIG M. |
|===============================+======================+======================|
|   0  NVIDIA GeForce ...  Off  | 00000000:01:00.0 Off |                  N/A |
| N/A   78C    P0    79W /  N/A |    133MiB /  6144MiB |     65%      Default |
|                               |                      |                  N/A |
+-------------------------------+----------------------+----------------------+

+-----------------------------------------------------------------------------+
| Processes:                                                                  |
|  GPU   GI   CI        PID   Type   Process name                  GPU Memory |
|        ID   ID                                                   Usage      |
|=============================================================================|
|    0   N/A  N/A      1219      G   /usr/lib/xorg/Xorg                  8MiB |
|    0   N/A  N/A      1567      G   ...ome-remote-desktop-daemon        2MiB |
|    0   N/A  N/A     13321    C+G   ...a/extras/demo_suite/nbody      117MiB |
+-----------------------------------------------------------------------------+
```

有 3 個程式正在使用 GPU 的資源，
其中 nbody 為 CUDA 測試程式

18-1-3　安裝 cuDNN 函式庫

安裝好 CUDA 後, 接下來我們要安裝 cuDNN 函式庫。不過 cuDNN 函式庫需要登入 Nvidia 程式開發會員的帳號才能下載 (免費申請), 請到 https://developer.nvidia.com/cudnn 申請與下載。

下載好後如下安裝:

```
tony@ubuntu:~$ sudo dpkg -i cudnn-local-repo-ubuntu2004-8.4.1.50_1.0-1_
amd64.deb◄── 安裝 cuDNN 函式庫                                      ▲
                                                          使用您下載的檔名
[sudo] tony 的密碼：     ◄── 輸入您的密碼
選取了原先未選的套件 cudnn-local-repo-ubuntu2004-8.4.1.50。
（讀取資料庫 ... 目前共安裝了 209342 個檔案和目錄。）
正在準備解包 cudnn-local-repo-ubuntu2004-8.4.1.50_1.0-1_amd64.deb……
解開 cudnn-local-repo-ubuntu2004-8.4.1.50 (1.0-1) 中...
設定 cudnn-local-repo-ubuntu2004-8.4.1.50 (1.0-1) ...

The public CUDA GPG key does not appear to be installed.
To install the key, run this command:
sudo cp /var/cudnn-local-repo-ubuntu2004-8.4.1.50/cudnn-local-E3EC4A60-
keyring.gpg /usr/share/keyrings/ ◄── 此處說明需要複製金鑰

tony@ubuntu:~$ sudo cp /var/cudnn-local-repo-ubuntu2004-8.4.1.50/cudnn-
local-E3EC4A60-keyring.gpg /usr/share/keyrings/ ◄── 複製金鑰
```

剛才安裝的套件會額外安裝 3 個 deb 套件到 /var/cudnn-local-repo-
ubuntu2004-8.4.1.50 目錄中, 這 3 個套件要安裝才可使用：

```
tony@ubuntu:~$ dpkg -L cudnn-local-repo-ubuntu2004-8.4.1.50 ◄──
                                                    檢視安裝的內容
...
/var/cudnn-local-repo-ubuntu2004-8.4.1.50/libcudnn8-dev_8.4.1.50-
1+cuda11.6_amd64.deb
/var/cudnn-local-repo-ubuntu2004-8.4.1.50/libcudnn8-samples_8.4.1.50-
1+cuda11.6_amd64.deb
/var/cudnn-local-repo-ubuntu2004-8.4.1.50/libcudnn8_8.4.1.50-1+cuda11.6_
amd64.deb
                                                    函式庫相關套件

tony@ubuntu:~$ cd /var/cudnn-local-repo-ubuntu2004-8.4.1.50
tony@ubuntu:/var/cudnn-local-repo-ubuntu2004-8.4.1.50$ sudo dpkg -i
libcudnn8_8.4.1.50-1+cuda11.6_amd64.deb
tony@ubuntu:/var/cudnn-local-repo-ubuntu2004-8.4.1.50$ sudo dpkg -i
libcudnn8-dev_8.4.1.50-1+cuda11.6_amd64.deb
tony@ubuntu:/var/cudnn-local-repo-ubuntu2004-8.4.1.50$ sudo dpkg -i
libcudnn8-samples_8.4.1.50-1+cuda11.6_amd64.deb
```

安裝好 cuDNN 函式庫後，我們可如下驗證是否安裝正確。首先安裝測試時會用到的 libfreeimage3 與 libfreeimage-dev 套件：

```
tony@ubuntu:/var/cudnn-local-repo-ubuntu2004-8.4.1.50$ cd
tony@ubuntu:~$ sudo apt-get install libfreeimage3 libfreeimage-dev ◄──┐
[sudo] tony 的密碼： ◄── 輸入您的密碼                          安裝所需的套件
正在讀取套件清單... 完成
正在重建相依關係... 完成
正在讀取狀態資料... 完成
下列的額外套件將被安裝：
  libilmbase25 libjxr0 libopenexr25
下列新套件將會被安裝：
  libfreeimage-dev libfreeimage3 libilmbase25 libjxr0 libopenexr25
升級 0 個，新安裝 5 個，移除 0 個，有 258 個未被升級。
需要下載 1,793 kB 的套件檔。
此操作完成之後，會多佔用 6,970 kB 的磁碟空間。
是否繼續進行 [Y/n]？ [Y/n] y ◄── 輸入 "y" 安裝
...
```

我們將 cuDNN 的範例複製一份到家目錄中，編譯並執行看是否正確：

```
tony@ubuntu:~$ cp -R /usr/src/cudnn_samples_v8/ ~/   ◄── 複製 cuDNN 範例
tony@ubuntu:~$ cd cudnn_samples_v8/mnistCUDNN/       ◄── 切換到範例目錄
tony@ubuntu:~/cudnn_samples_v8/mnistCUDNN$ make clean◄── 清除編譯暫存檔
rm -rf *o
rm -rf mnistCUDNN
tony@ubuntu:~/cudnn_samples_v8/mnistCUDNN$ make      ◄── 編譯範例程式
CUDA_VERSION is 11070
Linking agains cublasLt = true
CUDA VERSION: 11070
TARGET ARCH: x86_64
HOST_ARCH: x86_64
TARGET OS: linux
SMS: 35 50 53 60 61 62 70 72 75 80 86 87
```

→ 接下頁

```
...
tony@ubuntu:~/cudnn_samples_v8/mnistCUDNN$ ./mnistCUDNN   ◄── 執行範例程式
...
Resulting weights from Softmax:
0.0000000 0.0000000 0.0000000 1.0000000 0.0000000 0.0000714 0.0000000
0.0000000 0.0000000 0.0000000
Loading image data/five_28x28.pgm
Performing forward propagation ...
Resulting weights from Softmax:
0.0000000 0.0000008 0.0000000 0.0000002 0.0000000 1.0000000 0.0000154
0.0000000 0.0000012 0.0000006


Result of classification: 1 3 5


Test passed!   ◄── 出現此訊息表示 cuDNN 函式庫安裝正常
```

18-2 下載與安裝 Anaconda

　　目前很多人使用 Python 來開發機器學習的程式, 因此本節將說明如何安裝 Anaconda 這個 Python 套件管理與發行平台。Anaconda 上面有很多機器學習、科學運算預測分析...等 Python 相關套件, 在 Windows、Linux 或 MacOS 上都有相對應的 Anaconda 版本可安裝。

> **TIP** Anaconda 會用到第 16 章介紹的 Python 虛擬環境, 雖然指令有些許的不同但觀念是一樣的, 建議您可先閱讀以熟悉 Python 虛擬環境的使用。

　　您可到 https://www.anaconda.com/products/distribution 下載 Anaconda：

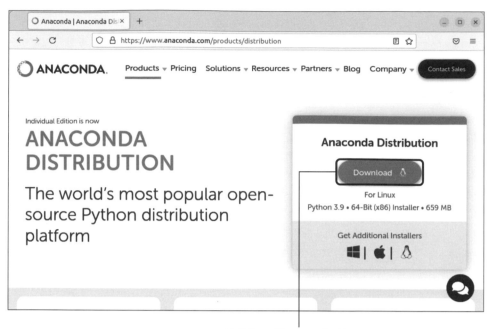

按此鈕下載 Linux 版的 Anaconda

下載好後請如下安裝：

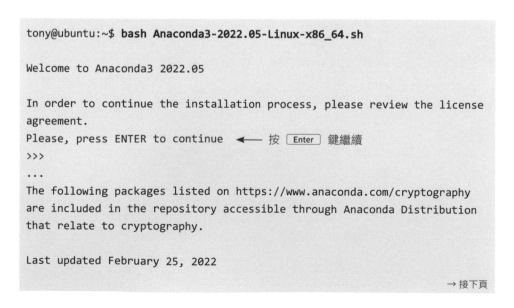

```
tony@ubuntu:~$ bash Anaconda3-2022.05-Linux-x86_64.sh

Welcome to Anaconda3 2022.05

In order to continue the installation process, please review the license
agreement.
Please, press ENTER to continue   ◀── 按 [ Enter ] 鍵繼續
>>>
...
The following packages listed on https://www.anaconda.com/cryptography
are included in the repository accessible through Anaconda Distribution
that relate to cryptography.

Last updated February 25, 2022
```

→ 接下頁

```
Do you accept the license terms? [yes|no]
[no] >>> yes ◄── 輸入 "yes" 同意版權

Anaconda3 will now be installed into this location:
/home/tony/anaconda3

  - Press ENTER to confirm the location
  - Press CTRL-C to abort the installation
  - Or specify a different location below

[/home/tony/anaconda3] >>>   ◄── 按 Enter 鍵使用預設值，安裝
PREFIX=/home/tony/anaconda3        在家目錄的 anaconda3 目錄下
Unpacking payload ...
...
installation finished.
Do you wish the installer to initialize Anaconda3
by running conda init? [yes|no]
[no] >>> yes  ◄── 輸入 "yes"
no change        /home/tony/anaconda3/condabin/conda
no change        /home/tony/anaconda3/bin/conda
...
Thank you for installing Anaconda3!
...
```

安裝好後請重新登入或開啟新的終端機視窗：

```
(base) tony@ubuntu:~$ conda -V ◄── 檢視 conda 指令的版本
    ┬
  Anaconda 預設會幫我們建立一個
  名為 "base" 的 Python 虛擬環境

conda 4.12.0
(base) tony@ubuntu:~$ python --version ◄── 檢視 Python 的版本
Python 3.9.12
(base) tony@ubuntu:~$ conda deactivate ◄── 若要離開 Python 虛擬環境可用
                                            conda deactivate 指令

tony@ubuntu:~$ conda activate ◄── 執行 conda activate 指令
(base) tony@ubuntu:~$             可啟動 "base" 虛擬環境
```

Anaconda 建立 Python 虛擬目錄的指令為 *conda create -n 目錄名稱 python=3.9*, 其中 Python 的版本依您 Anaconda "base" 虛擬環境裡安裝的版本而定。稍後我們安裝 TensorFlow 與 PyTorch 時會用到。

每次登入或開啟新的終端機視窗時, 預設都會啟動 Anaconda 的 base 虛擬環境。若您不習慣, 可如下關閉此設定：

```
(base) tony@ubuntu:~$ conda deactivate       ← 關閉 base 虛擬環境
tony@ubuntu:~$ conda config --set auto_activate_base false ←┐
                                            設定不自動啟動 base 虛擬環境
```

18-3 安裝 TensorFlow 與 PyTorch

TensorFlow 與 PyTorch 都是機器學習的框架 (framework), 它們可以幫助程式開發人員快速的建立與部署機器學習的模型。TensorFlow 最早是由 Google 的 Brain team 所開發, 主要是內部使用, 後來以開放原始碼的方式釋出。PyTorch 是由 Meta 人工智慧研究實驗室所開發, 也是以開放原始碼的方式釋出。

TensorFlow 與 PyTorch 這兩個框架都有很多人使用, 像是特斯拉的自動駕駛、Uber AI 實驗室的 Pyro 專案 (https://www.uber.com/en-US/blog/pyro/) 都有使用到 PyTorch。至於 TensorFlow, https://www.tensorflow.org/about/case-studies 網站整理了有用到 TensorFlow 的公司。

本節將使用 Anaconda 建立 Python 虛擬環境並安裝 TensorFlow 與 PyTorch 機器學習框架。

18-3-1 安裝 TensorFlow

我們先建立一個名為 TensorFlow 的 Python 虛擬環境, 並在裡面安裝 TensorFlow：

```
(base) tony@ubuntu:~$ conda deactivate ◄── 關閉 Anaconda 的 base 虛擬環境
tony@ubuntu:~$ conda create -n TensorFlow python=3.9 ◄── 建立 TensorFlow
                                                          虛擬環境
...
  tzdata              pkgs/main/noarch::tzdata-2022a-hda174b7_0
  wheel               pkgs/main/noarch::wheel-0.37.1-pyhd3eb1b0_0
  xz                  pkgs/main/linux-64::xz-5.2.5-h7f8727e_1
  zlib                pkgs/main/linux-64::zlib-1.2.12-h7f8727e_2


Proceed ([y]/n)? y ◄── 輸入 "y" 繼續
...
#
# To activate this environment, use
#
#     $ conda activate TensorFlow ◄── 啟動 TensorFlow 虛擬環境的指令
#
# To deactivate an active environment, use
#
#     $ conda deactivate          ◄── 關閉 TensorFlow 虛擬環境的指令


tony@ubuntu:~$ conda env list ◄── 列出目前虛擬環境
# conda environments:
#
base                  *    /home/tony/anaconda3 ◄── Anaconda 預設的
                                                    base 虛擬環境
TensorFlow                 /home/tony/anaconda3/envs/TensorFlow ◄─┐
                                                        TensorFlow 虛擬環境

tony@ubuntu:~$ conda activate TensorFlow ◄── 啟動 TensorFlow 虛擬環境
(TensorFlow) tony@ubuntu:~$ conda list   ◄── 列出已安裝的套件
    └──────┘
   提示目前所在的虛擬環境

...                                              → 接下頁
```

```
tk                     8.6.12              h1ccaba5_0
tzdata                 2022a               hda174b7_0
wheel                  0.37.1              pyhd3eb1b0_0
xz                     5.2.5               h7f8727e_1
zlib                   1.2.12              h7f8727e_2
```

　　虛擬環境建好後, 接著要安裝 TensorFlow。您可先到 https://pypi.org/search/?q=tensorflow-gpu 網址 或 https://pypi.org/search/?q=tensorflow 網址查詢目前最新的 TensorFlow 版本, 其中 tensorflow-gpu 是支援 GPU 的版本而 tensorflow 是使用 CPU 運算的版本。

　　筆者以 2.9.1 版的 tensorflow-gpu 為例來說明, 若您沒有 Nvidia 的顯示卡則使用 tensorflow 來替代即可：

```
(TensorFlow) tony@ubuntu:~$ pip install --upgrade pip  ◀── 升級 pip 套件
...
Successfully installed pip-22.2.2
(TensorFlow) tony@ubuntu:~$ pip install tensorflow-gpu==2.9.1 ◀──┐
                                                                 │
                           安裝 tensorflow-gpu 套件，若您沒有顯示卡可換成
                           pip install tensorflow==2.9.1 指令

(TensorFlow) tony@ubuntu:~$ pip list  ◀── 檢視已裝的套件
...
tensorflow-estimator       2.9.0  ┐
tensorflow-gpu             2.9.1  ├── ◀── tensorflow 相關套件
tensorflow-io-gcs-filesystem 0.26.0 ┘
...
```

　　安裝好 TensorFlow 後, 您可如下測試是否安裝正確：

```
(TensorFlow) tony@ubuntu:~$ python3  ◀── 執行 Python
Python 3.9.12 (main, Jun  1 2022, 11:38:51)
[GCC 7.5.0] :: Anaconda, Inc. on linux
Type "help", "copyright", "credits" or "license" for more information.
>>> import tensorflow as tf  ◀── 匯入 tensorflow 模組
...
```
→ 接下頁

```
>>> print(tf.__version__)    ◄── 印出 tensorflow 版本
2.9.1 ◄── Python 程式可以正常使用 tensorflow 模組
>>>    ◄── 按 Ctrl + D 離開
(TensorFlow) tony@ubuntu:~$ conda deactivate ◄── 關閉 TensorFlow 虛擬環境
```

完成安裝後, 您可以透過 Python 虛擬環境使用 TensorFlow 框架來開發機器學習程式了。

18-3-2 安裝 PyTorch

同樣的, 我們也替 PyTorch 建立一個新的虛擬環境, 以便跟原本的 TensorFlow 虛擬環境分開避免互相干擾。PyTorch 貼心的替使用者設計了互動介面, 讓您查詢使用 GPU 或 CPU 該使用什麼指令來安裝。您可到 https://pytorch.org/ 網站查詢。有安裝 Nvidia 顯示卡的使用者可如下查詢:

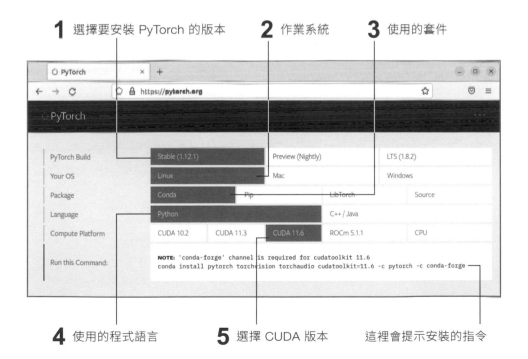

若要使用 CPU 運算, 可如下查詢:

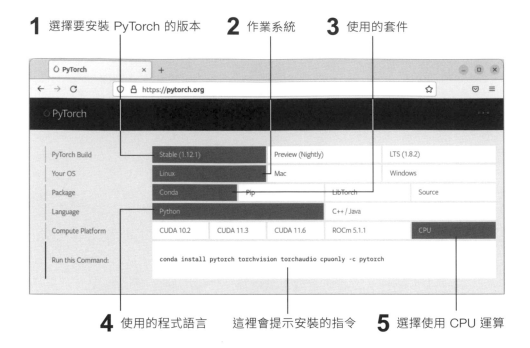

1 選擇要安裝 PyTorch 的版本　　**2** 作業系統　　**3** 使用的套件

4 使用的程式語言　　這裡會提示安裝的指令　　**5** 選擇使用 CPU 運算

因此我們可以知道若要支援 GPU 運算, 安裝指令為 *conda install pytorch torchvision torchaudio cudatoolkit=11.6 -c pytorch -c conda-forge*。若要使用 CPU 運算, 安裝指令為 *conda install pytorch torchvision torchaudio cpuonly -c pytorch*。

我們先為 PyTorch 建立一個新的虛擬環境:

```
tony@ubuntu:~$ conda create -n PyTorch python=3.9  ◄── 建立 PyTorch 虛擬環境
...
  wheel             pkgs/main/noarch::wheel-0.37.1-pyhd3eb1b0_0
  xz                pkgs/main/linux-64::xz-5.2.5-h7f8727e_1
  zlib              pkgs/main/linux-64::zlib-1.2.12-h7f8727e_2


Proceed ([y]/n)? y  ◄── 輸入 "y" 繼續
```

→ 接下頁

```
Preparing transaction: done
Verifying transaction: done
Executing transaction: done
#
# To activate this environment, use
#
#     $ conda activate PyTorch   ◄── 啟動 PyTorch 虛擬環境的指令
#
# To deactivate an active environment, use
#
#     $ conda deactivate         ◄── 關閉 PyTorch 虛擬環境的指令

tony@ubuntu:~$ conda activate PyTorch   ◄── 啟動 PyTorch 虛擬環境
(PyTorch) tony@ubuntu:~$
    └──┬──┘
目前在 PyTorch 虛擬環境中
```

　　PyTorch 虛擬環境建好後, 就可以安裝 PyTorch 框架了, 以下筆者以支援 GPU 運算來說明 (若要使用 CPU 運算請換成 *conda install pytorch torchvision torchaudio cpuonly -c pytorch* 指令)：

```
(PyTorch) tony@ubuntu:~$ conda install pytorch torchvision torchaudio
cudatoolkit=11.6 -c pytorch -c conda-forge
...
  typing_extensions  conda-forge/noarch::typing_extensions-4.3.0-
pyha770c72_0
  urllib3            conda-forge/noarch::urllib3-1.26.11-pyhd8ed1ab_0
  zstd              conda-forge/linux-64::zstd-1.5.0-ha95c52a_0

The following packages will be SUPERSEDED by a higher-priority channel:

  ca-certificates    pkgs/main::ca-certificates-2022.07.19~ --> conda-
forge::ca-certificates-2022.6.15-ha878542_0
  certifi            pkgs/main::certifi-2022.6.15-py39h06a~ --> conda-
forge::certifi-2022.6.15-py39hf3d152e_0
  openssl           pkgs/main::openssl-1.1.1q-h7f8727e_0 --> conda-
forge::openssl-1.1.1o-h166bdaf_0
```

→ 接下頁

```
Proceed ([y]/n)? y ◀—— 輸入 "y" 安裝
...
Verifying transaction: done
Executing transaction: By downloading and using the CUDA Toolkit conda
packages, you accept the terms and conditions of the CUDA End User License
Agreement (EULA): https://docs.nvidia.com/cuda/eula/index.html


done ◀—— 安裝完畢
(PyTorch) tony@ubuntu:~$
```

安裝好後, 可以如下驗證安裝是否正確:

```
(PyTorch) tony@ubuntu:~$ python ◀—— 執行 Python
Python 3.9.12 (main, Jun  1 2022, 11:38:51)
[GCC 7.5.0] :: Anaconda, Inc. on linux
Type "help", "copyright", "credits" or "license" for more information.
>>> import torch ◀—— 匯入 torch 模組
>>> torch.cuda.is_available() ◀—— 確認是否支援 CUDA
True                          ◀—— 有支援
>>> x = torch.rand(5, 3)      ◀—— 設定隨機產生一個 5 x 3 浮點數的變數
>>> print(x)                  ◀—— 印出變數的內容
tensor([[0.8539, 0.6273, 0.0547],
        [0.2399, 0.2895, 0.4024],
        [0.6034, 0.3274, 0.7650],  ◀—— 若出現類似的內容
        [0.4386, 0.1648, 0.8839],      表示安裝正確
        [0.6541, 0.9803, 0.9710]])
>>> ◀—— 按 Ctrl + D 離開
(PyTorch) tony@ubuntu:~$ conda deactivate ◀—— 關閉 PyTorch 虛擬環境
tony@ubuntu:~$
```

完成安裝後, 您可以透過 Python 虛擬環境使用 PyTorch 框架來開發機器學習程式了。

使用 VirtualBox 虛擬機器安裝 Linux

現在硬體的功能進步很快、功能也很強大,再加上軟體的技術也進步很多,所以使用軟體技術來模擬硬體的功能完全是沒問題的。使用軟體模擬硬體的好處是您不用為了安裝 Linux 再準備一台電腦,同時因為使用軟體模擬硬體可將硬體的差異性降到最小,您不會在安裝 Linux 時遇到沒有驅動程式的問題。

A-1 安裝與設定虛擬機器

目前市面上模擬硬體的虛擬機器軟體有很多，像是微軟的 Hyper-V、博通 (Broadcom) 公司的 VMware 與甲骨文 (Oracle) 公司的 VirtualBox...等。本章將介紹使用 VirtualBox 來安裝 Linux, VirtualBox 是開放原始碼的軟體同時也較多人使用。

A-1-1 安裝虛擬機器

首先請到 https://www.virtualbox.org/wiki/Downloads 下載 VirtualBox 虛擬機器：

按此下載 Windows 版的 VirtualBox

下載好後, 請執行此安裝檔, 並依指示安裝即可。

A-1-2 下載 Ubuntu Linux

請到 https://ubuntu.com/ 下載：

1 按 **Download** 連結

2 按此連結下載 Linux (此處下載的為 22.04 版)

下載好後您可驗證下載的 ISO 檔是否完整，避免因下載不完整造成安裝失敗。https://releases.ubuntu.com/22.04/SHA256SUMS 網址提供了 SHA256 驗證碼：

留意此版本號，跟您下載的 ISO 檔是否一致

在 Windows 下您可以使用 **HashCalc** 來算檔案的 SHA256 值，請到 https://www.slavasoft.com/hashcalc/ 網址下載：

　　依指示安裝完後, 您可按**開始**鈕, 執行『HashCalc/HashCalc』, 開啟 HashCalc 如下驗證下載好的 ISO 檔:

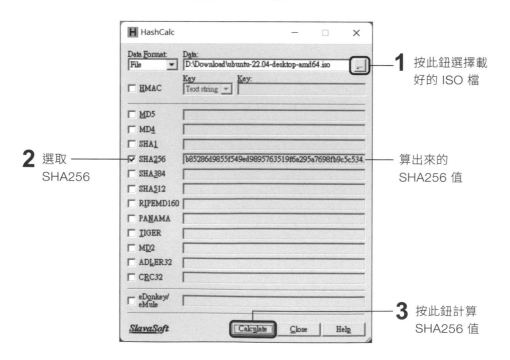

　　請比對與官方提供的 SHA256 值是否一致, 若不一樣請重新下載。

A-2 設定虛擬機器與安裝 Ubuntu Linux

請 按 **開 始** 鈕, 執 行 『Oracle VM VirtualBox/Oracle VM Virtual Box』, 開啟 Oracle VM VirtualBox **管理員**接著如下設定虛擬機器。

A-2-1 設定虛擬機器

請先如下新增一台虛擬機器:

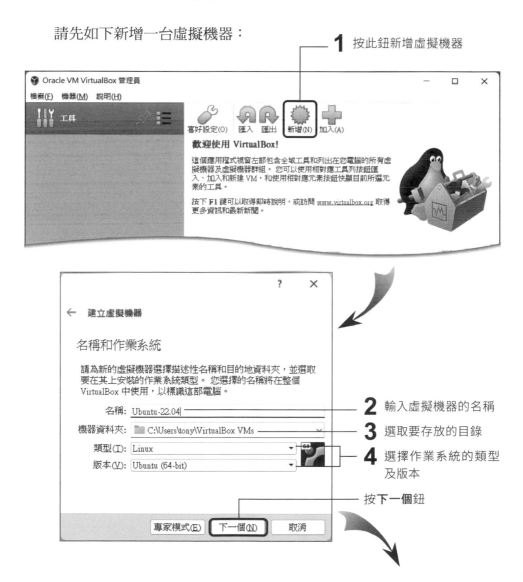

1 按此鈕新增虛擬機器

2 輸入虛擬機器的名稱

3 選取要存放的目錄

4 選擇作業系統的類型及版本

按**下一個**鈕

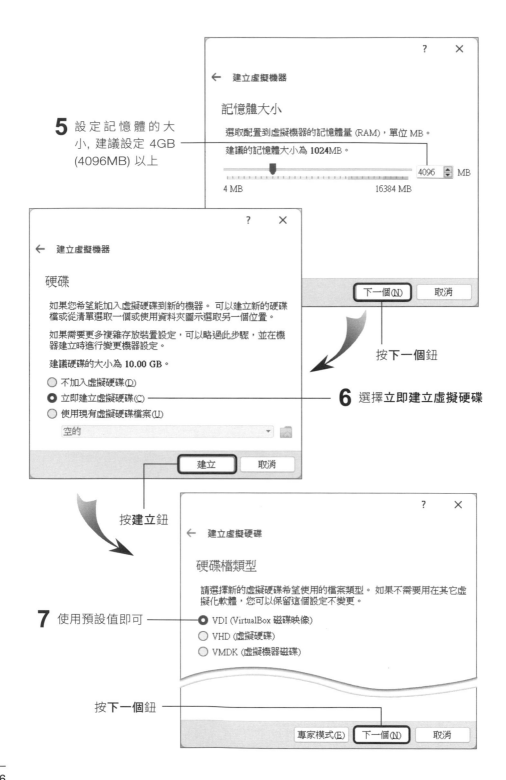

5 設定記憶體的大小，建議設定 4GB (4096MB) 以上

6 選擇立即建立虛擬硬碟

按下一個鈕

按建立鈕

7 使用預設值即可

按下一個鈕

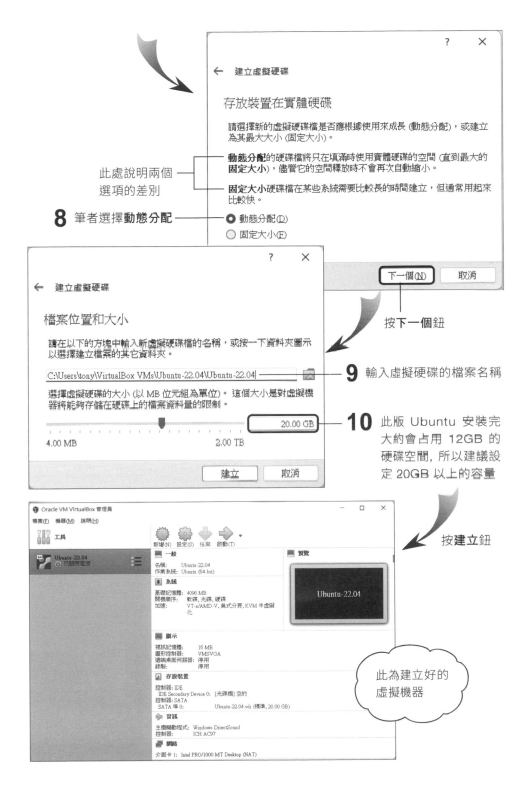

此處說明兩個
選項的差別

8 筆者選擇**動態分配**

按**下一個**鈕

9 輸入虛擬硬碟的檔案名稱

10 此版 Ubuntu 安裝完大約會占用 12GB 的硬碟空間，所以建議設定 20GB 以上的容量

按**建立**鈕

此為建立好的虛擬機器

虛擬機器建立好後, 請如下修改虛擬機器的設定。

A-2-2 設定連線方式

虛擬機器預設是使用 NAT 透過實體主機的網路連上網路, 不須額外設定即可上網, 缺點是外界或區域網路的電腦無法存取此 Linux 主機。若您想讓虛擬機器更接近實體的機器需要額外進行網路連線設定, 讓外界或區域網路的電腦可以存取此 Linux 主機, 可如下設定:

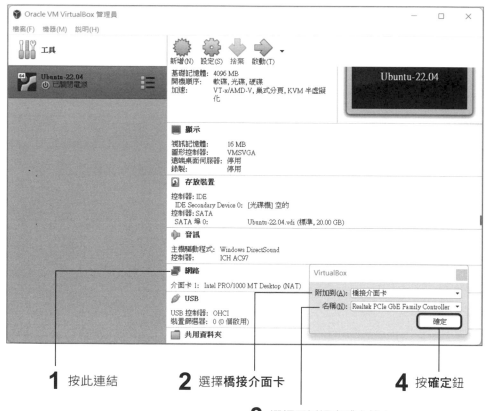

1 按此連結   **2** 選擇**橋接介面卡**   **4** 按**確定**鈕

3 選擇要透過實體主機上
的哪個網路介面上網

A-2-3 設定光碟機

　　剛才我們下載了 Ubuntu Linux 的 ISO 檔, 此 ISO 不需要燒錄成光碟, 可以直接在虛擬機器裡設定為安裝來源。請如下設定：

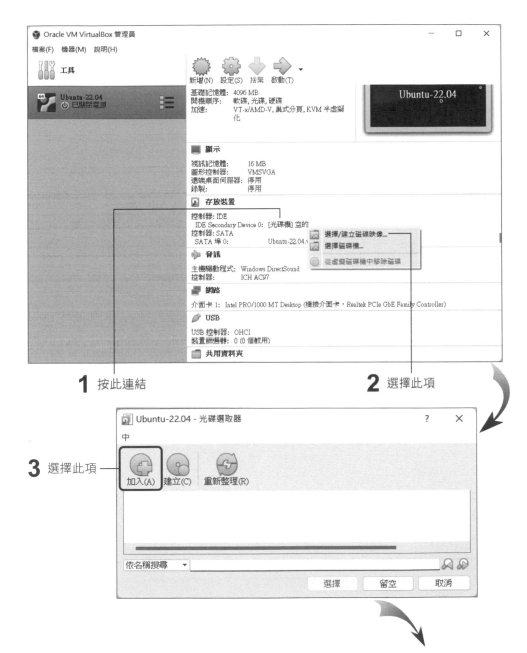

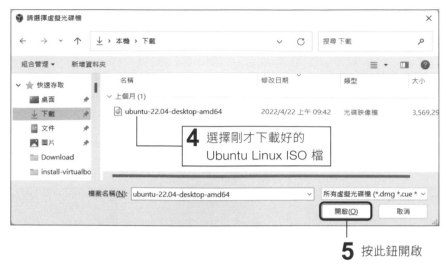

4 選擇剛才下載好的 Ubuntu Linux ISO 檔

5 按此鈕開啟

A-2-4 啟用 EFI

若您電腦的 BIOS 模式為 UEFI, 您需要開啟**啟用 EFI** 的功能, 在以繁體中文安裝本版 Ubuntu Linux 時下方的按鈕才不會被畫面切掉。一般來說近 5 年買的電腦, BIOS 模式都會是 UEFI。若您不確定, 以 Windows 10/11 為例按 [Win] + [R] 鍵, 執行 **msinfo32** 指令開啟**系統資訊**視窗可以得知:

筆者的 BIOS 模式為 UEFI

　　若您的 BIOS 模式不是 UEFI 或您沒有要安裝繁體中文版的 Ubuntu Linux，可略過此步驟。若需要**啟用 EFI** 的功能請如下操作：

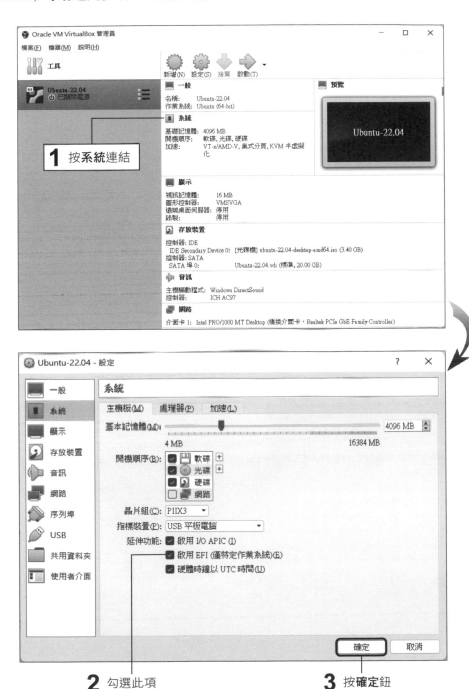

1 按**系統**連結

2 勾選此項

3 按**確定**鈕

A-2-5 安裝 Ubuntu Linux

設定好虛擬機器後, 我們就可以將 Ubuntu Linux 安裝到虛擬機器上了:

1 按**啟動**鈕啟動虛擬機器

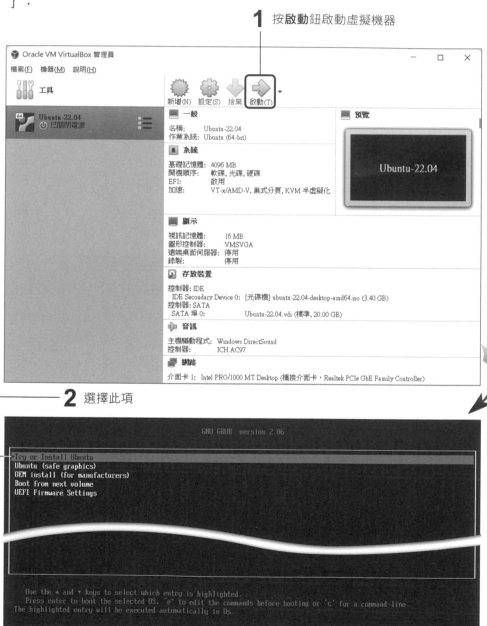

2 選擇此項

按 Enter 鍵繼續

3 選擇中文 (繁體)

5 選擇中文鍵盤

4 按此鈕安裝

按繼續鈕

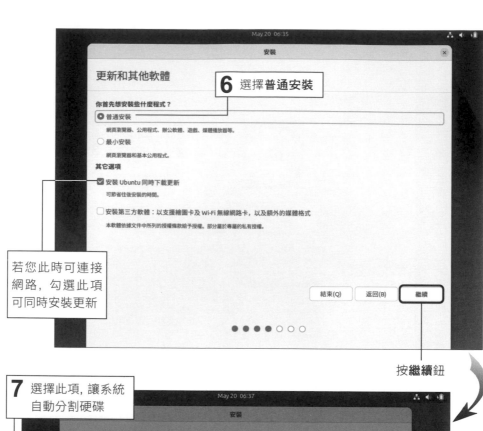

6 選擇**普通安裝**

若您此時可連接網路，勾選此項可同時安裝更新

按**繼續**鈕

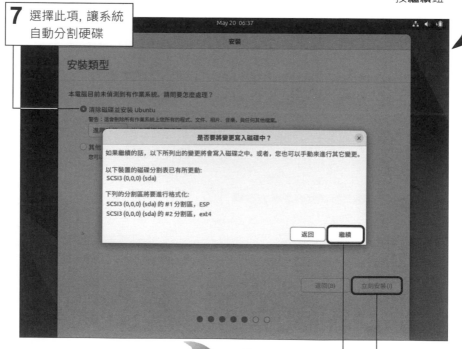

7 選擇此項，讓系統自動分割硬碟

9 按**繼續**鈕

8 按**立即安裝**鈕

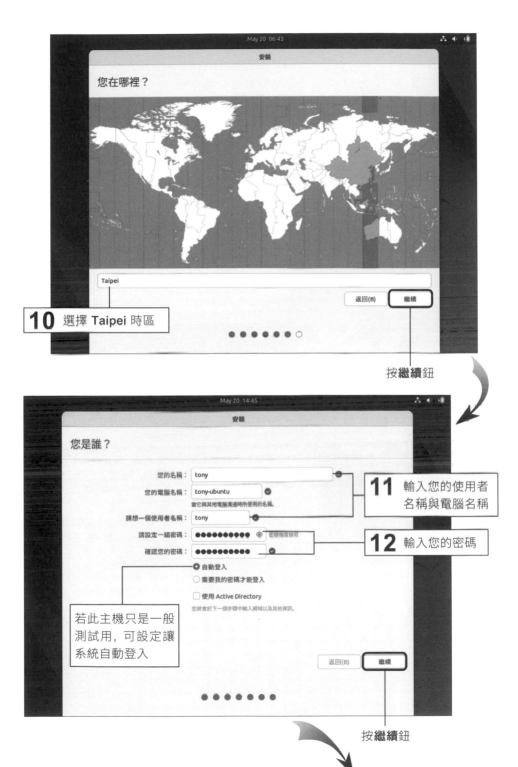

10 選擇 **Taipei** 時區

按**繼續**鈕

11 輸入您的使用者名稱與電腦名稱

12 輸入您的密碼

若此主機只是一般測試用, 可設定讓系統自動登入

按**繼續**鈕

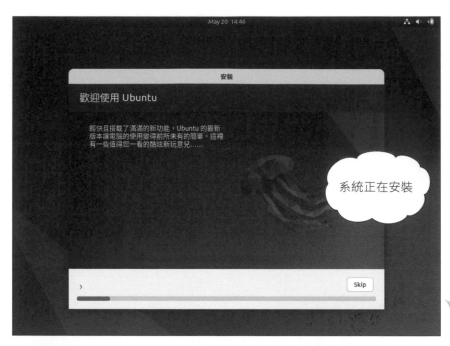

系統正在安裝

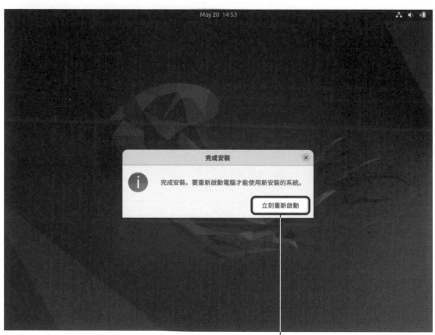

13 安裝完畢，請按此鈕
重新啟動系統

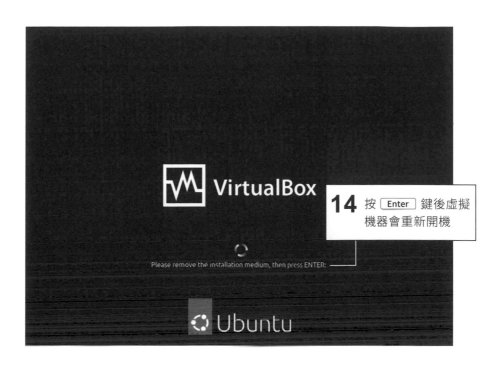

14 按 Enter 鍵後虛擬機器會重新開機

開機進入系統後, 接著如下完成設定:

1 按**略過**鈕

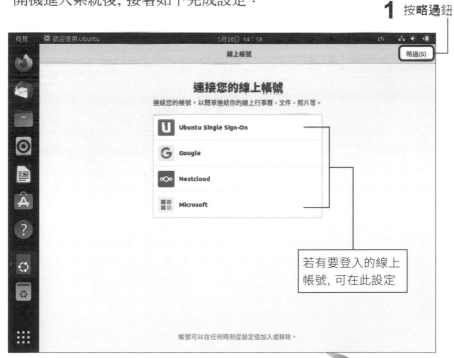

若有要登入的線上帳號, 可在此設定

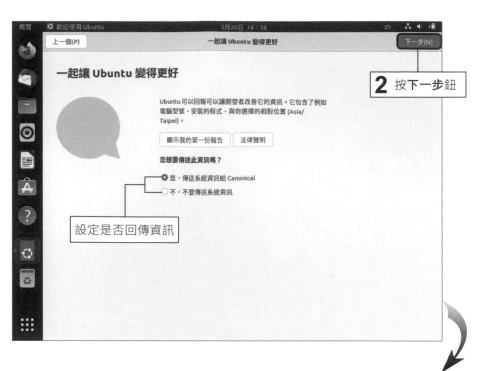

設定是否回傳資訊

2 按下一步鈕

3 按下一步鈕繼續

4 按完成鈕

這就是 Ubuntu Linux 的桌面

A-3 設定虛擬機器與安裝 Fedora Linux

筆者再介紹如何在虛擬機器上安裝另一套也是蠻多人使用的 Fedora Linux, 請到 https://getfedora.org/en/workstation/download/ 網址下載:

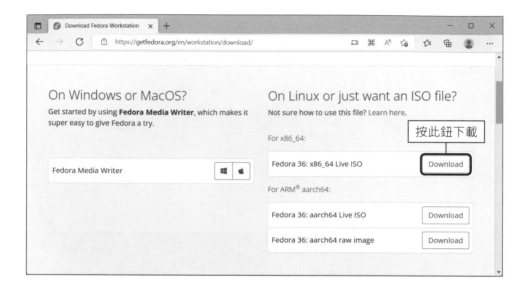

下載完成後, 可參考 https://getfedora.org/static/checksums/36/iso/ Fedora-Workstation-36-1.5-x86_64-CHECKSUM 提供的 SHA256 值 來驗證下載的檔案是否完整: ─── 留意此版本號, 跟您下載 的 ISO 檔是否一致

A-3-1 建立虛擬機器

前面我們建立了一台虛擬機器並在上面安裝了 Ubuntu Linux, 若要保留 Ubuntu Linux 的環境最方便的做法就是再建立另一台虛擬機器, 然後在新建的虛擬機器上安裝 Fedora Linux。請如下新增:

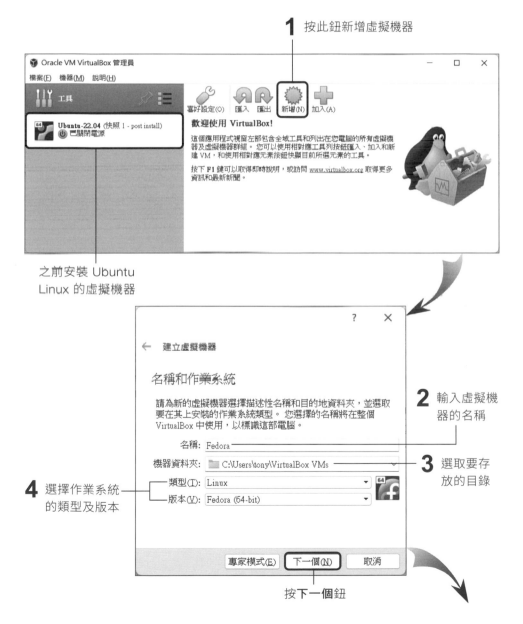

1 按此鈕新增虛擬機器

之前安裝 Ubuntu Linux 的虛擬機器

2 輸入虛擬機器的名稱

3 選取要存放的目錄

4 選擇作業系統的類型及版本

按下一個鈕

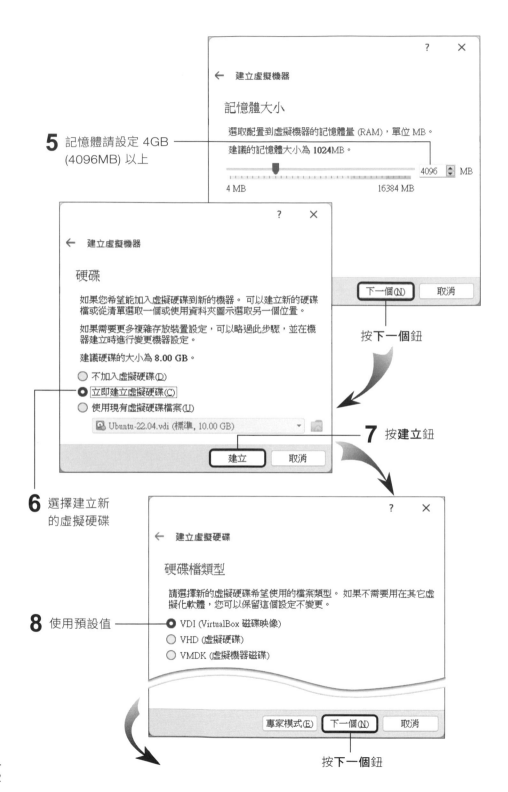

5 記憶體請設定 4GB
(4096MB) 以上

6 選擇建立新
的虛擬硬碟

7 按**建立**鈕

8 使用預設值

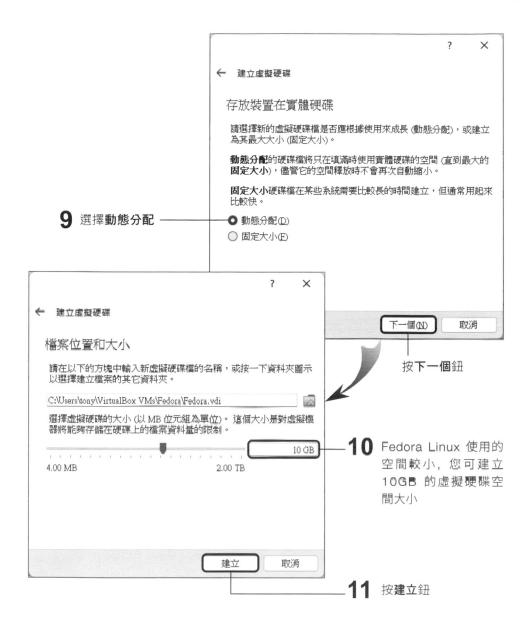

9 選擇**動態分配**

存放裝置在實體硬碟

請選擇新的虛擬硬碟檔是否應根據使用來成長 (動態分配)，或建立為其最大大小 (固定大小)。

動態分配的硬碟檔將只在填滿時使用實體硬碟的空間 (直到最大的**固定大小**)，儘管它的空間釋放時不會再次自動縮小。

固定大小硬碟檔在某些系統需要比較長的時間建立，但通常用起來比較快。

○ 動態分配(D)
○ 固定大小(F)

按**下一個**鈕

檔案位置和大小

請在以下的方塊中輸入新虛擬硬碟檔的名稱，或按一下資料夾圖示以選擇建立檔案的其它資料夾。

C:\Users\tony\VirtualBox VMs\Fedora\Fedora.vdi

選擇虛擬硬碟的大小 (以 MB 位元組為單位)。這個大小是對虛擬機器將能夠存儲在硬碟上的檔案資料量的限制。

4.00 MB   2.00 TB   10 GB

10 Fedora Linux 使用的空間較小，您可建立 10GB 的虛擬硬碟空間大小

11 按**建立**鈕

A-3-2 安裝 Fedora Linux

　　新增虛擬機器後，請參考前面的說明設定 Fedora Linux 的安裝來源與連線方式，設定好後就可以安裝系統了：

1 按此鈕開機

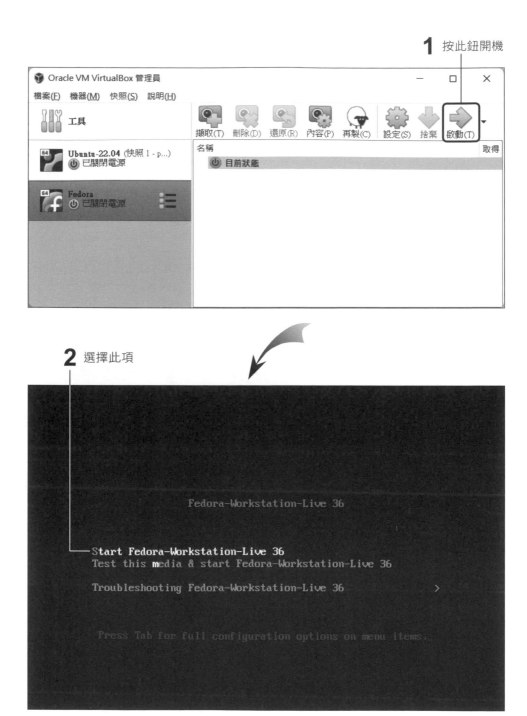

2 選擇此項

Fedora-Workstation-Live 36

Start Fedora-Workstation-Live 36
Test this media & start Fedora-Workstation-Live 36

Troubleshooting Fedora-Workstation-Live 36   >

Press Tab for full configuration options on menu items.

按 Enter 鍵繼續

3 按此鈕安裝

4 選擇繁體中文

按**繼續**鈕

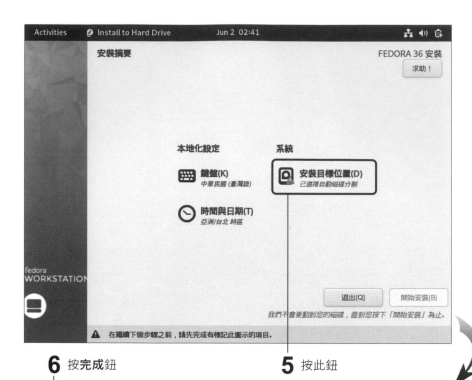

6 按完成鈕　　　　　　　　　　**5** 按此鈕

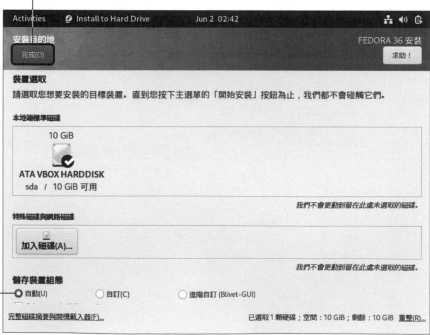

使用預設值,讓系統自動分割硬碟

7 按**取回磁碟空間**鈕

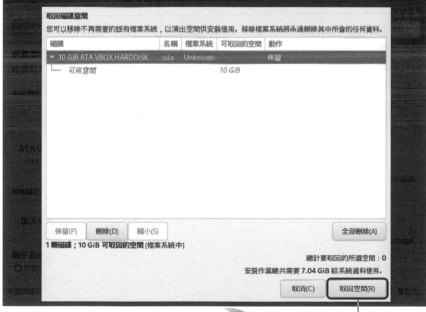

8 按**取回空間**鈕

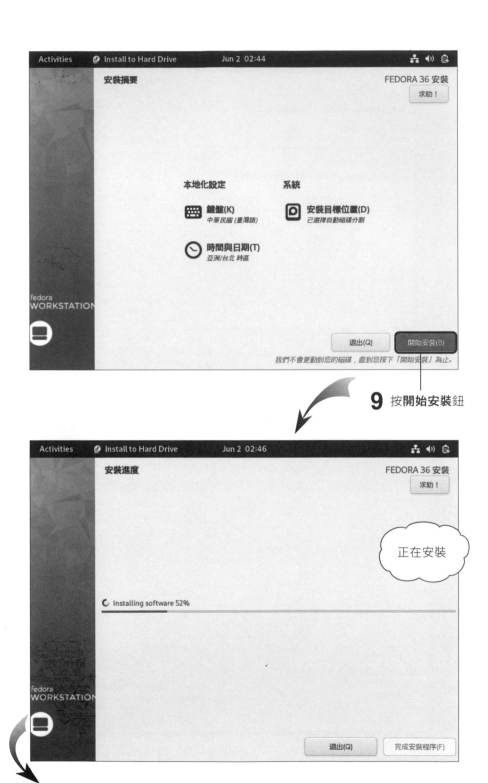

9 按**開始安裝**鈕

A-28

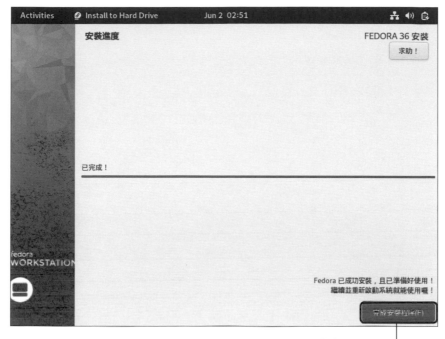

10 按**完成安裝程序**鈕

安裝完後, 請關閉虛擬機器將 ISO 移除:

1 按此鈕

2 選 **Power Off** 關機

關機後請在 Oracle VM VirtualBox 管理員中按設定鈕, 如下移除
ISO 檔:

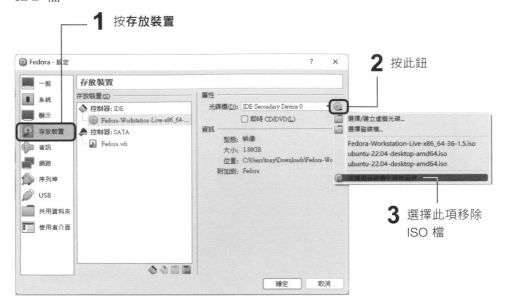

移除 ISO 檔後, 就可開機接著完成 Fedora Linux 的後續設定:

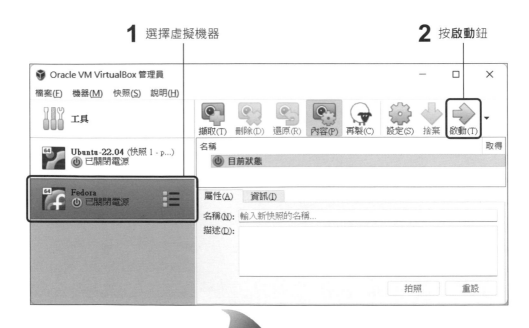

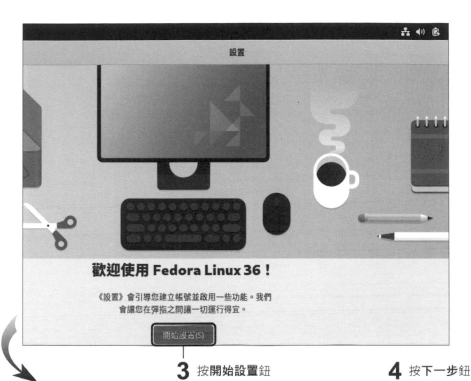

3 按**開始設置**鈕

4 按**下一步**鈕

此處為隱私權設定, 您可依需求關閉或開啟

可在此設定線上帳號

8 按下一步鈕

7 建立您要登入的帳號

10 按下一步鈕

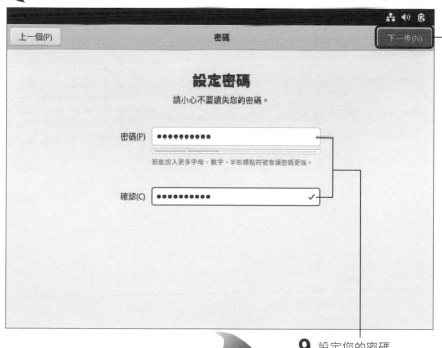

9 設定您的密碼

11 按此鈕開始使用 Fedora Linux

在實體電腦上安裝 Linux

本節將説明如何在實體電腦上安裝 Linux, 您可使用 Win32 Disk Imager 程式將下載的 Linux ISO 檔寫入 USB 隨身碟, 以 USB 隨身碟開機安裝 Linux。

(關於 ISO 檔, 請參考 A-1-2 節下載本書範例使用的 Ubuntu, 或是參考 A-3 節下載 Fedora Linux。)

B-1 製作 USB 安裝隨身碟

請到 http://sourceforge.net/projects/win32diskimager/ 下載 Win32 Disk Imager 並安裝, 安裝好後請將 USB 隨身碟插到電腦中 (注意：稍後的操作會將隨身碟中的所有資料清除, 請在此先確認隨身碟是否有重要內容), 接著按開始鈕執行『Image Writer/Win32DiskImager』：

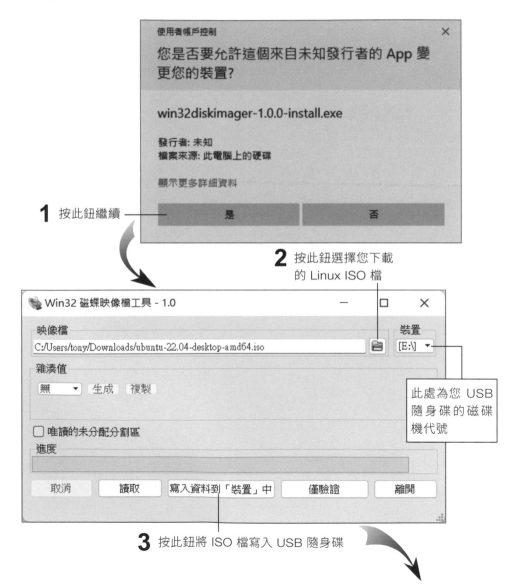

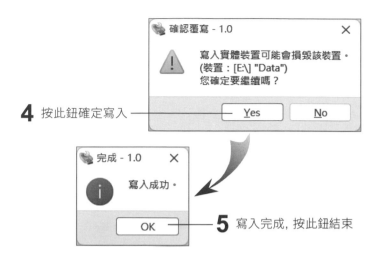

4 按此鈕確定寫入

5 寫入完成, 按此鈕結束

B-2 以 USB 隨身碟開機安裝 Linux

　　由於各廠商的主機板或筆記型電腦 BIOS 設定開機順序的方式皆不相同, 請參考使用手冊將 USB 隨身碟設為優先開機。以筆者的電腦為例:

1 切換到 Boot

3 按此鈕儲存

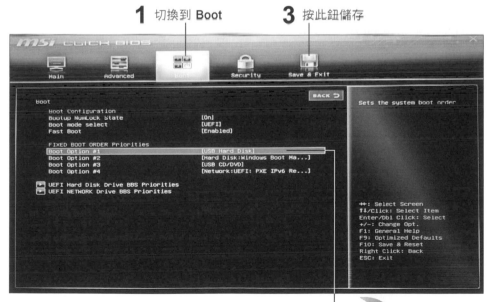

2 設定 USB 硬碟/
隨身碟優先開機

這時您就可以用 USB 隨身碟開機安裝 Linux 了, 開機後會看到如下
的畫面：

選擇此項安裝

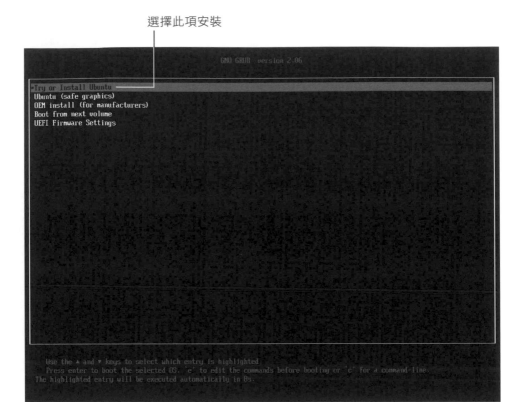

剩下的安裝步驟與附錄 A 在虛擬機器安裝的方式相同, 您可參考
A-2-5 節或 A-3-2 節的說明。

C

在 Windows 10/11 使用 WSL 安裝 Linux

在附錄 A 中有提到 Hyper-V 是微軟公司提供的虛擬機器功能，讓您可以建立虛擬機器安裝其他的作業系統。但是只有 Windows 專業版以上的版本才有 Hyper-V 的功能，在家用版是沒有提供此功能的。不過 Windows 10 從組建 19041 版起開始提供了 WSL (Windows Subsystem for Linux, Windows 子系統 LInux 版)，它提供了讓我們可以在 Windows 上安裝 LInux 的環境，而且家用版、專業版都可以使用。

若您想要快速得到一個可以練習 Linux 指令的環境, 可以考慮使用 WSL 來安裝 Linux。原則上大多數的指令都可以使用, 僅非常少數的指令例如 ***shutdown*** 指令需用 ***wsl.exe --shutdown*** 指令取代。

檢查 Windows 版本

若您不確定 Windows 的版本, 可按 Win + R 鍵執行『**winver**』命令:

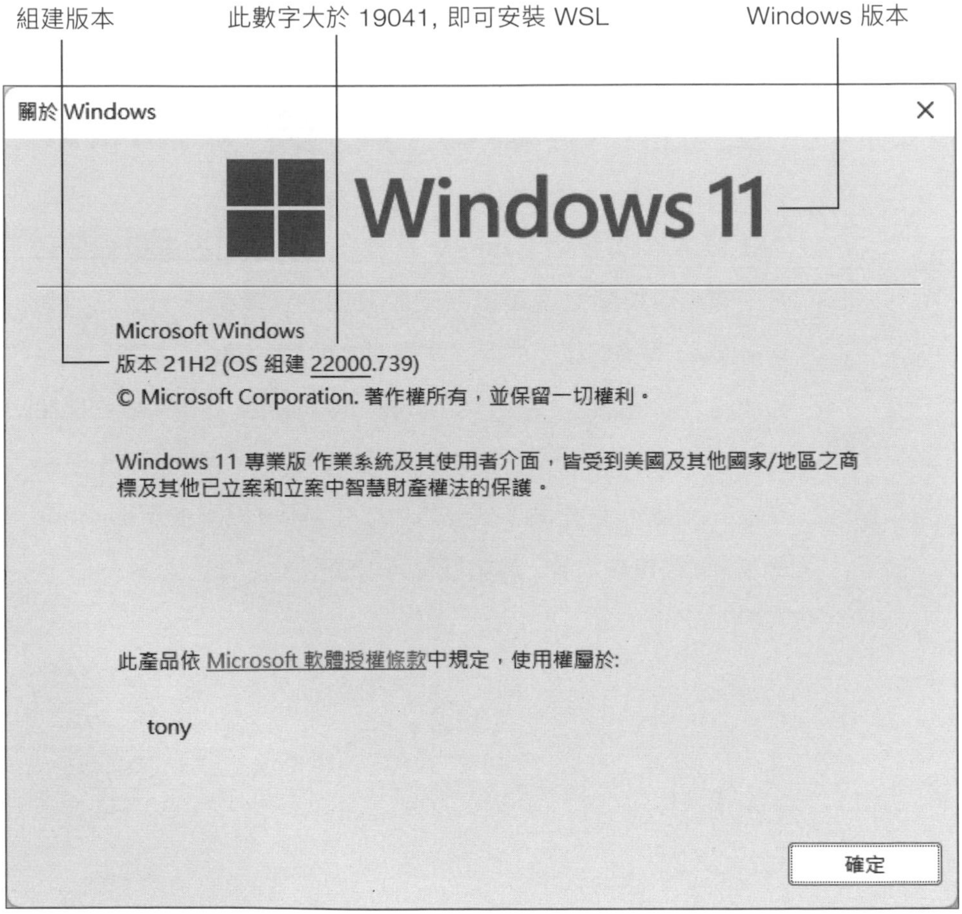

組建版本
此數字大於 19041, 即可安裝 WSL
Windows 版本
關於 Windows
Windows 11
Microsoft Windows
版本 21H2 (OS 組建 22000.739)
© Microsoft Corporation. 著作權所有，並保留一切權利。
Windows 11 專業版 作業系統及其使用者介面，皆受到美國及其他國家/地區之商標及其他已立案和立案中智慧財產權法的保護。
此產品依 Microsoft 軟體授權條款中規定，使用權屬於:
tony
確定

C-1 安裝 WSL 與 Ubuntu Linux

　　確定 Windows 可以安裝 WSL 之後, 我們將以管理員身分開啟 PowerShell 安裝。第一次安裝 WSL 時預設會安裝好 Ubuntu Linux (需連接網路), 請按**開始**鈕如下安裝:

2 搜尋 "powershell"

1 按下工作列的放大鏡圖示　　　　**3** 選此項

接著如下安裝：

```
PS C:\Windows\system32> wsl --install ◄──── 輸入此命令
正在安裝：虛擬機器平台
已完成安裝 虛擬機器平台 。
正在安裝：Windows 子系統 Linux 版
已完成安裝 Windows 子系統 Linux 版。
正在下載：WSL Kernel
正在安裝：WSL Kernel
已完成安裝 WSL Kernel。
正在下載：GUI [應用程式支援]
正在安裝：GUI [應用程式支援]
已完成安裝 GUI [應用程式支援]。
正在下載：Ubuntu ◄──── 下載與安裝 Ubuntu Linux
已成功執行所要求的操作。請重新開機，變更才能生效。 ◄──── 安裝完後需重新開機才會生效
```

請重新啟動 Windows, 登入後系統會繼續讓您設定要登入 Ubuntu Linux 的使用者帳號與密碼：

2 輸入要設定的密碼   **1** 輸入您要建立的帳號

已可以開始使用 Ubuntu Linux 了

您可檢視預設安裝的 Ubuntu Linux 版本：

檢視預設安裝的 Ubuntu Linux 版本

執行此指令可關機   安裝的版本為
Ubuntu 20.04 LTS

若您關閉了 Ubuntu Linux，下次要啟動可按**開始鈕**執行『**所有應用程式/Ubuntu**』來啟動。

C-2 安裝 Debian Linux

您也可以在 WSL 安裝其他的 Linux 發行版，同樣以管理員身分開啟 PowerShell 如下安裝：

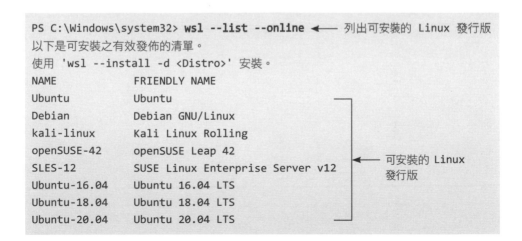

```
PS C:\Windows\system32> wsl --list --online  ◄── 列出可安裝的 Linux 發行版
以下是可安裝之有效發佈的清單。
使用 'wsl --install -d <Distro>' 安裝。
NAME            FRIENDLY NAME
Ubuntu          Ubuntu
Debian          Debian GNU/Linux
kali-linux      Kali Linux Rolling
openSUSE-42     openSUSE Leap 42
SLES-12         SUSE Linux Enterprise Server v12
Ubuntu-16.04    Ubuntu 16.04 LTS
Ubuntu-18.04    Ubuntu 18.04 LTS
Ubuntu-20.04    Ubuntu 20.04 LTS
```

可安裝的 Linux 發行版

假設筆者要安裝 Debian Linux, 可如下操作：

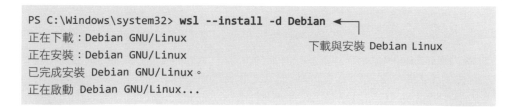

```
PS C:\Windows\system32> wsl --install -d Debian
正在下載：Debian GNU/Linux                    下載與安裝 Debian Linux
正在安裝：Debian GNU/Linux
已完成安裝 Debian GNU/Linux。
正在啟動 Debian GNU/Linux...
```

WSL 會直接下載與安裝 Debian Linux：

2 輸入要設定的密碼　　　　**1** 輸入您要建立的帳號

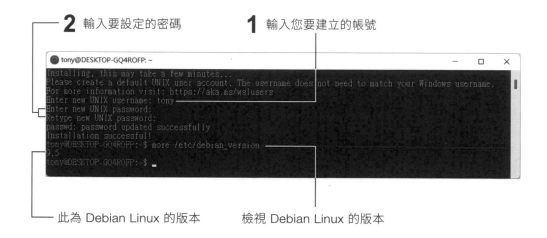

此為 Debian Linux 的版本　　　檢視 Debian Linux 的版本

之後可按**開始**鈕執行『**所有應用程式/Debian GNU/Linux**』來啟動。

Amazon Lightsail Linux 環境

附錄 A 到附錄 C 提供了多種安裝與使用 Linux 的方式，除了
這些方式之外還有許多雲端服務的供應商也提供了虛擬主機的
服務。這類的廠商有 Google 公司的 GCP、Amazon 公司的
AWS 與微軟公司的 Azure... 等。

本章將以 Amazon 公司的 AWS 為例，說明如何在 Lightsall 服
務上建立 Linux 虛擬主機。

由於我們只是要在虛擬主機上練習 Linux 指令, 所以使用 AWS 提供的輕量級 Lightsail 服務即可。等到您有架站需求時, 可考慮使用 AWS 功能更強大的 EC2 服務。

建立 AWS 帳號

首先請到 https://aws.amazon.com/tw/ 建立您的 AWS 帳號：

請依指示完成申請即可, 申請的過程中需要輸入信用卡資訊, 請事先準備好。

建立虛擬主機

　　AWS 帳號申請好後我們就可以建立虛擬主機了，請在 AWS 首頁按
登入鈕後如下操作：

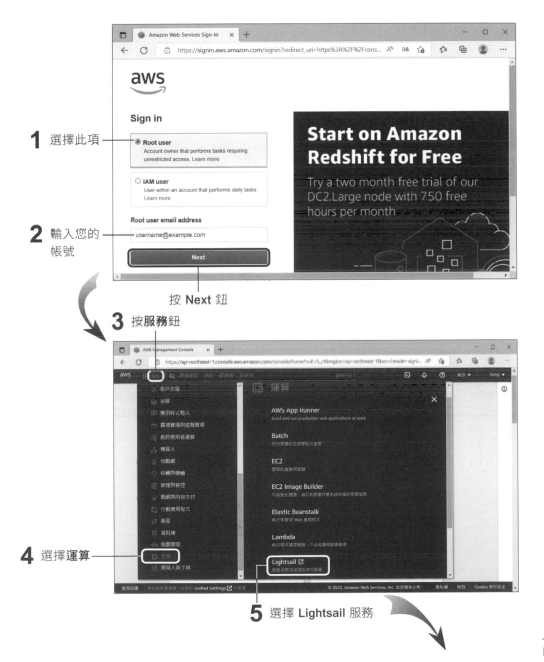

因為台灣沒有 Amazon 機房，
故使用建議的虛擬主機地點即可

6 按此鈕繼續

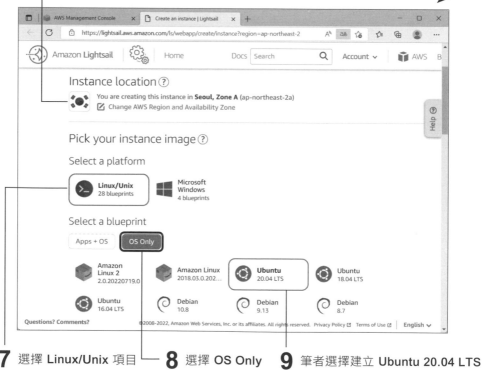

7 選擇 Linux/Unix 項目 ── **8** 選擇 OS Only **9** 筆者選擇建立 Ubuntu 20.04 LTS
虛擬主機

將網頁往下捲

此處說明前 3 個月是免費的

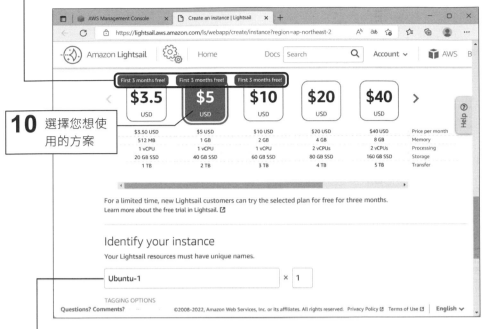

10 選擇您想使用的方案

使用預設的虛擬主機名稱即可

將網頁往下捲

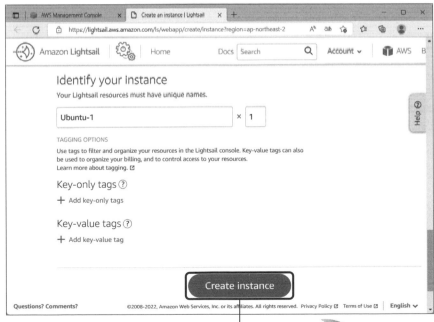

11 按此鈕建立虛擬主機

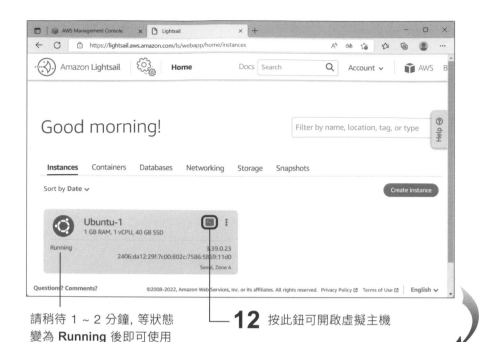

請稍待 1 ~ 2 分鐘, 等狀態
變為 **Running** 後即可使用

12 按此鈕可開啟虛擬主機

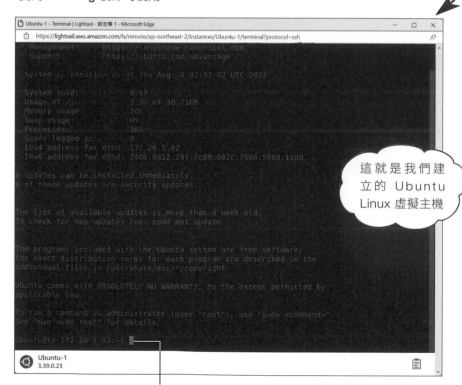

這就是我們建立的 Ubuntu Linux 虛擬主機

這裡可以輸入 Linux 指令

關閉、重啟與刪除虛擬主機

　　若您要關閉、重啟或刪除虛擬主機, 可在登入 AWS 後按**服務**在**最近造訪**欄位中按 **Lightsail** 項目如下操作：

不想使用虛擬主機時可按此鈕刪除　　若要重新開機可按此鈕

幫虛擬主機設定固定的公開 IP 位址

虛擬主機在每次重新開機後公開的 IP 位址都會改變，您若有需求可設定一個固定的公開 IP 位址。登入 AWS 後按**服務**在**最近造訪**欄位中按 Lightsail 項目如下操作：

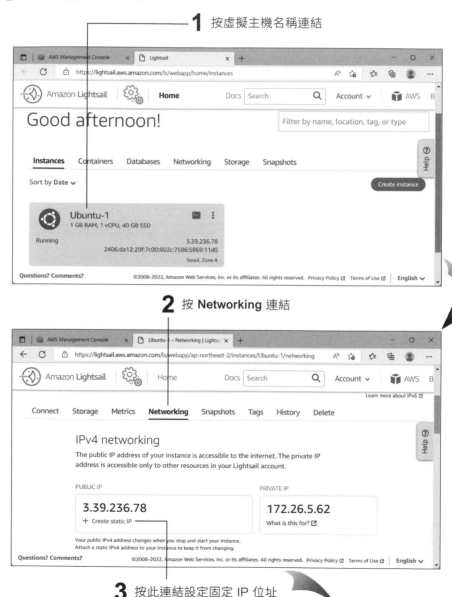

1 按虛擬主機名稱連結

2 按 Networking 連結

3 按此連結設定固定 IP 位址

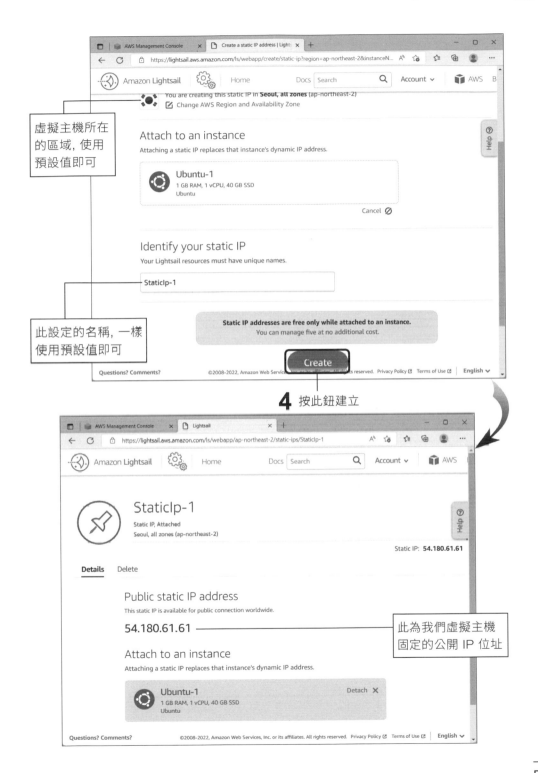

虛擬主機所在的區域, 使用預設值即可

此設定的名稱, 一樣使用預設值即可

4 按此鈕建立

此為我們虛擬主機固定的公開 IP 位址

從 Windows 遠端連接 AWS 上的虛擬主機

前面我們建好虛擬主機後, 可直接在 AWS 的網頁上開啟虛擬主機來操作 Linux。您也可以在 Windows 遠端連接到 AWS 上的虛擬主機來操作 Linux, 不過 AWS 只允許使用 SSH 金鑰的方式來連線, 我們需將金鑰匯入 Windows 的 SSH 連線程式中。

TIP 因為要從 Windows 連接 AWS 上的虛擬主機, 建議先參考前面的說明設定固定的公開 IP 位址。

請如下下載虛擬主機的金鑰:

1 按虛擬主機名稱連結

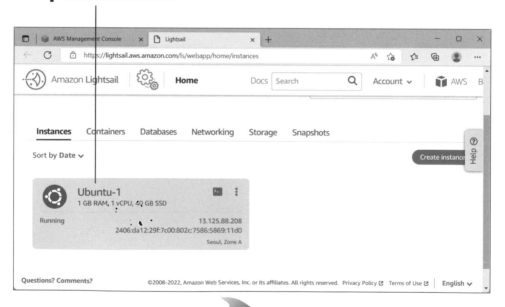

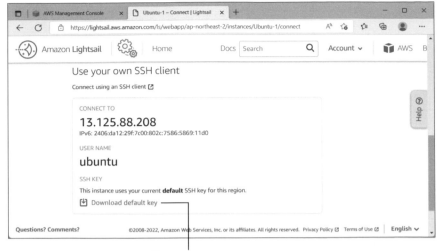

2 按此連結下載金鑰

接著我們要使用 9-6 節介紹過的 PuTTY 程式來連線, 請到 https://www.putty.org 下載並安裝。剛才下載的金鑰, 要先轉換格式後才能在 PuTTY 中使用。請按**開始**鈕執行『**PuTTY (64-bit)/PuTTYgen**』:

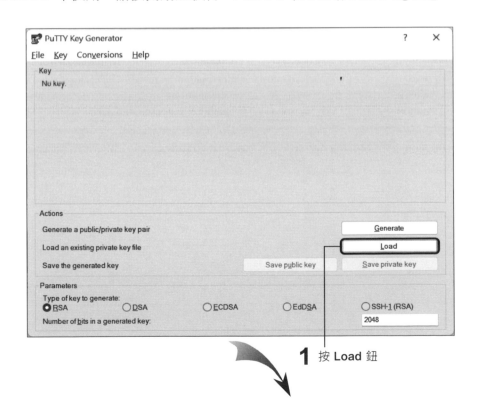

1 按 Load 鈕

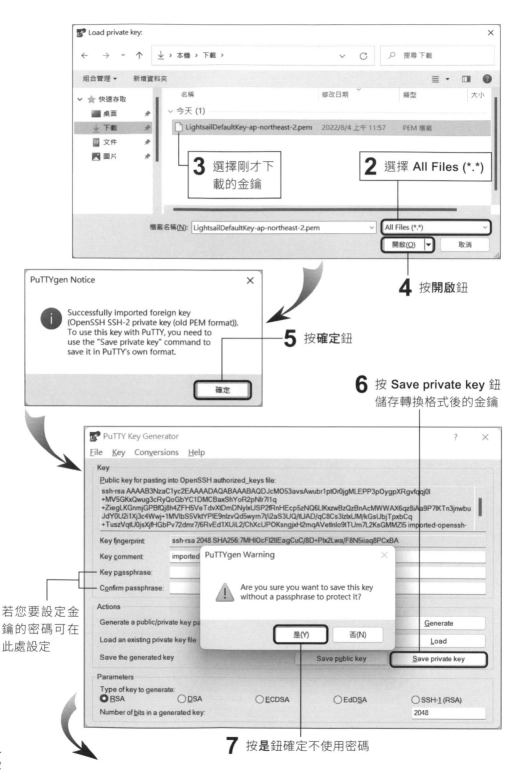

3 選擇剛才下載的金鑰

2 選擇 All Files (*.*)

4 按開啟鈕

5 按確定鈕

6 按 Save private key 鈕儲存轉換格式後的金鑰

若您要設定金鑰的密碼可在此處設定

7 按是鈕確定不使用密碼

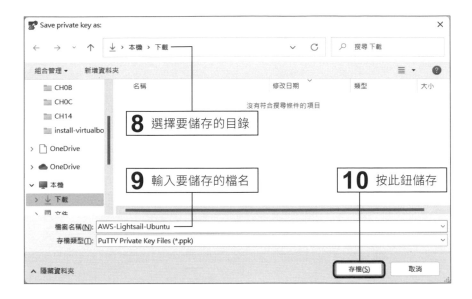

金鑰轉換好後, 就可載入 PuTTY 並登入 AWS 上的虛擬主機了。請按**開始**鈕執行『PuTTY (64-bit)/PuTTY』:

3 選擇 Session 項目　　**4** 輸入您 AWS 虛擬主機的公開 IP 位址

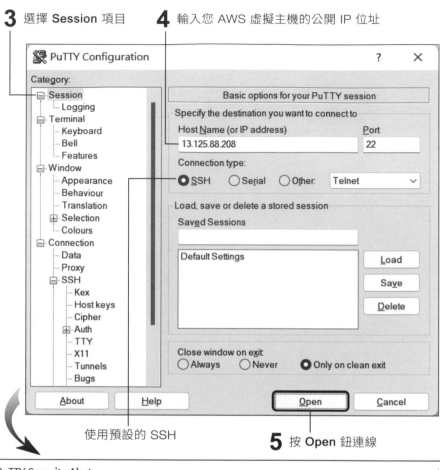

使用預設的 SSH

5 按 Open 鈕連線

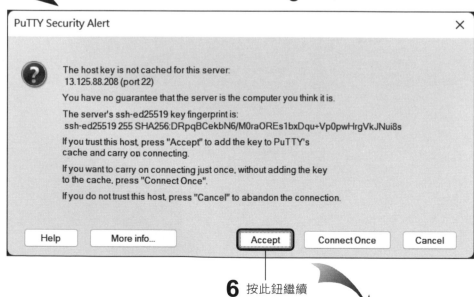

6 按此鈕繼續

7 輸入 AWS 上 Ubuntu Linux
的預設帳號 "ubuntu"

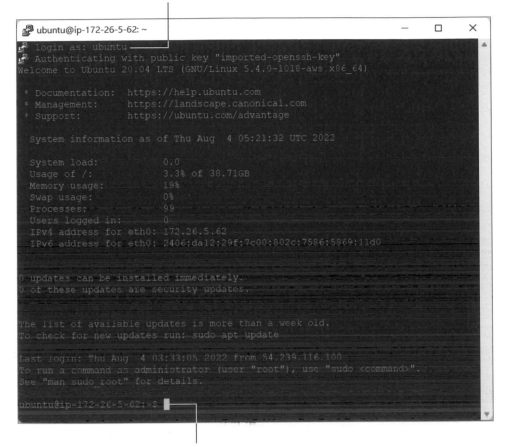

登入 AWS 上的 Ubuntu Linux 了

　　因為我們的金鑰沒有設定密碼, 所以不需要輸入密碼即可直接登入
AWS 上的虛擬主機。

MEMO